"全国高职高专工作过程导向规划教材"
编写委员会

主　任　俸培宗

副主任　（按姓名笔画排列）

于增信　么居标　付宏生　朱凤芝　刘　强
刘玉宾　刘京华　孙喜平　张　耀　张春芝
张雪莉　罗晓晔　周伟斌　周国庆　赵长明
胡兴盛　徐红升　黄　斌　彭林中　曾　鑫
解海滨

委　员　（按姓名笔画排列）

于增信　么居标　王　会　卞化梅　布　仁
付宏生　冯志新　兰俊平　吕江毅　朱　迅
朱凤芝　朱光衡　任春晖　刘　强　刘玉宾
刘京华　刘建伟　安永东　孙喜平　孙琴梅
杜　潜　李占锋　李全利　李慧敏　李德俊
何佳兵　何晓敏　张　彤　张　钧　张　耀
张小亮　张文兵　张红英　张春芝　张雪莉
张景黎　陈金霞　武孝平　罗晓晔　金英姬
周伟斌　周国庆　孟冬菊　赵长明　赵旭升
胡　健　胡兴盛　侯　勇　贺红　俸培宗
徐红升　徐志军　凌桂琴　高　强　高吕和
高英敏　郭　凯　郭宏彦　陶英杰　黄　伟
黄　斌　常慧玲　彭林中　葛惠民　韩翠英
曾　鑫　路金星　鲍晓东　解金柱　解海滨
薄志霞

全国高职高专 工作过程导向 规划教材

工厂供配电技术

孙琴梅 主 编
邱利军 副主编

化学工业出版社

·北京·

图书在版编目（CIP）数据

工厂供配电技术/孙琴梅主编．—北京：化学工业出版社，2009.12（2023.3重印）
全国高职高专工作过程导向规划教材
ISBN 978-7-122-06600-8

Ⅰ．工⋯　Ⅱ．孙⋯　Ⅲ．①工厂-供电-高等学校：技术学校-教材②工厂-配电系统-高等学校：技术学院-教材　Ⅳ．TM727.3

中国版本图书馆 CIP 数据核字（2009）第 177312 号

责任编辑：宋　晖　高墨荣　　　　　　装帧设计：尹琳琳
责任校对：周梦华

出版发行：化学工业出版社（北京市东城区青年湖南街 13 号　邮政编码 100011）
印　　装：北京虎彩文化传播有限公司
787mm×1092mm　1/16　印张 19　字数 501 千字　　2023 年 3 月北京第 1 版第 10 次印刷

购书咨询：010-64518888　　　　　　　　售后服务：010-64518899
网　　址：http://www.cip.com.cn
凡购买本书，如有缺损质量问题，本社销售中心负责调换。

定　　价：39.00 元　　　　　　　　　　　　　　　　　　　　版权所有　违者必究

序

随着市场经济体制的完善、科学技术的进步、产业结构的调整及劳动力市场的变化，职业教育面临着"以服务社会主义现代化建设为宗旨、培养数以亿计的高素质劳动者和数以千万计的高技能专门人才"的新任务。高等职业教育是全面推进素质教育，提高国民素质，增强综合国力的重要力量。2005年颁布的《国务院关于大力发展职业教育的决定》中国家进一步推行以就业为导向、继续实行多形式的人才培养工程和推进职业教育的体制改革与创新，提出"职业院校要根据市场和社会需要，不断更新教学内容，合力调整专业结构"。在《关于全面提高高等职业教育教学质量的若干意见》（教高［2006］16号）文件中，教育部明确指出"课程建设与改革是提高教学质量的核心，也是教学改革的重点和难点。高等职业院校要积极与行业企业合作开发课程，根据技术领域和职业岗位（群）的任职要求，参照相关的职业资格标准，改革课程体系和教学内容。"

新时期下我国经济体制转轨变型也带来对人才需求和人才观的新变化。大量新技术、新工艺、新材料和新方法的不断涌现使得社会对新型技能人才的需求更加迫切，而以传统学科式职业教学体系培养出来的人才无论从数量、结构和质量都不能很好满足经济建设和社会发展的需要，而满足社会的需要才是职业教育的最终目的。在新形势下，进行职业教育课程体系的教学改革是职业教育生存和发展的唯一出路。改革现行的培养体系、课程模式、教学内容、教材教法，培养造就技术素质优秀的劳动者，已成为高等职业学校教育改革的当务之急。

针对上述情况，高职院校应大力进行课程改革和建设，培养学生的综合职业能力和职业素养。课程设计以职业能力培养为重点，与企业合作进行基于工作过程的课程开发与设计，充分体现职业性、实践性和开放性的要求，重视学生在校学习与实际工作的一致性，有针对性地采取工学交替、任务驱动、项目导向、课堂与实习地点一体化等行动导向的教学模式。课程的教学内容来自于企业生产、经营、管理、服务的实际工作过程，并以实际应用的经验和策略等过程性知识为主。以具体化的工作项目（任务）或服务为载体，每个项目或任务都包括实践知识、理论知识、职业态度和情感等内容，是相对完整的一个系统。在课程的"项目"或"任务"设置上，充分考虑学生的个性发展，保留学生的自主选择空间，兼顾学生的职业发展。

为此，化学工业出版社在全国范围内组织了二十所职业院校机械、电气、汽车三个专业的百余位老师编写了这套"全国高职高专工作过程导向规划教材"，为推动我国高等职业院校教学改革做了有益的尝试。

在教材的编写思路上，我们积极配合新的课程教学模式、教学内容、教学方法的改革，结合学校和企业工业现场的设备，打破学科体系界限和传统教材以知识体系编写教材的思路，以知识的应用为目的，以工作过程为主线，融合了最新的技术和工艺知识，强调知识、能力、素质结构整体优化，强化设备安装调试、程序设计指导、现场设备维修、工程应用能力训练和技术综合一体化能力培养。

在内容的选择上，突出了课程内容的职业指向性，淡化课程内容的宽泛性；突出了课程内容的实践性，淡化课程内容的纯理论性；突出了课程内容的实用性，淡化课程内容的形式性；突出了课程内容的时代性和前瞻性，淡化课程内容的陈旧性。

在编写力量上，我们组织了一批高等职业院校一线的教学名师，他们大都在自己的教学岗位上积极探索和应用着新的教学理念和教学方法，其中一部分教师曾被派到德国进行双元制教学的学习，再把国外的教学模式与我国职业教育的现实进行有机结合，并把取得的经验和成果毫无保留地体现在教材编写中。

同时，我们还邀请企业人员参与教材编写，并与相关职业资格标准、行业规范相结合，充分体现了校企合作和工学结合，突出了创新性、先进性和实用性。

本套教材从编写内容和编写模式方面，都充分体现了全国高职院校教学改革的成果，符合学生的认知规律，适应科技发展的需要，必将为职业院校培养高素质人才提供强有力的保证。

编委会

前言

课程建设与改革是提高教学质量的核心,也是教学改革的重点和难点。为贯彻教育部教学改革的重要精神,同时为配合职业院校教学改革和教材建设,更好地为职业院校深化改革服务,化学工业出版社组织二十所职业院校的老师共同编写了本套教材。本套教材涉及机械、电气、汽车专业领域,其中电气专业包括:《自动化生产线安装、调试与维护》、《电机控制与维修》、《电子技术》、《电机与电气控制》、《变频器应用与维修》、《PLC技术应用——西门子S7-200》、《单片机系统设计与调试》、《工厂供配电技术》、《自动检测仪表使用与维护》、《集散控制系统应用》、《液压气动技术与应用》(非机械专业适用)共11种教材。

《工厂供配电技术》是根据高等职业教育教学改革的要求,针对该课程的特点,将整体教学设计分成8个学习情境,每个学习情境中有若干个任务,将课程中的知识纳入到任务中去。教学过程主要在实训室和变电所完成,教学方法倡导"做中学、学中做"工学结合的教学模式。

本教材内容从变电所的整体开始,按工厂变电所操作的顺序逐步展开,从高压到低压,从一次主接线到二次回路分块完成。本书内容丰富,理论知识以能完成任务为度,而任务的设计与工程实际相结合。每个任务按照【任务描述】、【任务目标】、【知识准备】、【任务实施】、【学习小结】、【自我评估】、【评价标准】和【知识拓展】八个条目进行编写。每个任务的实施步骤为:教师布置工作任务;学生阅读工作任务书,了解工作内容,明确工作目标,制定实施方案;然后由教师通过图片、实物或多媒体分析演示,指导学生完成工作任务。教学内容围绕工作任务的实施来展开,培养学生从事工厂供配电技术的应用能力,学生通过本课程的学习,能对变电所电气装置进行操作与维护,并能对6~10kV变配电所进行部分设计。

本书由孙琴梅主编、邱利军副主编。南京化工职业技术学院冀俊茹编写学习情境1,中石化南化集团公司江兵编写学习情境2,北京电子科技职业学院郎莹编写学习情境3、6。南京化工职业技术学院孙琴梅编写学习情境4、5,北京电子科技职业学院邱利军编写学习情境7、8。

本书可作为高职高专、高等工科院校、成人教育等电气类、自动化类专业教材,也可供从事供配电运行、维护和电气管理的工程技术人员使用。

本书在编写前进行了广泛的调研,在制定编写提纲的过程中听取了有关兄弟院校专业教师和学生的建议,在编写过程中得到了相关学校教师的大力支持和帮助,在此表示衷心的感谢。

由于编者水平有限,书中难免有不妥之处,恳请广大读者批评指正。

本教材的教学课件及自我评估习题答案请到 http://www.cipedu.com.cn 下载!

主编

目录

学习情境 1 工厂变配电所及一次主接线的识读

【学习目标】 ……………………………… 1
任务 1.1 变配电所所址的选择及总体
布置 ……………………………… 2
　【任务描述】 ……………………………… 2
　【任务目标】 ……………………………… 2
　【知识准备】 ……………………………… 2
　　1. 变配电所的任务和设置 …………… 2
　　2. 变配电所位置的选择 ……………… 2
　　3. 变配电所的总体布置 ……………… 4
　【任务实施】 ……………………………… 8
【学习小结】 ……………………………… 8
【自我评估】 ……………………………… 8
【评价标准】 ……………………………… 8
任务 1.2 变配电所一次主接线图的
识读 ……………………………… 9
　【任务描述】 ……………………………… 9
　【任务目标】 ……………………………… 9
　【知识准备】 ……………………………… 9
　　1. 电气主接线的绘制 ………………… 9
　　2. 总降压变电所的主接线图 ………… 17
　　3. 6～10kV 车间和小型变电所的
　　　主接线图 …………………………… 18
　　4. 6～10kV 配电所的主接线 ………… 21
　　5. 读图——工厂 6～10kV 变配电所
　　　主接线实例 ………………………… 24
　【任务实施】 ……………………………… 26
　【知识拓展】 箱式变电站的主
　　接线 ………………………………… 26
【学习小结】 ……………………………… 28
【自我评估】 ……………………………… 29
【评价标准】 ……………………………… 30

学习情境 2 高低压配电装置的运行与检修

【学习目标】 ……………………………… 31
任务 2.1 工厂常用的高低压配电装置
的认识 …………………………… 32
　【任务描述】 ……………………………… 32
　【任务目标】 ……………………………… 32
　【知识准备】 ……………………………… 32
　　1. 电弧的危害与灭弧方法 …………… 32
　　2. 高压隔离开关 ……………………… 35
　　3. 高压负荷开关 ……………………… 36
　　4. 高压断路器 ………………………… 36
　　5. 高压熔断器 ………………………… 41
　　6. 互感器 ……………………………… 43
　　7. 低压断路器 ………………………… 52
　　8. 低压熔断器 ………………………… 54
　【任务实施】 ……………………………… 57
　【知识拓展】 高压成套配电装置 …… 58
【学习小结】 ……………………………… 59
【自我评估】 ……………………………… 60
【评价标准】 ……………………………… 60
任务 2.2 高压配电装置选择与
校验 ……………………………… 61
　【任务描述】 ……………………………… 61
　【任务目标】 ……………………………… 61
　【知识准备】 ……………………………… 61
　　1. 负荷计算 …………………………… 61

  2. 短路电流计算 ………………… 73
  3. 高压配电装置的选择与校验 …… 84
  4. 电力变压器的选择 …………… 86
 【任务实施】 …………………… 88

【学习小结】 …………………………… 92
【自我评估】 …………………………… 92
【评价标准】 …………………………… 93

学习情境 3 工厂配电线路的敷设与导线电缆的选择

【学习目标】 …………………………… 95
 任务3.1 架空线路的敷设与
     维护 ………………………… 96
 【任务描述】 …………………… 96
 【任务目标】 …………………… 96
 【知识准备】 …………………… 96
  1. 工厂电力线路及接线方式 …… 96
  2. 架空线路的敷设 ……………… 98
  3. 架空线路的维护 …………… 100
 【任务实施】 ………………… 104
【学习小结】 ………………………… 104
【自我评估】 ………………………… 105
【评价标准】 ………………………… 105
 任务3.2 电缆线路的敷设与
     维护 ……………………… 106
 【任务描述】 ………………… 106
 【任务目标】 ………………… 106
 【知识准备】 ………………… 106
  1. 电缆线路的结构与敷设 …… 106

  2. 电缆线路的维护 …………… 110
 【任务实施】 ………………… 114
【学习小结】 ………………………… 115
【自我评估】 ………………………… 116
【评价标准】 ………………………… 116
 任务3.3 车间配电线路的敷设与导线
     电缆截面的选择 ……… 116
 【任务描述】 ………………… 116
 【任务目标】 ………………… 117
 【知识准备】 ………………… 117
  1. 车间配电线路的导线敷设 … 117
  2. 导线电缆截面的选择 ……… 118
  3. 车间配电线路的维护 ……… 122
【学习小结】 ………………………… 123
 【任务实施】 ………………… 123
 【知识拓展】 导线截面估算 …… 124
【自我评估】 ………………………… 125
【评价标准】 ………………………… 126

学习情境 4 工厂变配电所的二次回路的识读

【学习目标】 …………………………… 127
 任务4.1 二次回路的安装与
     接线 ……………………… 128
 【任务描述】 ………………… 128
 【任务目标】 ………………… 128
 【知识准备】 ………………… 128
  1. 二次回路概述 ……………… 128
  2. 二次回路的安装接线要求 … 128
  3. 二次回路接线图的基本绘制
    方法 ………………………… 129
 【任务实施】 ………………… 131
【学习小结】 ………………………… 133
【自我评估】 ………………………… 133

【评价标准】 ………………………… 134
 任务4.2 高压断路器的控制和信号
     回路的识读 …………… 134
 【任务描述】 ………………… 134
 【任务目标】 ………………… 134
 【知识准备】 ………………… 135
  1. 二次回路的操作电源 ……… 135
  2. 高压断路器的控制和信号回路
    的要求 …………………… 137
  3. 手动操动机构的高压断路器的
    控制和信号回路 ………… 137
  4. 电磁操动机构的高压断路器的
    控制和信号回路 ………… 138
  5. 弹簧操动机构的高压断路器的

控制和信号回路 …………… 140
　　【任务实施】 ……………………… 141
　　【知识拓展】 信号回路 …………… 141
　学习小结 …………………………… 143
　自我评估 …………………………… 144
　评价标准 …………………………… 145
　任务 4.3　测量回路电气测量仪表的
　　　　　　配置与接线 ……………… 145
　　【任务描述】 ……………………… 145
　　【任务目标】 ……………………… 145
　　【知识准备】 ……………………… 145
　　　1. 测量仪表的配置 ……………… 145
　　　2. 测量回路图 …………………… 147
　　【任务实施】 ……………………… 147
　学习小结 …………………………… 148

　自我评估 …………………………… 149
　评价标准 …………………………… 149
　任务 4.4　6～10kV 母线的绝缘
　　　　　　监视 …………………… 149
　　【任务描述】 ……………………… 149
　　【任务目标】 ……………………… 150
　　【知识准备】 ……………………… 150
　　　1. 电力系统中性点运行方式 …… 150
　　　2. 交流绝缘监视 ………………… 151
　　【任务实施】 ……………………… 152
　　【知识拓展】 直流绝缘监视 ……… 153
　学习小结 …………………………… 154
　自我评估 …………………………… 154
　评价标准 …………………………… 155

学习情境 5　工厂变配电系统的保护

　学习目标 …………………………… 157
　任务 5.1　电力线路继电保护及
　　　　　　整定 …………………… 158
　　【任务描述】 ……………………… 158
　　【任务目标】 ……………………… 158
　　【知识准备】 ……………………… 158
　　　1. 常用保护继电器 ……………… 158
　　　2. 继电保护的接线方式 ………… 162
　　　3. 带时限的过电流保护 ………… 164
　　　4. 速断保护 ……………………… 168
　　【任务实施】 ……………………… 170
　　【知识拓展】 过电流保护提高灵敏度
　　　　　　　的措施——低电压闭锁
　　　　　　　保护 …………………… 171
　学习小结 …………………………… 172
　自我评估 …………………………… 172
　评价标准 …………………………… 173
　任务 5.2　电力变压器继电保护的配置及整

　　　　　　定 ……………………… 173
　　【任务描述】 ……………………… 173
　　【任务目标】 ……………………… 174
　　【知识准备】 ……………………… 174
　　　1. 变压器的瓦斯保护 …………… 174
　　　2. 干式变压器的保护 …………… 174
　　　3. 变压器的过电流保护、速断保
　　　　 护及过负荷保护 ……………… 175
　　　4. 变压器的差动保护 …………… 177
　　　5. 变压器保护的配置 …………… 178
　　【任务实施】 ……………………… 179
　　【知识拓展】
　　　1. 微机综合保护装置 …………… 180
　　　2. 备用电源自动投入装置 ……… 181
　　　3. 自动重合闸装置 ……………… 182
　学习小结 …………………………… 183
　自我评估 …………………………… 183
　评价标准 …………………………… 184

学习情境 6　变配电所防雷与接地

　学习目标 …………………………… 187
　任务 6.1　变配电所的防雷 ………… 188
　　【任务描述】 ……………………… 188

　　【任务目标】 ……………………… 188
　　【知识准备】 ……………………… 188
　　　1. 雷电的形成及危害 …………… 188

2. 变配电所对直击雷的防护 …… 190
3. 变配电所对雷电波的防护 …… 193
【任务实施】 …………………… 195
学习小结 ………………………… 195
自我评估 ………………………… 196
评价标准 ………………………… 197
任务 6.2　电气设备的接地 …… 197
【任务描述】 …………………… 197
【任务目标】 …………………… 197
【知识准备】 …………………… 198
1. 接地的基本概念 ………… 198
2. 接地的类型 ……………… 198
3. 接地电阻及其要求 ……… 200
4. 接地装置的敷设 ………… 201
5. 低压配电系统的等电位连接 … 203
6. 接地电阻的测量 ………… 204

【任务实施】 …………………… 208
学习小结 ………………………… 209
自我评估 ………………………… 209
评价标准 ………………………… 210
任务 6.3　电气安全措施 ……… 211
【任务描述】 …………………… 211
【任务目标】 …………………… 211
【知识准备】 …………………… 211
1. 电气安全的一般措施 …… 211
2. 触电的急救处理 ………… 213
【任务实施】 …………………… 216
学习小结 ………………………… 217
自我评估 ………………………… 217
评价标准 ………………………… 218

学习情境 7　工厂照明装置的敷设维护

学习目标 ………………………… 219
任务 7.1　识读车间照明系统图及平面
　　　　　布置图 ……………… 220
【任务描述】 …………………… 220
【任务目标】 …………………… 220
【知识准备】 …………………… 220
1. 照明方式 ………………… 220
2. 光源的选择 ……………… 224
3. 灯具的选择照度标准 …… 228
4. 车间常用照明配电箱及照明
　　灯具 …………………… 230
5. 车间照明系统图、车间照明平
　　面图的阅读 …………… 235
【任务实施】 …………………… 237
学习小结 ………………………… 238
自我评估 ………………………… 239

评价标准 ………………………… 240
任务 7.2　车间照明装置的敷设与
　　　　　维护 ………………… 240
【任务描述】 …………………… 240
【任务目标】 …………………… 240
【知识准备】 …………………… 240
1. 车间照明线路的敷设方法 … 240
2. 车间照明线路导线选择原则 … 241
3. 照明装置的一般运行要求 … 244
4. 车间照明装置常见故障和
　　处理 …………………… 244
【任务实施】 …………………… 246
学习小结 ………………………… 246
自我评估 ………………………… 247
评价标准 ………………………… 247

学习情境 8　变配电所的运行与维护

学习目标 ………………………… 249
任务 8.1　变配电所停电与送电
　　　　　操作 ………………… 250

【任务描述】 …………………… 250
【任务目标】 …………………… 250
【知识准备】 …………………… 250

1. 变配电所的值班制度及值班员的职责 …… 250
2. 电气设备和线路的停电与送电操作 …… 256
【任务实施】 …… 264
【知识拓展】 根据运行方式填写倒闸操作票 …… 264
学习小结 …… 266
自我评估 …… 267
评价标准 …… 267

任务 8.2 变配电设备及线路的巡视 …… 268
【任务描述】 …… 268
【任务目标】 …… 268

【知识准备】 …… 268
1. 变配电设备的巡视项目、巡视周期 …… 268
2. 配电线路的巡视及维护 …… 270
3. 变配电所主要电气设备的检修试验 …… 271
4. 电力线路的检修试验 …… 281
【任务实施】 …… 284
【知识拓展】 工厂供配电系统无功补偿的接线安装、运行与维护 …… 284
学习小结 …… 287
自我评估 …… 288
评价标准 …… 288

附录 …… 289
附表 1 电气设备文字符号 …… 289
附表 2 物理量下角标的文字符号 …… 290

参考文献 …… 291

学习情境 1
工厂变配电所及一次主接线的识读

学习目标

技能目标：
1. 能对变配电所所址进行选址。
2. 能对变配电所进行总体布置。
3. 能识读变配电所一次主接线图。

知识目标：
1. 了解变配电所的基本任务和进行选址的基本要求。
2. 了解一次主接线的概念及绘制方法。
3. 熟练识读变配电所一次主接线图。

任务 1.1 变配电所所址的选择及总体布置

【任务描述】

通过参观变配电气所,了解变配电所的任务,进出线位置和开关柜型号和结构,变配电所线路走向和开关柜布置,能初步进行变配电所所址的选择以及具备变配电所的总体布置的能力。

【任务目标】

技能目标:1. 能对变配电所所址进行选址。
 2. 能对变配电所所址进行布置。
知识目标:1. 了解变配电所的任务。
 2. 掌握变配电所所址的选择的基本要求。
 3. 了解变配电所的总体布置。

【知识准备】

1. 变配电所的任务和设置

工厂变电所担负着从电力系统受电、经过变压、配电的任务。配电所担负着从电力系统受电,然后直接配电的任务。可见,变配电所是工厂用电系统的枢纽。

工厂变电所一般设置总降压变电所和车间变电所。而中小型的工厂不设总降压变电所,只有相应的车间变电所。为节省场地和建筑费用,工厂的配电所尽可能与车间变电所配套合建。

2. 变配电所位置的选择

(1) 变配电所位置确定的一般原则

变配电所的位置一般会根据用电负荷位置、负荷大小、负荷的集中程度、周围环境、安全性要求,并结合技术经济分析后确定。

① 尽量接近负荷中心,以降低配电系统的电能损耗、电压损耗和有色金属消耗量。

② 接近电源侧,尤其是工厂的总降压变电所和高压配电所。

③ 进出线方便,特别是要适于架空进出线。

④ 设备安装和运输方便,主要是考虑电力变压器和高低压成套配电装置的安装和运输。

⑤ 不宜设在多尘或有腐蚀性污染物的场合,无法远离时,应设在上风侧。

⑥ 不应设在高温或有剧烈振动的场所,无法避开时,要采取隔热和防振措施。

⑦ 不应设在地势低洼和经常积水场所(比如浴室、游泳池或厕所等)的正下方,或与上述场所毗邻。

⑧ 不应设在易燃易爆环境的正上方或正下方。当与上述环境毗邻时,应符合国家标准 GB 50058—1992《爆炸和火灾危险环境电力装置设计规范》的规定。

⑨ 不妨碍工厂或车间的发展,并适当考虑将来扩建的可能。

工厂或车间的负荷中心一般采用以下方法近似确定。

(2) 负荷指示图

负荷指示图是指将电力负荷按照一定比例〔例如用 $1mm^2$ 的面积代表(合适)计算负荷的千瓦数〕用"负荷圆"的形式标示在工程建筑或车间的平面图上,如图 1-1 所示(其他可见技术部门给出的负荷工艺布置图)。各车间的负荷圆的"圆心"应与工程建筑(车间)的"负荷中心"位置大致相符。建筑（车间）内负荷如果分布大致均匀，这一"负荷中心"就代表建筑或车间的中心。如果建筑（车间）负荷分布不均匀，这一中心应偏向负荷较集中的一侧。

图 1-1 所示可以直观地大致确定工程建筑（车间）的负荷中心，但还是必须结合其他条件综合分析比较才能确定。

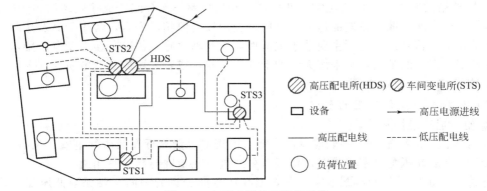

图 1-1 中型工厂的负荷指示图

（3）负荷功率矩法

经常通过负荷力矩法确定负荷中心。具体方法如下：设有负荷 P_1、P_2、P_3（全部按照有功计算负荷分析）分布如图 1-2 所示，可见在直角坐标系中的坐标分别为 $P_1(x_1,y_1)$、$P_2(x_2,y_2)$、$P_3(x_3,y_3)$。总负荷用 $P=P_1+P_2+P_3$ 表示，假定 P 的负荷中心位于 $P(x,y)$，则由力学知识得

$$xP=P_1x_1+P_2x_2+P_3x_3$$
$$yP=P_1y_1+P_2y_2+P_3y_3$$

即

$$xP=\sum(P_ix_i)$$
$$yP=\sum(P_iy_i)$$

因此，负荷中心 P 的坐标为

$$x=\frac{\sum(P_ix_i)}{P}$$
$$y=\frac{\sum(P_iy_i)}{P}$$

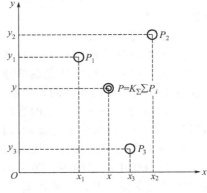

图 1-2 负荷力矩法确定负荷中心

这里需注意的是：负荷中心的确定虽然是变配电室选址的重要因素，但并不是唯一的指标，而且负荷中心并非是固定不变的，所以，负荷中心的计算不需要非常精确。

（4）常见的工厂变电所安装形式和位置

工厂变电所分为总降压变电所和车间变电所，一般中小型工厂不设总降变电所。常见的工厂变电所安装形式和位置如下。

① 车间内部变电所　变电所四面都在车间内部，适于负荷较大的多跨厂房、负荷中心在厂房中央且环境允许。优点是经济性较好，位于车间的负荷中心，可以缩短低压配电距离，降低电能和电压损耗，节省有色金属消耗量。但是变电所建在车间内部要占用车间一定的生产空间；另外由于变电室的变压器室门朝外开，对生产的安全有一定威胁。

② 露天或半露天变电所　在中小型工厂，只要周围环境条件正常、无腐蚀性、爆炸性气体和粉尘的场所都适于采用。优点是简单经济，通风散热好。缺点是安全性差些，尤其注意：在靠近易燃易爆的厂区附近及大气中含有腐蚀性或爆炸性物质的场所不得采用。

③ 独立变电所　变电所建在距车间 12~25m 外的独立的建筑物内，适于各车间的负荷

相当小而且较分散，或需要远离易燃易爆和有腐蚀性污染物的场合，一般车间变电所不易采用。电力系统中的大型变配电所和工厂的总变配电所，则一般采用独立式。

④ 杆上（高台）变电站　一般用于容量在315kV·A及以下的变压器，电源由架空线引接的屋外变电站，最为简单经济，多用于生活区供电。

⑤ 户外箱式变电站　由高压室、变压器室和低压室三部分组合成箱式结构的变电站。

另外，还有通风散热较差的地下变电所，费用较高但相对安全，常用于高层建筑、地下工程和矿井中；移动式变电所主要适于坑道作业以及临时施工供电；楼上变电所要求主变压器具备轻型、安全的结构，常采用无油的干式变压器，或者采用成套变电所。

3. 变配电所的总体布置

（1）变配电所总体布置的要求

1）便于运行维护和检修

① 有人值班的变电所，一般应设值班室。值班室尽量靠近高低压配电室，且有门直通。如果值班室靠近高压配电室困难时，值班室可经过道或走廊与高压室相通。

② 值班室也可以与低压配电室合并，但在放置办公桌的一面，要保证低压配电装置到墙的距离不应小于3m。

③ 主变压器应靠近运输方便、交通便利的马路一侧。条件允许时应配套设置独立的工具间和维修室。

④ 有人值班的独立变电所，宜设有厕所和给排水设施；昼夜值班的变配电室还应设有休息室。

2）保证运行安全

① 变配电所值班室内不得有高压设备。各室的大门都应朝外开。

② 高压电容器组应装设在单独的房间内，但数量较少时，可以装设在高压室内。低压电容器组可装设在低压室内，但数量较多时，应装设在单独的房间内。

③ 油量为100kg及以上的变压器应装设在单独的变压器室内。变压器室的大门应朝向马路开（在炎热地区应避免朝西开门）。

④ 变电所宜单层布置。如果采用双层时注意变压器应设在底层。

⑤ 所有带电部位间距、距离墙和地的尺寸以及各室维护操作通道的宽度等，均应符合相关规程的安全要求，宜确保安全运行。

⑥ 建筑应为一级耐火等级。其门窗材料都应是不燃的。

3）便于进出线

① 如果是架空进线，高压配电室宜位于进线侧。

② 一般变压器的低压出线通常都采用矩形裸母线，因此变压器的安装位置（变压器室）宜靠近低压配电室。

③ 低压配电室应靠近其低压出线侧。

4）节约土地和建筑费用

① 值班室可以与低压配电室合并，即适当增大低压配电室面积，放置控制台或值班桌，满足运行值班的需要。

② 高压开关柜不多于6台时，可与低压配电柜设置在同一房间内，但注意高压柜与低压配电屏的间距不得小于2m。

③ 不带可燃性油的高、低压配电装置和非油浸电力变压器，可设置在同一房间内。（以上设备如果符合IP3X防护等级外壳，当环境允许时，可以相互靠近布置在车间内）。

④ 环境正常的变电所，宜采用露天或半露天变电所。

⑤ 高、低压电容器柜数量少时，可分别装设在高、低压配电室内。

⑥ 高压配电所尽量与毗邻的车间变电所合建。

5) 适应发展要求

① 变压器室应考虑到有待扩建或更换大一级变压器的可能。

② 高低压配电室空间应留有备用开关柜（屏）的位置。

总之，变配电所的形式应根据用电负荷的分布情况和周围环境情况确定。既要考虑变电室的发展和扩建，又不得妨碍车间和工厂的发展。

(2) 变配电所总体布置方案示例

变配电所总体布置方案，应因地制宜，合理经济设计。一般应经过几个方案的技术比较，从经济性、安全和可靠性等方面综合考虑。

图 1-3 是高压配电室及其附设车间变电所的平面图和剖面图，车间配电室中的开关柜为

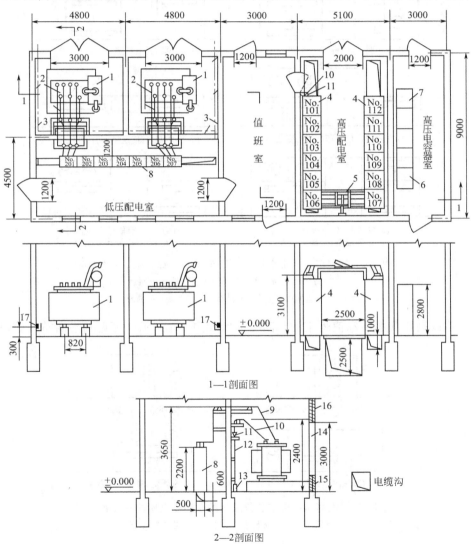

图 1-3 高压配电室及其附设车间变电所的平面图和剖面图

1—S9-800/10 电力变压器；2—PEN 线；3—接地线；4—GG-1A（F）高压柜；5—GN6 型高压隔离柜；6—GR-1 型高压电容器柜；7—GR-1 型电容器放电柜；8—PGL2 型低压配电屏；9—低压母线及支架；10—高压母线及支架；11—电缆头；12—电缆；13—电缆保护管；14—大门；15—进风口；16—出风口；17—接地线及其固定钩

双列布置,按照 GB 150060—1992《3～10kV 高压配电室装置设计规范》规定,操作通道的最小宽度为 2m。本设计取 2.5m,从而使运行和维护更为安全便捷;变压器室的尺寸是按照所装设变压器容量大一级来考虑的,高低压室也都留有裕量,以适应将来变电所增大负荷时,更换更大容量的变压器和增设高低压开关柜的需要。

特点是:值班室紧靠高低压配电室,而有门直通,一次运行和维护方便;所有大门都向外开启,保证安全;高低压配电室和变压器室的进出线较便捷;高压电容器室与高压配电室相邻既能方便配线又保证安全。

图 1-4 是某工厂高压配电所与附设车间变电所合建的几种平面布置的方案。

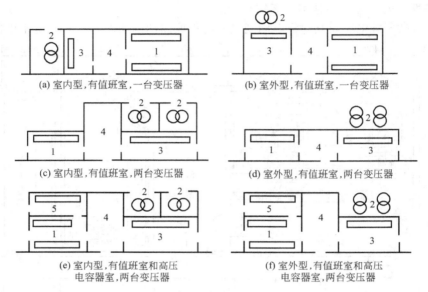

图 1-4 某工厂高压配电所与附设车间变电所合建平面布置图
1—高压配电所;2—变压器室或室外变压器台
3—低压配电室;4—值班室;5—高压电容器室

对于不设高压配电室和值班室的车间变电所如图 1-5 所示,可见其平面布置更简单。

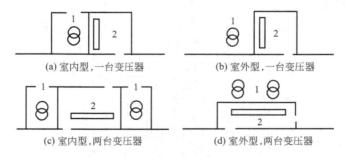

图 1-5 不设高压配电室和值班室的车间变电所的平面布置图
1—变压器室或室外变压器台;2—低压配电室

(3) 变电所布置方案示例

① 35/10kV 总降压变电所单层布置方案示意图如图 1-6 所示。

② 35/10kV 总降压变电所双层布置方案示意图如图 1-7 所示。

③ 10kV 高压配电所和附设车间变电所的布置方案示意图如图 1-8 所示。

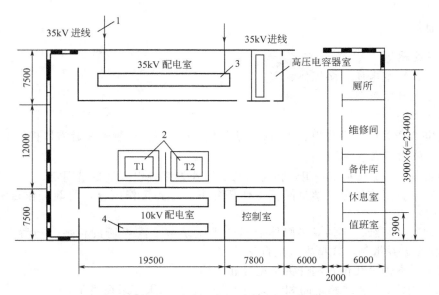

图 1-6　35/10kV 总降压变电所单层布置方案示意图
1—35kV 架空进线；2—主变压器（4000kV·A）；
3—35kV 高压开关柜；4—10kV 高压开关柜

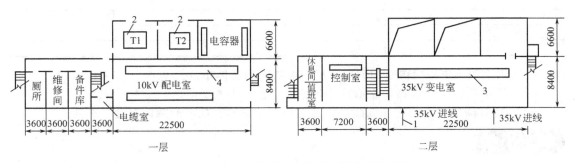

图 1-7　35/10kV 总降压变电所双层布置示意图
1—35kV 架空进线；2—主变压器（6300kV·A）；
3—35kV 高压开关柜；4—10kV 高压开关柜

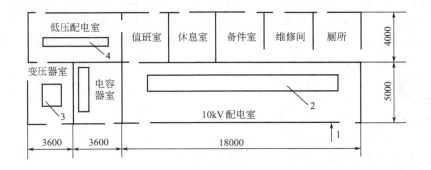

图 1-8　10kV 高压配电所和附设车间变电所的布置方案示意图
1—10kV 电缆进线；1—10kV 高压开关柜；
3—10/0.4kV 变压器；4—380V 低压配电屏

【任务实施】

(1) 实施地点

某 6~10kV 变电所，多媒体教室。

(2) 实施所需器材

① 多媒体设备。

② 变电所开关柜：进线柜、出线柜、PT 柜、CT 柜、计量柜和避雷器柜等。

(3) 实施内容与步骤

① 学生分组。4 人左右一组，指定组长。工作始终各组人员尽量固定。

② 教师布置工作任务。学生阅读工作任务书，了解工作内容，明确工作目标，制定实施方案。

③ 教师通过图纸、实物或多媒体展示让学生了解变配电所的构成、布置、线路布局、开关柜铭牌参数并举例，或指导学生自学。

④ 实际观察进出线位置和开关柜型号和结构。

a. 分组观察变电所线路走向和开关柜布置，观察结果记录在表 1-1 中。

表 1-1　变配电所观察结果记录表

开关柜序号	开关柜型号	额定容量/V·A	额定电压/V	额定电流/A	开关柜作用
1					
2					
3					
4					

b. （以组为单位）简单绘制该变（配）电所内的总体布置。

c. 注意事项：认真观察，注意特点，记录完整；注意安全。

⑤ 学生查阅资料，讨论该变配电所址选择的原则和变配电的总体布置。

学习小结

本任务的核心是能对工厂或车间的负荷进行分析和简单计算后，根据选址的一般原则和现场情况，综合确定该工程建筑或工厂的变配电室位置。通过本任务的学习和实践，学生应能理解以下要点。

① 选址的一般要求：接近负荷中心、进出线和运输方便、远离污染和振动等。

② 近似确定工厂或车间的负荷中心：负荷指示图、负荷功率矩法。

③ 变电所的总体的布置：根据用电负荷的分布情况和周围环境情况确定。既要考虑变电室的发展和扩建，又不得妨碍车间和工厂的发展。

自我评估

1. 工厂供配电所的任务是什么？
2. 变配电所所址的选择的基本要求？
3. 变配电所所址的选择要保证安全的具体措施有哪些？
4. 根据给定的要求绘制完整的（以上参观的）6~10kV 变电所内的总体布置。

评价标准

教师根据学生参观、记录结果及提问，按表 1-2 给予评价。

表 1-2 综合评价

项目	内容	配分	考核要求	扣分标准	得分
实训态度	1. 实训的积极性 2. 安全操作规程地遵守情况 3. 纪律遵守情况 4. 完成自我评估,技能训练报告	40	积极参加实训,遵守安全操作规程和劳动纪律,有良好的职业道德和敬业精神;技能训练报告符合要求	违反操作规程扣 20 分;不遵守劳动纪律扣 10 分;自我评估、技能训练报告不符合要求扣 10 分	
变配电所参观	观察变配电所安装位置和总体布置,记录参数	30	观察分析认真,记录完整	分析不完整扣 10 分;观察不仔细扣 10 分;记录不完整扣 20 分	
安全	按照变配电所安全操作规程执行	20	要求遵守变配电所安全相关规定	违反规定扣 10～20 分	
工具的整理与环境清洁	1. 工具整理情况 2. 环境清洁情况	10	要求工具码放整齐,工作台周围无杂物	工具码放不整齐 1 件扣 1 分;有杂物 1 件扣 1 分	

任务 1.2 变配电所一次主接线图的识读

【任务描述】

变配电所是工厂用电系统的枢纽。本次的任务是以工厂变配电所及一次主接线的识读为载体,认识一次主接线的基本形式和绘制方法,能初步阅读变配电所一次主接线图。

【任务目标】

技能目标:1. 能初步对变配电所一次主接线进行阅读。
　　　　　2. 能初步绘制变配电所一次主接线。
知识目标:1. 了解一次主接线的概念。
　　　　　2. 懂得变配电所一次主接线的基本形式。
　　　　　3. 了解一次主接线的绘制方法。
　　　　　4. 能够识读简单的一次主接线图。

【知识准备】

1 电气主接线的绘制

电气主接线图是发电厂和变电所最重要的接线图。主接线图所连接的设备是发电厂和变电所的主设备:发电机、主变压器、输配电线路,以及必须配置的高压开关电器、互感器和母线等。因此,电气主接线是由高压电器通过连接线,按其功能要求组成接受和分配电能的电路,用来传输强电流、高电压的网络,故而又称为一次接线或电气主系统。

(1) 对工厂变配电所主接线的基本要求

① 安全性　符合有关技术规范的要求,能充分保证人身和设备的安全。(如高、低压断路器的电源侧和可能反馈电能的另一侧须装设隔离开关;变配电所的高压母线和架空线路的末端须装设避雷器。)

② 可靠性　满足负荷对供电可靠性的要求。(如对一级负荷,应考虑两个电源供电;二级负荷,应采用双回路供电。)

③ 灵活性　能适应系统所需要的各种运行方式,并能灵活地进行不同运行方式间的转换,操作维护简便,而且能适应负荷的发展。

④ 经济性　在满足以上要求的前提下,尽量使主接线简单,投资少,运行费用低,并节约电能和有色金属消耗量。(如尽可能采用技术先进、经济实用的节能产品;尽量采用开

关设备少的主接线方案；在优先提高自然功率因数的基础上，采用人工补偿无功功率的措施，使无功功率达到规定的要求。）

（2）电气主接线的绘制方法

绘制方法是用规定的设备文字和图形符号，并按工作顺序排列，详细地表示电气设备或成套装置的全部基本组成和连接关系的单线接线图。主接线代表了发电厂或变电所电气部分主体结构，表示生产、汇集和分配电能的电路，是电力系统网络结构的重要组成部分。

主接线图中常用电气设备和导线的图形符号和文字符号见表1-3。

表1-3 常用电气设备和导线的图形符号和文字符号

电气设备名称	文字符号	图形符号	电气设备名称	文字符号	图形符号
刀开关	QK		母线（汇流排）	W 或 WB	
熔断器或刀开关	QKF		导线、线路	W 或 WL	
断路器（自动开关）	QF		电缆及其终端头		
隔离开关	QS		交流发电机	G	
负荷开关	QL		交流电动机	M	
熔断器	FU		单相变压器	T	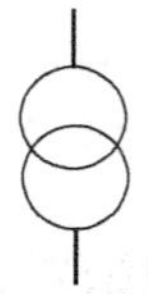
熔断器式隔离开关	FD		电压互感器	TV	
熔断器式负荷开关	FDL		三绕组变压器	T	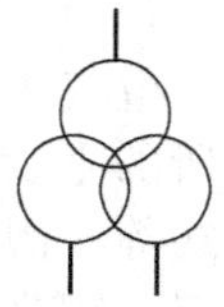
阀式避雷器	F		三绕组电压互感器	TV	
三相变压器	T	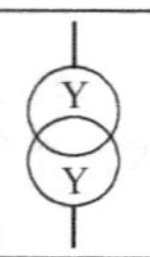	电抗器	L	
电流互感器（具有一个二次绕组）	T		电容器	C	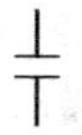
电流互感器（具有两个铁芯和两个二次绕组）	TA		三相导线		

具体的绘制形式有两种：

① 系统式主接线　按照电力输送的顺序依次安排其中的设备和线路相互连接关系而绘制的一种简图。特点：能全面系统地反映出主接线中电力的传输过程，即相对电气连接关系。

但是它并不反映其中各成套配电装置之间相互排列的位置。这种主接线图多用于变电所的运行中。通常应用的变配电所主接线均为这一形式。如图1-9所示。

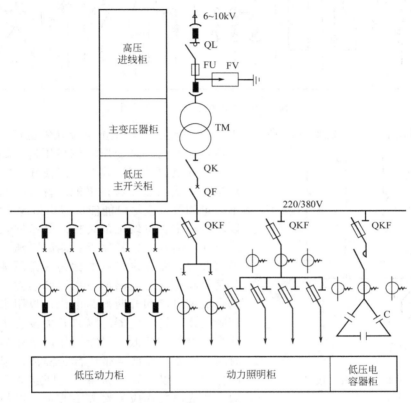

图1-9　变电所系统式主接线图

TM—主变压器；QL—负荷开关；FU—熔断器；FV—阀式避雷器；
QK—低压刀开关；QF—断路器；QKF—刀熔开关

② 装置式主接线图　这是按照主接线中高压或低压成套配电装置之间相互连接关系和排列位置而绘制的一种简图，通常按照不同电压等级绘制。特点：可以一目了然地看出某一电压级的成套配电装置的内部设备连接关系以及装置之间相互排列位置。这种主接线图多在变配电所施工图中使用，便于配电装置的采购和安装施工。如图1-10所示。

（3）变配电所常用主接线类型

1）有汇流母线的电气主接线

① 母线的概念和作用　母线称汇流排，是用来汇集、分配电能的硬导线，在一次主接线图中用文字符号为W或WB表示。设置母线可方便地把多路电源进线和出线通过电气开关连接在一起，提高供电的可靠性和灵活性。

② 接线方案

a. 单母线接线

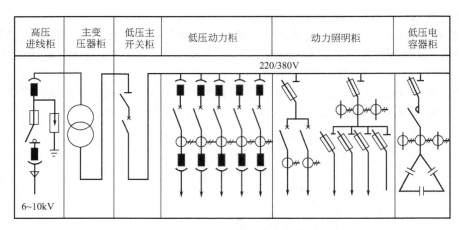

图1-10 变电所装置式主接线图

a. 单母线不分段　如图1-11所示为单母线主接线，其供电电源在发电厂是发电机或变压器，在变电所是变压器或高压进线回路。母线既可以保证电源并列工作，又能使任一条出线都可以从电源1或电源2获得电能。各出线回路输送功率不一定相等，应尽可能使负荷均衡地分配于母线上，以减少功率在母线上的传输。每条回路中都装有断路器和隔离开关，紧靠母线侧的隔离开关称作母线隔离开关，靠近线路侧的称为线路隔离开关。由于断路器具有开合电路的专用灭弧装置，可以开断或闭合负荷电流和开断短路电流，故用来作为接通或切断电路的控制电器。隔离开关没有灭弧装置，其开合电流能力极低，只能用作设备停运后退出工作时断开电路，保证与带电部分隔离，起着隔离电压的作用。所以，同一回路中在断路器可能出现电源的一侧或两侧均应配置隔离开关，以便检修断路器

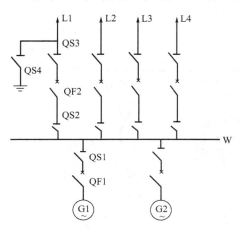

图1-11 单母线主接线

时隔离电源。若馈线的用户侧没有电源时，断路器通往用户的那一侧，可以不装设线路隔离开关。但如费用不大，为了防止过电压的侵入，也可以装设。若电源是发电机，则发电机与其出口断路器QF1之间可以不装隔离开关，因断路器QF1的检修必然在停机状态下进行。但有时为了便于对发电机单独进行调整和试验，也可以装设隔离开关或设置可拆连接点。同一回路中串联的隔离开关和断路器，在运行操作时，必须严格遵守下列操作顺序：如对馈线L1送电时，须先合上隔离开关QS3和QS2，再投入断路器QF2；若要停止对其供电，须先断开QF2，然后再断开QS2和QS3。为了防止误操作，除严格按照操作规程实行操作票制度外，还应在隔离开关和相应的断路器之间，加装电磁闭锁、机械闭锁或电脑钥匙。接地开关（又称接地刀闸）QS4是在检修电路和设备时合上，取代安全接地线的作用。当电压在110kV及以上时，断路器两侧的隔离开关和线路隔离开关的线路侧均应配置接地开关。对35kV及以上的母线，在每段母线上亦应设置1~2组接地开关或接地器，以保证电器和母线检修时的安全。

单母线接线具有简单清晰，设备少、投资小、运行操作方便，且有利于扩建等优点。但可靠性和灵活性较差，当母线或母线隔离开关故障或检修时，必须断开它所连接的电源；与之相接的所有电力装置，在整个检修期间均需停止工作。此外，在出线断路器检修期间，必

须停止该回路的工作。因此，这种接线只适用于 6～220kV 系统中只有一台发电机或一台主变压器，且出现回路数又不多的中、小型发电厂或变电所。为弥补单母线接线的不足，可采取单母线分段或者单母线加设旁路母线等方式。

ⓑ 单母线分段　如图 1-12 所示。单母线用分段断路器 QF1 进行分段，可以提高供电可靠性和灵活性。对重要用户可以从不同段引出两回路线路，由两个电源供电。当一段母线发生故障，分段断路器自动将故障段隔离，保证正常段母线不间断供电，不致使重要用户停电。两段母线同时故障的概率很小，可以不予考虑。在可靠性要求不高时，也可以用隔离分段开关（QS1）。任一段母线故障时，将造成两段母线同时停电，在判别故障后，拉开分段隔离开关 QS1，完好段就可以恢复供电。

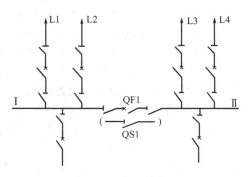

图 1-12　单母线分段

分段的数目，取决于电源数量和容量。段数分得越多，故障时停电范围越小，但使用断路器的数量亦越多，且配电装置和运行也越复杂，通常以 2～3 段为宜。这种接线广泛用于中、小容量发电厂的 6～10kV 变电所中。

ⓒ 单母线加设旁路母线　断路器经过长期的运行和切断数次短路电流后都需要检修。为了检修出线断路器，不致中断该回路供电，可增设旁路母线 W2 和旁路断路器 QF2，如图 1-13 所示。旁路母线经旁路隔离开关 QS3 与出线连接。正常运行时，QF2 和 QS3 断开。当检修某出线断路器 QF1 时，先闭合 QF2 两侧的隔离开关，再闭合 QF2 和 QS3，然后断开 QF1 及其线路隔离开关 QS2 和母线隔离开关 QS1。这样 QF1 就可以退出工作，由旁路断路器 QF2 执行其任务，即在检修 QF1 期间，通过 QF2 和 QS3 向线路 L3 供电。

当检修电源回路断路器期间不允许断开电源时，旁路母线还可与电源回路连接，此时还需在电源回路中加装旁路隔离开关，如图 1-13 虚线所示。

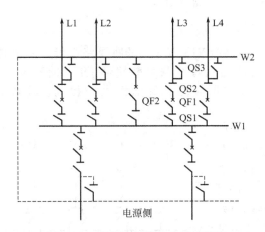

图 1-13　带旁路母线的单母线接线
W1—工作母线；W2—旁路母线

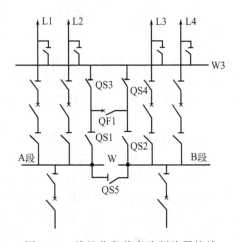

图 1-14　单母分段兼旁路断路器接线

有了旁路母线，检修与它相连的任一回路的断路器时，该回路便可以不停电，从而提高了供电的可靠性。它广泛地用于出线数较多的 110kV 及以上的高压配电装置中，因为电压等级高，输送功率较大，送电距离较远，停电影响大，同时高压断路器每台检修时间也较长。而35kV及以下的配电装置一般不设旁路母线，因为负荷小，供电距离短，容易取得备用电源，有可能停电检修断路器，并且断路器的检修、安装或更换均较方便。一般35kV以下配电装置多为屋内型，为节省建筑面积，降低造价都不设旁路母线，只有在向特殊重要的Ⅰ、Ⅱ类用户负荷供电，不允许停电检修断路器时，才设置旁路母线。

带有专用旁路断路器的接线，多装了价高的断路器和隔离开关，增加了投资。这种接线除非供电可靠性有特殊需要或接入旁路母线的线路过多、难于操作时才采用。一般来说，为节约建设投资，可以不采用专用旁路断路器。对于单母线分段接线，常采用如图1-14所示的以分段断路器兼作旁路断路器的接线。两段母线均可带旁路母线，正常时旁路母线W3不带电，分段断路器QF1及隔离开关QS1、QS2在闭合状态，QS3、QS4、QS5均断开，以单母线分段方式运行。当QF1作为旁路断路器运行时，闭合隔离开关QS1、QS4（此时QS2、QS3断开）及QF1，旁路母线即接至A段母线；闭合隔离开关QS2、QS3及QF1（此时QS1、QS4断开）则接至B段母线。这时，A、B两段母线分别按单母线方式运行。亦可以通过隔离开关QS5闭合，A、B两段母线合并为单母线运行。这种接线方式，对于进出线不多，容量不大的中、小型发电厂和电压为35～110kV的变电所较为实用，具有足够的可靠性和灵活性。此外，有些工程亦采用更容易的、以分段兼旁路的接线方式，如图1-15所示；图(a)为不装母线分段隔离开关，作旁路运行时，两段母线分段运行；图(b)与图(c)为正常运行时，旁路母线均带电。

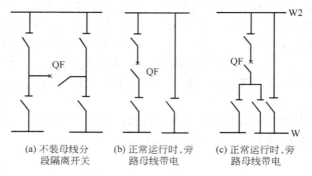

图1-15 分段兼旁路断路器的接线形式

b. 双母线接线 如图1-16所示，它具有两组母线W1、W2。每回线路都经一台断路器和两组隔离开关分别与两组母线连接，母线之间通过母线联络断路器QF（简称母联）连接，成为双母线接线。有两组母线后，使运行的可靠性和灵活性大为提高，其特点如下。

ⓐ 供电可靠 通过两组母线隔离开关的倒换操作，可以轮流检修一组母线而不致使供电中断；一组母线故障后，能迅速恢复供电；检修任一回路的母线隔离开关时，只需断开此隔离开关所属的一条电路和与此隔离开关相连的该组母线，其他电路均可通过另一组母线继续运行，但其操作步骤必须正确。例如：当检修工作母线时，可把全部电源和线路倒换到备用母线上。其步骤是：先合上母联断路器两侧的隔离开关，再合母联断路器QF，向备用母线充电，这时，两组母线等电位，为保证不中断供电，按"先通后断"原则进行操作，即先接通备用母线上的隔离开关，再断开工作母线上的隔离

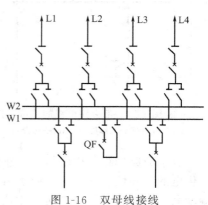

图1-16 双母线接线

开关。完成母线转换后,再断开母联 QF 及其两侧的隔离开关,即可使原工作母线退出运行进行检修。

ⓑ 调度灵活 各个电源和各回路负荷可以任意分配到某一组母线上,能灵活地适应电力系统中各种运行方式调度和潮流变化的需要。通过倒换操作可以组成各种运行方式。例如:当母联断路器闭合,进出线分别接在两组母线上,即相当于单母线分段运行;当母联断路器断开,一组母线运行,另一组母线备用,全部进出线均接在运行母线上,即相当于单母线运行;两组母线同时工作,并且通过母联断路器并列运行,电源和负荷分配在两组母线上,即称之为固定连接方式运行。这也是目前生产中最常采用的运行方式,它的母线继电保护相对比较简单。

ⓒ 扩建方便 向双母线左右任何方向扩建,均不会影响两组母线的电源和负荷自由组合分配,在施工中也不会造成原有回路停电。

双母线接线具有供电可靠、调度灵活、又便于扩建等优点,在大、中型发电厂和变电所中广为采用,并已积累了丰富的运行经验。但这种接线使用设备多(特别是隔离开关),配电装置复杂,投资较多;在运行中隔离开关作为操作电器,容易发生误操作。尤其当母线出现故障时,须短时切换较多电源和负荷;当检修出线断路器时,仍然会使该回路停电。为此,必要时须采用母线分段和增设旁路母线系统等措施。

2)无回流母线的电气主接线

① 线路-变压器组单元接线 在变配电所中,当只有一路电源进线和一台变压器时,可采用线路-变压器组单元接线,如图 1-17 所示。

根据变压器高压侧情况的不同,可以装设如图 1-17 中右侧三种不同的开关电器组合。

a. 当电源侧继电保护装置能保护变压器且灵敏度满足要求时,变压器高压侧可只装设隔离开关。注:高压侧装设隔离开关或跌断式熔断器时,变压器容量一般不得大于 630kV·A。

b. 当变压器高压侧短路容量不超过高压熔断器断流容量,而又允许采用高压熔断器保护变压器时,变压器高压侧可装设跌断式熔断器或熔断器式负荷开关。注:当高压侧装设负荷开关时,变压器容量不得大于 1250kV·A。

c. 在一般情况下,在变压器高压侧装设隔离开关和断路器。

ⓐ 优点 接线简单,所用电气设备少,配电装置简单,节约了建设投资。

ⓑ 缺点 该线路中任一设备发生故障或检修时,变电所全部停电,供电可靠性不高。

ⓒ 适用范围 适用于小容量三级负荷、小型工厂或非生产性用户。

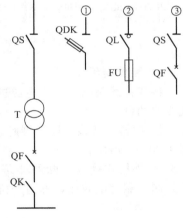

图 1-17 线路-变压器组单元接线方案

② 发电机-变压器组单元接线 发电机与变压器直接连接成一个单元,组成发电机-变压器组,称为单元接线。一般在 6～220kV 电压等级电气主接线中广为采用。它具有接线简单,开关设备少,操作简单,以及因不设发电机电压级母线,使得在发电机和变压器低压侧短路时,短路电流相对于具有母线时,有所减小等特点。如图 1-18(a)所示为发电机-双绕组变压器组成的单元接线,是大型机组广为采用的接线方式。发电机和变压器容量应配套设置(注意量纲)。发电机出口不装断路器,为调试发电机方便可装隔离开关;对 200MW 以上机组,发电机出口多采用分相封闭母线,为了减少开断点,亦可不装,但应留有可拆点,以利于机组调试。这种单元接线,避免了由于额定电流或短路电流过大,使得选择出口断路

器时，受到制造条件或价格甚高等原因造成的困难。图1-18(b)和（c）所示为发电机与自耦变压器或三绕组变压器组成的单元接线。为了在发电机停止工作时，还能保持和中压电网之间的联系，在变压器的三侧均应装断路器。三绕组变压器中压侧由于制造原因，均为死抽头，从而将影响高、中压侧电压水平及负荷分配的灵活性。此外，在一个发电厂或变电所中采用三绕组变压器台数过多时，增加了中压侧引线的构架，造成布置的复杂和困难。所以，通常采用三绕组主变压器一般不多于三台，图1-18(d)所示为发电机-变压器-线路组成的单元接线，它适宜于一机、一变、一线的厂、所。此接线最简单，设备最少，不需要高压配电装置。

为了减少变压器台数和高压侧断路器数目，并节省配电装置占地面积，在系统允许时将两台发电机与一台变压器相连接，组成扩大单元接线。图1-19(a)示出发电机-变压器扩大单元接线。1-19(b)示出发电机-分裂绕组变压器扩大单元接线。

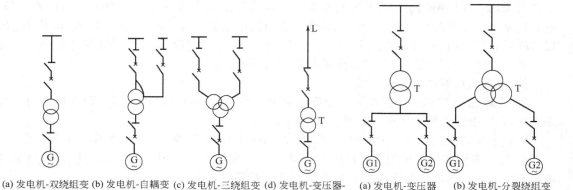

(a) 发电机-双绕组变压器单元接线　(b) 发电机-自耦变压器单元接线　(c) 发电机-三绕组变压器单元接线　(d) 发电机-变压器-线路组单元接线　　(a) 发电机-变压器扩大单元接线　(b) 发电机-分裂绕组变压器扩大单元接线

图1-18　单元接线　　　　　　　　　　图1-19　扩大单元接线

3) 桥式接线

桥式接线是指在两路电源进线之间跨接一个断路器，犹如一座桥，有内桥式接线和外桥式接线两种。

① 内桥式接线　断路器跨接在进线断路器的内侧，靠近变压器，称为内桥式接线，如图1-20(a)所示；

② 外桥式接线　断路器跨在进线断路器的外侧，靠近电源侧，称为外桥式接线，如图1-20(b)所示。

桥式接线的特点：接线简单，高压侧无母线，没有多余设备；经济，由于不需设母线，4个回路只用了3只断路器，省去了1~2台断路器，节约了投资；可靠性高，无论哪条回路故障或检修，均可通过倒闸操作迅速切除该回路，不致使二次侧母线长时间停电；安全，每台断路器两侧均装有隔离开关，可形成明显的断开点，以保证设备安全检修；灵活，操作灵活，能适应多种运行方式。

因此，桥式接线的供电可靠性高，运行灵

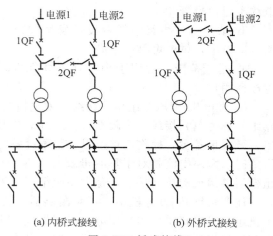

(a) 内桥式接线　　(b) 外桥式接线

图1-20　桥式接线

活性好，适用于一、二级负荷。多用于电源线路较长因而发生故障和检修的可能性就较多，但变电所的变压器不需要经常切换的 35kV 及以上总降压变电所；外桥式接线适用于电源线路较短而变电所的变压器需经常进行切换操作以适应昼夜负荷变化大，需经济运行的总降压变电所；当一次电源线路采用环形接线时也易于采用此接线。

2. 总降压变电所的主接线图

对于电源进线电压为 35kV 级以上的大中型工厂，通常是先经工厂总降压变电所降为 6~10kV 的高压，然后经车间变电所，降为一般低压用电设备所需要的电压，具体如图 1-21 所示。工厂总降压变电所一般设变压器 1~2 台，电源进线 1~2 回，电压为 35~110 kV/6~10 kV。

下面介绍常用的工厂总降压变电所集中常见的主接线方式（以下图例中省去了计量设备和避雷器等）。

（1）单台变压器的总降压变电所主电路图

此种接线图一次侧无母线、二次侧采用单母线。总降压变电所主接线见图 1-22。特点是可靠性不高，只适于三级负荷。

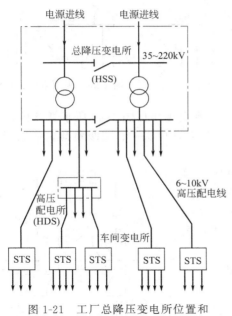

图 1-21 工厂总降压变电所位置和主接线示例

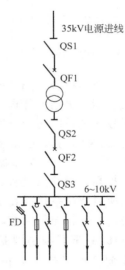

图 1-22 只装一台主变压器的总降压变电所主接线图

（2）两台主变压器的总降压变电所主电路图

① 一次侧采用内桥式接线，二次侧采用单母线分段的总降压变电所主接线见图 1-23。这种主接线，其一次侧的高压断路器 QF10 跨接在两路电源进线之间，犹如一架桥梁，而且处在线路断路器 QF11 和 QF12 的内侧，靠近变压器，因而成为内桥式接线。特点是主接线灵活性较好，供电可靠性较高，适于一、二级负荷。

采用内桥式接线时，如果某路（WL1）电源停电检修或发生故障时，断开 QF11，投入 QF10（其两侧 QS 先合），即可由 WL2 恢复对变压器的供电。内桥式接线常用于电源线路较长因而发生故障和停电检修机会较多，但是变压器不需经常切换的总降压变电所。

② 一次侧采用外桥式接线，二次侧采用单母线分段的总降压变电所主接线见图 1-24。这种主接线，其一次侧的高压断路器 QF10 也跨接在两路电源进线之间，但是处在线路断路

器 QF11 和 QF12 的外侧，靠近电源，因而成为外桥式接线。特点是主接线灵活性也较好，供电可靠性也较高，适于一、二级负荷。

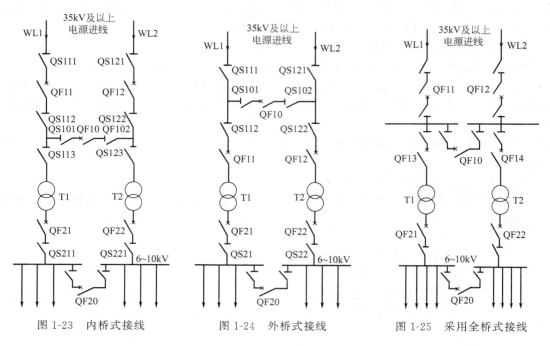

图 1-23　内桥式接线　　　图 1-24　外桥式接线　　　图 1-25　采用全桥式接线

③ 一、二次侧均采用单母线分段的总降压变电所主接线见图 1-25 所示。该接线具有以上两种接线的运行灵活的优点。但是采用高压设备较多，可供一、二级负荷，适用于一、二次侧进出线较多的总降压变电所。

④ 一、二次侧均采用双母线的总降压变电所主接线如图 1-26 所示。采用双母线接线供电可靠性和运行灵活性大大提高，但开关设备相应增加，从而大大增加了投资量，所以双母线接线在工厂变电所很少应用，主要用于电力系统的枢纽变电站。

3. 6～10kV 车间和小型变电所的主接线图

（1）车间变电所的定义和分类

① 定义　车间变电所和小型工厂变电所是将 6～10kV 的配电电压降为 220/380V 的低压用电，再直接供电给用电设备的一种终端变电所。

② 类型　从其电源接线的情况的不同，可分为两类：

a. 有总降压变电所或高压配电所的非独立式变电所；

b. 无总降压变电所或高压配电所的独立式变电所。

（2）非独立式车间变电所的主接线方案

1）主接线的设计思路

当工厂内有总降压变电所（35kV）或高压配电所（6～10kV）时，车间变电所高压侧的主接线通常很简

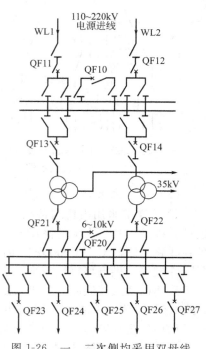

图 1-26　一、二次侧均采用双母线的总降压变电所主接线

单,因为高压侧的开关电器、保护装置和测量仪表一般都装在高压配电线路的首端,即安装在总降压变电所或高压配电所的高压配电室内,而车间变电所的进线处大多可不装设高压开关,或只简单地装设高压隔离开关、熔断器(室外则装设跌开式熔断器)、避雷器等。

2) 典型方案介绍

① 车间变电所的进线处不装设高压开关;

② 车间变电所的进线处简单地装设高压隔离开关、熔断器(室外则装设跌开式熔断器)、避雷器等。

由图 1-27 可见:

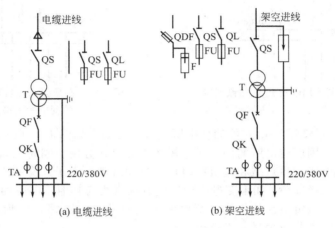

图 1-27 非独立式车间变电所高压侧主接线

① 采用电缆进线时高压侧不装设避雷器,但避雷器装设在电缆首端(图中未绘出),而且避雷器的接地端要连同电缆的金属外皮一起接地;

② 采用架空进线时,无论是户内式还是户外式变电所,都须装设避雷器以防止雷电波沿架空线侵入变电所,且避雷器的接地线应与变压器的低压绕组中性点及外壳相连后接地。

(3) 独立式变电所的主接线方案

独立式变电所的主接线方案通常根据两种情况来进行分类:只装设一台变压器的变电所和装设两台变压器的变电所。

1) 装设一台变压器的 6~10kV 独立式变电所主接线

当变电所只有一台变压器时,高压侧一般采用无母线的接线,这种接线就是上述的"线路-变压器组单元"接线方式。根据高压侧采用的控制开关不同,有下面几种主接线形式。

① 高压侧采用隔离开关-熔断器或跌开式熔断器的变电所主接线方案 如图 1-28 所示。该接线结构简单,投资少,但供电可靠性不高,且不宜频繁操作,这种接线的低压侧应采用低压断路器以便带负荷进行停、送电操作。一般只用于 500 kV·A 及以下容量变电所,对不重要的三级负荷供电。

② 高压侧采用负荷开关-熔断器的变电所主接线方案 如图 1-29 所示。由于负荷开关能带负荷操作,使变电所的停、送电操作比图 1-28 的方案要简便、灵活,但仍用熔断器进行短路保护,其供电可靠性依然不高;该接线的低压侧的主开关既可用低压断路器,也可采用低压刀开关。一般也用于不重要的三级负荷的小型变电所。

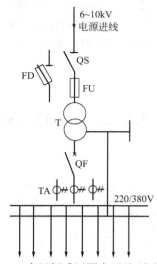
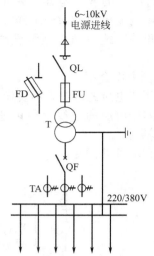

图 1-28 高压侧采用隔离开关-熔断器或跌开式熔断器的变电所主接线图

图 1-29 高压侧采用负荷开关-熔断器的变电所主接线图

③ 高压侧采用隔离开关-断路器的变电所主接线方案 如图 1-30 所示。这种主电路由于采用了高压断路器，因而变电所的停、送电操作十分灵活方便。同时，高压断路器都配有继电保护装置，在变电所发生短路和过负荷时均能自动跳闸。由于只有一路电源进线，因而此种接线一般只用于三级负荷；如果变电所低压侧有联络线与其他变电所相连，或另有备用电源时，则可以用于二级负荷。如果变电所由两路电源进线，如图 1-31 所示，则供电可靠性相应提高，可供二级负荷或少量一级负荷。

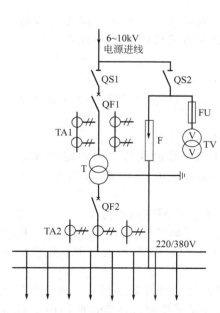
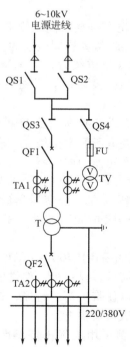

图 1-30 高压侧采用隔离开关-断路器的变电所主接线图

图 1-31 双电源进线、一台变压器的变电所的主接线

2）装设两台变压器的6～10kV独立式变电所主接线方案

① 高压侧无母线、低压侧单母线分段、两台变压器的变电所主接线　如图1-32所示。该接线方案的高压断路器两侧均装设高压隔离开关，低压侧断路器的母线侧必须装设刀开关以保证安全检修。低压母线的分段开关如无自动切换要求，可采用刀开关。

这种接线的供电可靠性高，操作灵活方便，适用于有两路电源、负荷是一、二级的重要变电所。

② 高压侧单母线、低压侧单母线分段的两台变压器变电所的主接线　如图1-33所示。该接线采用高压侧两端受电、双干线供电的树干式接线，适用于有两个电源、两台或两台以上变压器或需多路高压出线的变电所。其供电可靠性也较高，但当电源进线或高压母线发生故障或需停电检修时，整个变电所都要停电，因此只能供电给二、三极负荷，如有高压或低压联络线时，可供电给一、二级负荷用。

③ 高低压侧均采用单母线分段的两台变压器变电所的主接线　如图1-34所示。高压侧采用双回路电源进线单母线分段，在加之低压母线的分段，使其供电可靠性相当高，且操作灵活方便，可供电给一、二级负荷、有两个电源的重要变电所。

4．6～10kV配电所的主接线

6～10kV配电所的任务是从电力系统接受高压电能，并向各车间变电所及高压用电设备进行配电。下面以一个典型的10kV高压配电所的主接线（图1-35）为例来分析其主接线的组成和特点。

（1）电源进线

该配电所有两路10kV的电源进线，最常见的进线方案如下。

① 一路是架空进线（1WL），作为主工作电源，架空线采用铝绞线（型号LJ-95表示截面积$95mm^2$的铝绞线），经穿墙套管进入高压配电室，也可经一段短电缆进入高压配电室。

② 另一路采用电缆进线（2WL），来自邻近单位的高压联络线，作备用电源。电缆线采用YJV22-10-3×120三芯交联聚乙烯绝缘电力电缆，截面为$120mm^2$，额定电压10kV。

③ 电能计量专用柜。1号和13号柜为电能计量专用柜，根据规定："对10kV及以下电压供电的用户，应配置专用的电能计量柜（箱）；对35kV及以上电压供电的用户，应有专用的电流互感器二次线圈和专用的电压互感器二次连接线，并不得与保护、测量回路共用。"计量柜内的电流互感器和电压互感器二次侧的精确度不低于0.2或0.5级。为了方便地控制电源进线，也可在计量柜前加一个控制柜。

④ 所用电柜。2号柜和12号柜为所（配电所）用电柜（也可以接在电源进线上），主要供电给配电所内部二次系统的操作电源，常用户内变压器。

⑤ 进线开关柜。3号柜和11号柜为进线开关柜，除馈电控制用，还可以作母线过电流保护和电流、功率及电能测量用。进线断路器两侧均设隔离开关，主要是考虑断路器在检修时会两端受电，打开两侧隔离开关可保证断路器检修时的安全。如果断路器只有一端受电，则只需在受电侧设置隔离开关即可。

（2）母线

1）母线的类型

① 室外母线一般用软导线如铝绞线或钢芯铝绞线；

② 室内采用硬母线，置于开关柜顶部；

③ 开关柜内和室内开关柜至穿墙套管之间也用母线（汇流排），母线一般采用硬铝排、硬铜排。

2）母线的设置

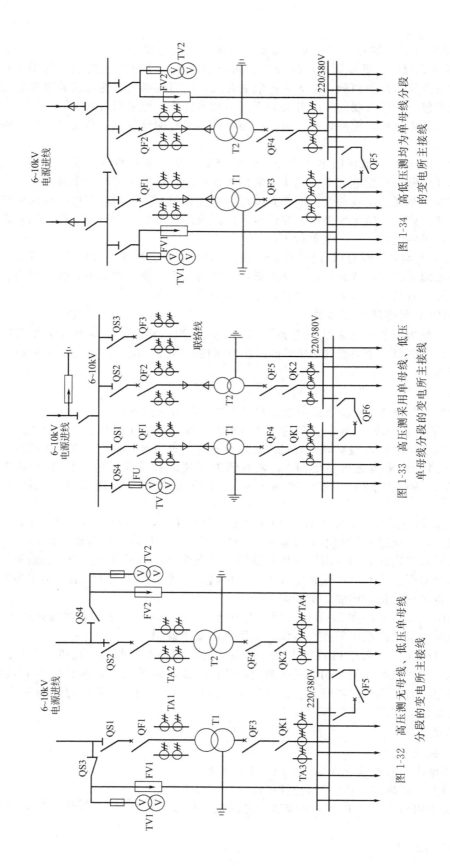

图1-32 高压侧无母线、低压单母线分段的变电所主接线

图1-33 高压侧采用单母线、低压单母线分段的变电所主接线

图1-34 高低压侧均为单母线分段的变电所主接线

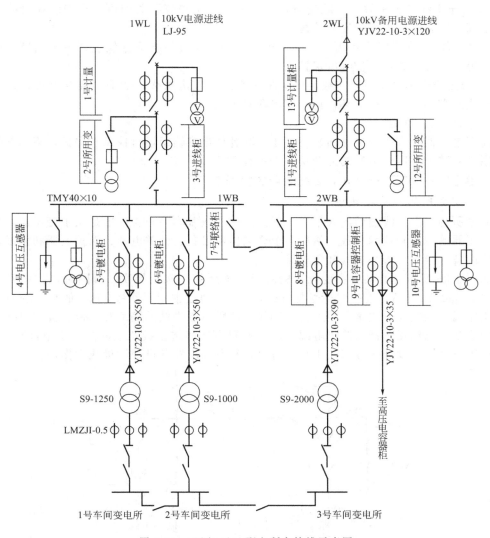

图 1-35 工厂 10kV 配电所主接线示意图

高压变配电所的母线常采用"单（段）母线制"，当进线电源为两路时，则采用"单母线分段制"，分段开关一般装在分段柜或联络柜中（如 7 号柜）。

注：图 1-35 所示的高压配电所采用一路电源工作，一路电源备用的运行方式，所以其母线分段开关通常是合上的；当两路电源进线同时作工作电源时，分段开关一般是断开的。

3）电压互感器和避雷器柜

在每段母线上都要设置电压互感器和避雷器，它们装在一个高压柜内（4号、10号柜），并共用一组高压隔离开关，主要用于电压测量、监视和过电压保护。

（3）高压配电出线

按照负荷大小，每段母线分配的负荷一般大致均衡。

1）出线柜

出线柜又称馈电柜，图 1-35 采用的高压出线开关柜（5号、6号、8号、9号柜）的主要电气设备是隔离开关、断路器、电流互感器的组合。

① 由于出线开关柜只有一端受电，故只采用一个隔离开关即可，且安装在母线侧，用来保证高压断路器和出线的安全检修。

② 高压电流互感器均有两个二次绕组，一个二次绕组接测量仪表，用于电流、功率的测量，另一个二次绕组用作继电保护。

③ 当出线采用电缆时，一般经开关柜下面的电缆沟出线，如采用架空出线，则经汇流排（母线）翻到开关柜后上部，再经穿墙套管出线。

2）高压电容器柜

高压电容器柜（图中未画出）对高压并联补偿电容器组进行控制和保护，高压并联电容器组用于对整个高压配电所的无功功率进行补偿。

5. 读图——工厂 6～10kV 变配电所主接线实例

（1）变电所的一次接线图

变电所的一次接线图的形式很多，但读图的方法基本一致：一般是从主变压器开始，了解主变压器的位置和技术参数，然后向上看高压侧设备、开关电器、保护电器和接线，再看低压侧设备、接线、开关电器和负载等。

如图 1-36 所示是有两台主变压器的降压变电所的一次主接线。读图时，首先看两台变压器都是 6300kV·A，连接组标号是 Yd11 方式，通过主变压器将 35kV 的高压变为 10kV；主变压器高压侧接线方式是采用外桥式连接，两路电源进线的隔离开关带有接地刀开关，在桥路两侧装有电压互感器（监测电源电压）和避雷器（防止线路上的高压雷电波侵入）。低压侧采用单母线分段连接方式，正常运行时，每台变压器各供一段母线工作，当有一台变压

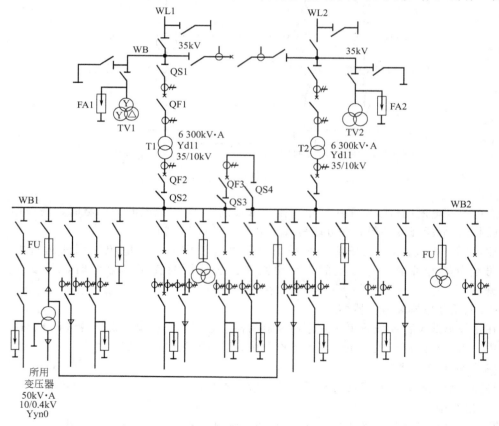

图 1-36　两台主变压器的降压变电所的一次主接线

器检修或故障需要停电时，可以通过母联开关 QF3、QS3 和 QS4，由另一台主变压器同时向 WB1 和 WB2 两段母线供电，以保证重要负荷供电的可靠性。

在每段 10kV 母线上都有架空线和电缆输出线，在出口处装有避雷器（防止线路上的高压雷电波侵入）保护装置。在 10kV 的 WB1 母线上装有一台 50kV·A 的所用变，并经过电缆与 WB2 母线相联，使 WB1 和 WB2 两段母线都可以向所用变压器供电，这样保证了所用电源的可靠性。并且两条母线上都有电压互感器和避雷器，便于进行计量和保护。

（2）配电所的一次接线图

1）配电所的一次接线图的特点

① 小型配电所的一次接线图，一般画成单线示意图，并以母线为核心将各部分设备（电源、负载、开关电器和连接线缆等）联系在一起。

② 在母线的上方为电源进线，要注意电源的进线方式和连接（如果是按出线方式送到母线，需要将此电源进线引至一次图的下方用转折线接到开关柜）；在母线的下方是出线，一般都要经过开关柜中的各类型开关、控制、计量和保护电器通过电线电缆送至负载。

③ 阅读变配电所的一次接线图时，不可避免的要用到一些开关和线缆等电气元件，按照图样中标注的各型号和参数，查阅相关手册，才更能看懂变配电所的一次接线图，明白主接线方案等技术参数。

2）看图的程序和方法

配电所的看图顺序可按照电能输送的路径进行，即为从电源进线—母线—开关设备—馈线（开关柜向用电设备进行供电的线路称为馈线）等的顺序进行。

如图 1-37 所示为某配电所的一次接线图。母线上方是电源和进线，本配电所采用两路

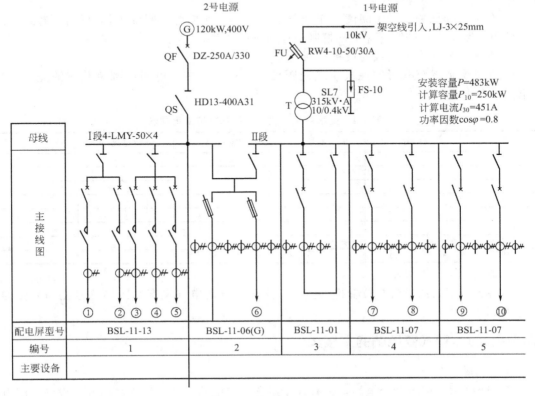

图 1-37　某配电所的一次接线图

进线：一个电源是10kV架空线引入的外电源，另一个是独立的发电机组自备电源，该系统中共有5个开关柜（配电屏）。架空线路进入系统式先是经过FU（户外跌落熔断器，俗称跌落保险），10kV的电压经过降压变压器变为0.4kV，经3号开关柜送到低压Ⅱ段母线，再经2号联络柜（装有Ⅰ、Ⅱ段母线的联络开关）送到Ⅰ段母线。在变压器的高压侧同样装有避雷器（FS-10型）。自备电源经2号开关柜送到母线，可以在外电源故障或检修时保证重要负荷的供电。3号柜中刀开关分别是用来隔断变压器和自备电源的供电。低压侧是单母线分段放射式供电。

【任务实施】

(1) 实施地点

某6~10kV变电所，多媒体教室。

(2) 实施所需器材

① 多媒体设备；

② 变电所线路。

(3) 实施内容与步骤

① 学生分组。4人左右一组，指定组长。工作始终各组人员尽量固定。

② 教师讲解（利用多媒体）。一次主接线电路图是用规定（见表1-3）的设备文字和图形符号并按工作顺序排列进行绘制，详细地表示电气设备或成套装置的全部基本组成和连接关系的单线接线图。

③ 教师通过图纸、实物或多媒体展示让学生了解变配电所一次主接线的构成、布置、线路布局举例，或指导学生自学。

④ 布置工作任务。学生阅读工作任务书，了解工作内容，明确工作目标，制定实施方案，按照线路走向：进线—保护—控制—计量—出线等。

⑤ 实际观察一次主接线的设备并列表记录。

a. 分组绘制该变电所的一次主接线图设备，观察（按照电源侧到负载侧的先后顺序）结果记录在表1-4中。

表1-4 变配电所一次主接线观察结果记录表

序号	设备名称	型号	额定容量/V·A	额定电流/A	作用
1					
2					
3					
4					
5					
6					
7					
8					

b. 每组记录一回线路。

c. 将各组记录的设备与位置排列整合，按照标准的电气文字和图形符号绘制完整的一次主接线图。

【知识拓展】 箱式变电站的主接线

(1) 概述

箱式变电站又称成套变电站，也有称作组合式变电站，是一种把高压开关设备、配电变压器和低压配电装置按一定接线方案在工厂预制成型的户内、户外紧凑式配电设备。其成套性强、体积小、占地少、能深入负荷中心、提高供电质量、减少损耗、送电周期短、选址灵活、对环境适应性强、安装方便、运行安全可靠及投资少、见效快。

(2) 类型

① 户内式　主要用于高层建筑和民用建筑的供电。

② 户外式　更多用于工矿企业、公共建筑和住宅小区的供电。

注：箱变用在市区，可装在人行道旁、绿化区、道路交叉口、生活小区、生产厂区、高层建筑等处。这种变电站已在欧美普遍使用，在我国也为越来越多的用户接受和使用。

(3) 箱式变电站的特点

箱式变电站主要由多回路高压开关系统、铠装母线、变电站综合自动化系统、通信、远动、补偿及直流电源等电气单元组合而成，安装在一个防潮、防锈、防尘、防鼠、防火、防盗、封闭、可移动的钢结构箱体内，机电一体化，全封闭运行，主要有以下特点。

① 技术先进安全可靠

a. 箱体部分采用国内领先技术及工艺，外壳一般采用镀铝锌钢板或复合式水泥板，框架采用标准集装箱材料，有良好的防腐性能，保证 20 年不锈蚀。

b. 内封板采用铝合金扣板，夹层采用防火保温材料，内装空调及除湿装置，设备运行不受自然气候环境及外界污染影响，可保证在 −40～40℃ 的环境中正常运行。

c. 箱体内一次设备采用全封闭高压开关柜（如 XGN 型）、干式变压器、干式互感器、真空断路器、旋转隔离开关等国内技术领先设备，产品无裸露带电部分，为全封闭、全绝缘结构，全站可实现无油化运行，安全可靠性高。

② 自动化程度高　全站采用智能化设计，保护系统采用变电站微机综合自动化装置，分散安装的每个单元均具有独立运行功能，继电保护功能齐全，箱体内湿度、温度可进行控制和远方烟雾报警，满足无人值班的要求。

③ 工厂预制化　设计时，只要设计人员根据变电站的实际要求，设计出主接线图和箱内设备，就可根据厂家提供的箱变规格和型号，所有设备在工厂一次安装、调试合格，大大缩短了建设工期。

④ 组合方式灵活　箱式变电站由于结构比较紧凑，每个箱体均构成一个独立系统，这就使得组合方式灵活多变。

a. 全部采用箱式　35kV 及 10kV 设备全部箱内安装，组成全箱式变电站。

b. 采用开关箱　35kV 设备室外安装，10kV 设备及控保系统箱内安装。

注：此类型特别适用旧站改造，即原有 35kV 设备不动，仅安装一个 10kV 开关箱即可达到无人值守的要求。

c. 总电站没有固定的组合模式，使用单位可根据实际情况自由组合一些模式，以满足安全运行的要求。

⑤ 投资省见效快　箱式变电站较同规模常规变电所减少投资 40%～50%。

注：在箱式变电站中，由于先进设备的选用，特别是无油设备的运行，从根本上彻底解决了电站中的设备渗漏问题，减少维护工作量，节约运行维护费用，整体经济效益十分可观。

⑥ 占地面积小　同容量箱变的占地面积仅为土建站所占面积的 1/5～1/10。

⑦ 外形美观　易与环境协调。

(4) 箱式变电站的总体结构

总体结构是指作为箱变的三个主要部分：高压开关设备、变压器、配电装置的布置方式。

1) 总体结构类型

① 组合式　是指这三部分各为一室而组成"目"字型或"品"字型布置。

注：我国的箱式站一般为组合式布置。组合式箱变中，高压开关设备所在的室一般称为高压室，变压器所在的室称为变压器室，低压配电装置所在的室称为低压室。其中的每个部分都有生产厂家按一定的接线方案生产和成套供应，再现场组装在一个箱体内。这种箱式变电站不必专门建造变压器室、高低压配电室等，因而大大减少了土建投资，简化了供配电系统。

② 一体式　是指以变压器为主体，熔断器及负荷开关等装在变压器箱体内，构成一体式布置。

2) 西门子生产的 8FA 型箱式变电站

8FA 型箱式变电站的主接线如图 1-38 所示。

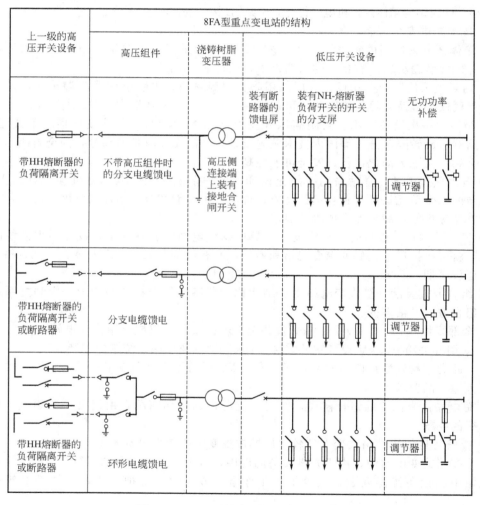

图 1-38　8FA 型箱式变电站的主接线图

学习小结

本任务的核心是能绘制简单的变配电所一次主接线图，能够识读变配电所一次主接线图，并能进行分析和方案的比较。通过本任务的学习和实践，学生应能理解以下要点。

1. 变配电所一次主接线图的概念：由高压电器通过连接线，按其功能要求组成接受和分配电能的电路，用来传输强电流、高电压的网络。

2. 工厂变配电所一次主接线的基本要求：安全性、可靠性、灵活性、经济性。

3. 一次主接线图的绘制方法：用规定的设备文字和图形符号并按工作顺序排列，详细地表示电气设备或成套装置的全部基本组成和连接关系。

4. 一次主接线图的绘制形式有两种：①系统式主接线；②装置式主接线图。

5. 变配电所常用主接线按其基本形式可分为四种类型：有汇流母线的接线；无汇流母线接线（线路-变压器组单元接线；发电机-变压器组单元接线）；桥式接线。

6. 学会并熟练识读常用主接线图：总降压变电所的主接线；6~10kV 车间和小型变电所的主接线；6~10kV 配电所的主接线。

自我评估

1. 什么是电气系统的一次主接线图？
2. 变配电所一次主接线的基本形式有哪些？分别比较其优缺点。
3. 什么是系统式主接线图？
4. 什么是装置式主接线图？
5. 图 1-39 为某厂区平面图，图 1-40 某厂总降压变电所装置式主接线图，试进行读图。

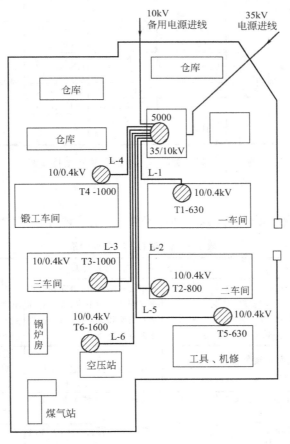

图 1-39　厂区平面布置图

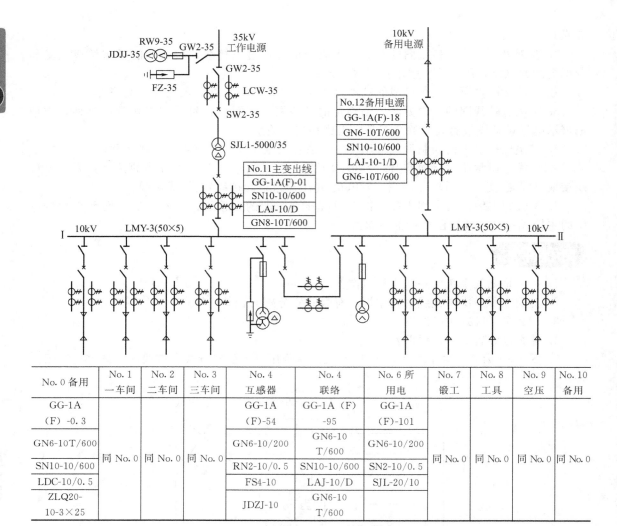

图 1-40 某厂总降压变电所装置式主接线图

项 目	No.0 备用	No.1 一车间	No.2 二车间	No.3 三车间	No.4 互感器	No.4 联络	No.6 所用电	No.7 锻工	No.8 工具	No.9 空压	No.10 备用
	GG-1A(F)-0.3	同 No.0	同 No.0	同 No.0	GG-1A(F)-54	GG-1A(F)-95	GG-1A(F)-101	同 No.0	同 No.0	同 No.0	同 No.0
	GN6-10T/600				GN6-10/200	GN6-10T/600	GN6-10/200				
	SN10-10/600				RN2-10/0.5	SN10-10/600	SN2-10/0.5				
	LDC-10/0.5				FS4-10	LAJ-10/D	SJL-20/10				
	ZLQ20-10-3×25				JDZJ-10	GN6-10T/600					

评价标准

教师根据学生参观、记录结果及提问，按表 1-5 给予评价。

表 1-5 任务 1.2 综合评价表

项 目	内 容	配分	考核要求	扣分标准	得分
实训态度	1. 实训的积极性 2. 安全操作规程地遵守情况 3. 纪律遵守情况 4. 完成自我评估、技能训练报告	40	积极参加实训，遵守安全操作规程和劳动纪律，有良好的职业道德和敬业精神；技能训练报告符合要求	违反操作规程扣 20 分；不遵守劳动纪律扣 10 分；完成自我评估、技能训练报告不符合要求扣 10 分	
变配电所参观	观察变配电所安装位置和一次主接线，记录参数	30	观察分析认真，记录完整	分析不完整扣 10 分；观察不仔细扣 10 分；记录不完整扣 20 分	
安全	按照变配电所安全操作规程执行	20	要求遵守变配电所安全相关规定	违反规定扣 10~20 分	
工具的整理与环境清洁	1. 工具整理情况 2. 环境清洁情况	10	要求工具码放整齐，工作台周围无杂物	工具码放不整齐 1 件扣 1 分；有杂物 1 件扣 1 分	

学习情境 2
高低压配电装置的运行与检修

 学习目标

技能目标：
1. 能根据工厂的负荷对高低压配电装置进行选择与校验。
2. 能对固定式和手车式高压开关柜进行操作与维护。

知识目标：
1. 掌握负荷计算和短路计算。
2. 掌握高压隔离开关、高压负荷开关、高压熔断器和高压断路器的选择条件。
3. 掌握电流、电压互感器的接线方式及使用注意事项。
4. 了解电弧的危害，掌握灭弧方法。
5. 掌握变电所主变压器的选择。
6. 掌握低压设备的选择与校验的条件。

任务 2.1　工厂常用的高低压配电装置的认识

【任务描述】

高低压配电装置是工厂变配电所的重要电气设备。本任务主要是认识工厂 6~10kV 系统中固定式和手车式高压开关柜、380V 固定式和抽屉式低压配电柜常用配电装置，以及它们的基本作用及应用范围。

【任务目标】

技能目标：
1. 能认识高压隔离开关、负荷开关、高压断路器、高压熔断器。
2. 能认识低压断路器、低压熔断器。
3. 能认识高低压互感器和避雷器。

知识目标：
1. 了解高压隔离开关、负荷开关、高压断路器、高压熔断器的结构及使用范围。
2. 了解低压断路器、低压熔断器的结构、工作原理及使用范围。
3. 了解高低压互感器和避雷器的工作原理及使用范围。

【知识准备】

1. 电弧的危害与灭弧方法

电弧属于气体放电的一种形式。气体放电分为自持放电与非自持放电两类，电弧属于气体自持放电中的弧光放电。

（1）电弧的产生及危害

在有触点电器中，触头接通和分断电流的过程中，在触头间隙（或称弧隙）中会产生一团温度极高、亮度极强并能导电的气体，称为电弧。开关电器在分断电流时之所以会产生电弧，其根本原因是触头本身和触头周围的介质中含有大量可被游离的电子。

对于有触点电器而言，由于电弧主要产生于触头断开电路时，高温将烧损触头及绝缘，严重情况下甚至引起相间短路、电器爆炸，酿成火灾，危及人员和设备的安全。其次，电弧的存在延长了电路的开断时间。另外，强烈的弧光可能损伤人的视力。因此，在工厂供配电系统中，各种开关电器在结构设计上要保证电弧能迅速熄灭。

电弧按其外形分为长弧与短弧。长短之别一般取决于弧长与弧径之比。把弧长大大超过弧径的称为长弧。若弧长小于弧径，两极距离极短（如几毫米）的电弧称为短弧。

电弧还可按其电流的性质分为直流电弧和交流电弧。

开关电器在分断电流时之所以会产生电弧，其根本原因是触头本身和触头周围的介质中含有大量可被游离的电子。

在开关电器切断电路时，在其触头之间出现电压并形成电场。触头间电压越高、距离越小，则电场越强。在强电场作用下，触头附近的气体被游离，形成自由电子和离子。这些自由电子和离子在强电场中加速运动，使触头间介质的气体分子产生碰撞游离，当触头之间达到一定的游离程度时，介质就被击穿而形成电弧。

电弧的特点是温度很高，在电弧表面达到 3000~4000℃，电弧的中心温度可达到

10000℃以上。由于电弧的温度很高，使弧隙间的气体发生热游离，因而加剧了气体分子的游离作用，并维持电弧的燃烧，增加了开关电弧的困难。

触头之间产生电弧的条件，是电路中的电流不小于20mA，触头之间的电压不小于10～20V。

在开关电器中，不可避免地要产生电弧，在电力系统中，接地也会产生电弧。电气中的电弧放电还会产生过电压，它不仅能击穿绝缘，而且产生的火花还会产生爆炸等，危及设备和人身安全。

因此，在电气应用中，对电弧产生的危害，尽量采用各种办法消除电弧的产生，在不能消除的地方，尽量减弱电弧或减少电弧燃烧时间。

(2) 电弧的熄灭和灭弧的方法

在电弧存在的全部时间内，电弧内不断有新的离子形成（游离过程），同时也有离子的消失（去游离过程）。若游离作用大于去游离作用，则电弧电流增大；若两者相等，则电弧维持不变；若去游离作用大于游离作用，则电弧电流减少，最后使电弧熄灭。因此，要熄灭电弧，就必须设法加强去游离，并使去游离作用大于游离作用。

1) 电弧去游离的方式

电弧去游离的方式有复合和扩散两种。

① 复合　正负带电质点的电荷彼此中和成为中性质点的现象称为复合。复合一般是借助中性质点进行的。另外电弧与固体表面接触也可以加强复合。复合的快慢与电场强度、电弧的温度、电弧的截面有关，电场强度越小、电弧温度越低、电弧截面越小，复合就进行的越强烈。

② 扩散　弧柱中的带电质点，由于热运动而从弧柱内逸出，进入周围介质的一种现象称为扩散。扩散作用的存在，使弧柱内的带电质点减少，有助于电弧的熄灭。

2) 影响去游离的因素

① 介质特性　电弧中去游离的程度很大程度上决定于电弧所燃烧的介质特性。介质的导热系数、介质强度、热游离温度和热容量等，对电弧的熄灭有很大的影响。气体介质中，氢气、二氧化碳、空气、SF_6等的灭弧能力都很强，SF_6气体的灭弧能力最强，目前高电压技术中广泛采用，SF_6气体作绝缘。

② 冷却电弧　降低温度可以减弱热游离。用气体或油吹动电弧，使电弧与固体介质表面接触等，都可以加强电弧的冷却。

③ 气体介质的压力　气体介质的压力越高，电弧越容易熄灭。但是，现实中高气压不能无限提高，到一定气体压力后，电气设备的密封和制造都将成问题。气体压力越低，电弧也容易熄灭。因此，高气压和高真空都可以提高气体的击穿电压，从而电弧越容易熄灭。

④ 触头的材料　触头采用熔点高、导热能力强和热容量大的耐高温金属，可以减少热电子发射和电弧中的金属蒸气。

3) 灭弧的基本方法

在现代开关电器中，主要采用下述的灭弧方法。

① 迅速拉长电弧　拉长电弧有利于散热和带电质点的复合和扩散，具体的可分为两种。

a. 加快触头的分离速度　目前常用的真空断路器的分闸速度达到了1m/s，采用强力断路器弹簧，速度可以提高到16m/s。

b. 采用多断口　在触头行程、分闸速度相同的情况下，一有个或多个断口，如图2-1所示。多断口总比单断口的电弧长，电弧被拉长的速度也成倍增加，因而能提高灭弧的能力。

② 将长弧分成几个短弧　低压电器中常采用这种方法，如在接触器中经常看到的金属

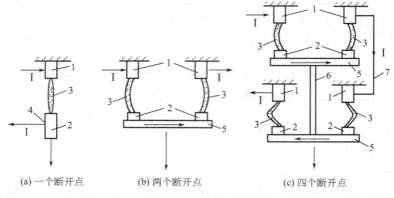

(a) 一个断开点　　(b) 两个断开点　　(c) 四个断开点

图 2-1　一相内有几个断开点时的触头示意图
1—固定触头；2—可动触头；3—电弧；4—滑动触头；
5—触头的横担；6—绝缘杆；7—载流连接条

栅片，它与电弧垂直放置，将一个长弧分成一串短弧，如图 2-2。交流电路中，在交流电过零点时，所有电弧同时熄灭。每一组电弧相应的阴极立即恢复到 150～250V 介电强度。若所有阴极的介电强度的总和，大于触头上的外加电压时，电弧就不会重燃。在直流电路中，利用电弧上的阴极和阳极电压降灭弧。通过选择金属栅片的数量，使得所有短电弧的阴极和阳极电压降的总和，大于触头上的外加电压时，电弧就迅速熄灭。

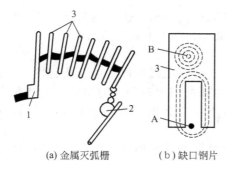

(a) 金属灭弧栅　　(b) 缺口钢片

图 2-2　将长电弧分成几个短电弧
1—静触头；2—动触头；3—栅片

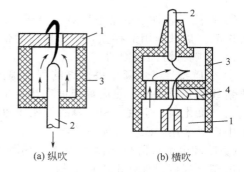

(a) 纵吹　　(b) 横吹

图 2-3　吹弧方式
1—静触头；2—动触头；3—灭弧室；4—缓冲室

③ 吹弧　吹弧广泛应用于高压断路中，如油断路器，利用油在高温下分解出大量气体，强烈吹动电弧，使电弧强烈冷却和拉长，加速扩散，促使电弧迅速熄灭。

吹弧有横吹和纵吹两种类型，如图 2-3 所示。

④ 使电弧在周围介质中移动　这种方法常用于低压开关电器中。电弧在周围介质中移动，也能得到与气体吹弧同样的效果。使电弧在周围介质中移动的方法有电动力、磁力和磁吹动三种，如图 2-4 所示。

⑤ 利用固体介质的狭缝或狭沟灭弧　电弧与周围介质紧密接触时，固体介质在电弧高温的作用下，分解而产生气体，气体受热膨胀而压力增大，同时附着在固体介质表面的带电质点强烈复合和固体介质对电弧的冷却，使去游离的作用显著增大。

⑥ 真空灭弧法　真空有较高的绝缘强度，当电流过零时即能熄灭电弧。但真空断路器注意防止过电压。真空触头刚分开时的电流不突变为零，应采取措施，使得当交流电自然过零点时熄灭电弧。

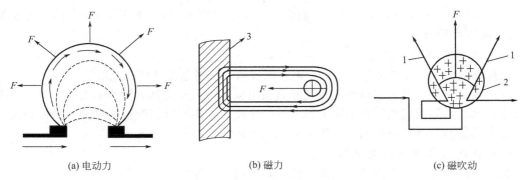

图 2-4 电弧在周围介质中的移动
1—吹弧角；2—磁吹线圈；3—磁性材料

⑦ 六氟化硫（SF_6）灭弧法　SF_6 具有优良的绝缘性能和灭弧性能，其绝缘强度为空气的 3 倍，介质恢复速度是空气的 100 倍，使灭弧能力大大提高。六氟化硫断路器就是利用六氟化硫灭弧法。

上述灭弧方法，在各种电气设备中可以采用不同的具体措施来实现。电气设备的灭弧装置可以采用一种灭弧方法，也可以综合采用几种灭弧方法，以提高灭弧能力。

2. 高压隔离开关

（1）高压隔离开关的功能

高压隔离开关主要用于隔断高压电源，以保证其他设备和线路的安全检修。

在电路正常工作时，作为负荷电流的通路；检修电气设备时，在没有负荷电流情况下打开隔离开关，用以隔离电源电压，并造成明显的断路点。隔离开关没有灭弧装置，不能在其额定电流下开合电路，只能与高压断路器或高压熔断器配合使用。

在 6～10kV 网络中，符合下列情况可用隔离开关操作：开合电压互感器及避雷器回路；开合励磁电流不超过 2A 的空载变压器；开合电容电流不超过 5A 的空载线路；开合电压为 10kV 及以下、电流为 15A 以下的线路；开合电压为 10kV 及以下、均衡电流为 70A 及以下环路。

（2）高压隔离开关的类型及型号

隔离开关按其装置种类可分为户内式和户外式，按级数可分为单极和三极，如图 2-5 所示。

图 2-5　户内式 3 极隔离开关

高压隔离开关的型号及含义如下：

例如：GN8-10/600 表示 10kV 户内式，设计序号为 8，额定电流为 600A 的隔离开关。

3. 高压负荷开关

（1）高压负荷开关的功能

高压负荷开关，主要用于 10kV 配电系统接通和分断正常的负荷电流。

在电路正常的情况下用以接通或切断负荷电流。负荷开关具有简单的灭弧装置，灭弧能力较小，只能在其额定电压和额定电流下开合电路，不能用以切断短路电流。负荷开关与熔断器配合代替断路器，只能用于不重要的供电网络。

（2）高压负荷开关的类型及型号

高压负荷开关分为户内式和户外式两类，如图 2-6 所示。

(a) 户内式　　　　　　　　　　　(b) 户外式

图 2-6　高压负荷开关

高压负荷开关的型号及含义如下：

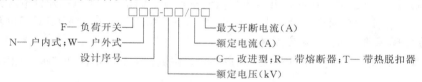

例如：FN3-10RT 表示 10kV 户内式，设计序号为 3，带有熔断器和热脱扣器的高压负荷开关。

4. 高压断路器

（1）高压断路器的功能

在电路正常的情况下用以接通或切断负荷电流；在电路发生故障时，用以切断短路电流或自动重合闸。断路器的灭弧装置具有很强的灭弧能力，现在常用的高压断路器有高压少油断路器、高压真空断路器、高压六氟化硫断路器及高压空气开关等。

高压断路器又称为高压开关，是高压供配电系统中最重要的电器之一。

（2）高压断路器的类型及型号

高压断路器根据采用的灭弧介质的不同，分为少油断路器、空气断路器、SF_6 断路器和真空断路器等。多油断路器已不用，目前应用最多是真空断路器和 SF_6 断路器，真空断路器一般用在 35kV 及以下的系统中，SF_6 断路器一般用在 110kV 及以上系统中，目前 35kV 的 GIS 装置也采用 SF_6 断路器。

高压断路器的型号及含义如下：

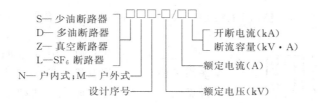

1) 少油断路器

少油断路器中的油仅作灭弧介质使用,不作为主要绝缘介质,而载流部分是依靠空气、陶瓷材料或有机绝缘材料来绝缘的,因而油量很少。

目前化工中应用的少油断路器已经很少了,不少已经改造为真空断路器,下面以工厂中仍在用的SN10-10型的少油断路为例介绍少油断路器的结构、开断过程和灭弧原理。

图2-7为它的外形结构。SN10-10系列少油断路器由框架、油箱及传动部分组成。框架上装有分闸限位器、合闸缓冲、分闸弹簧及6只支持绝缘子。传动部分有断路器主轴、绝缘拉杆等。油箱固定在支持绝缘子上。

断路器的灭弧室设计为纵横吹和机械油吹联合作用灭弧,在短时间内可有效地灭大、中、小电流。SN10-10Ⅰ型、Ⅱ型及SN10-10Ⅲ/1250-40型为单筒结构,SN10-10/Ⅲ/2000-40型和SN10-10/3000/40型附加一副筒成为双筒结构,由于副筒不产生电弧,故其触头不用耐弧合金,亦不装灭弧室。

图2-8是SN10-10少油断路器的一相剖面图。

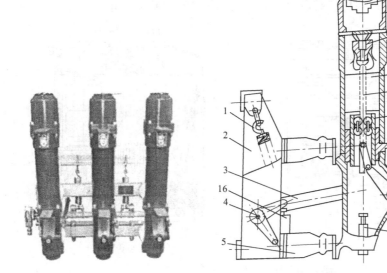

图2-7 SN10-10少油断路器的外形结构 图2-8 SN10-10型少油断路器的结构

1—分闸弹簧；2—底架；3—拉杆；4—主轴；5—支持瓷瓶；6—油气分离器；7—空气室；8—静触头；9—上接线板；10—灭弧室；11—导电杆；12—中间触头；13—下接线板；14—转轴；15—油缓冲器活塞；16—合闸缓冲弹簧

上述导电回路是上接线板9→静触头8→导电杆11→滚动中间触头12→下接线板13。

分闸时,在分闸弹簧1的作用下,主轴4转动,经四连杆机构3传到断路器各相的转轴14,将导电杆11向下拉,动、静触对分开。触头间产生的电弧在灭弧室10中熄灭。电弧分解的气体和油蒸气上升到空气室7处膨胀,经过双层离心旋转式油气分离器6冷却、分离,气体从顶部排气孔排出。导电杆分闸终了时,油缓冲器活塞15插入导电杆下部钢管中进行分闸缓冲。

合闸时动作相反，导电杆向上运动，在接近合闸位置时，合闸缓冲弹簧16被压缩，进行合闸缓冲。

图2-9所示为SN10-10少油断路器所用的灭弧室。采用了横吹、纵吹及机械油吹三种作用。这种灭弧室的特点是：①采用逆流原理，使动力触头端部的电弧弧根不断与新鲜油相接触，有效地冷却电弧，增加熄弧能力；②开断大电流时，在电弧高温作用下，油被分解为气体，产生高气压，当导电杆向下移动时，依次打开第一、第二、第三横吹弧道，油气混和物强烈吹动电弧，从而使电弧熄灭；③开断小电流时，电弧能量小，但由于动触头向下运动，使下面的一部分油通过灭弧室的附加油道而横向射入电弧。这样在两个纵吹油囊的纵吹作用之外，实际上又加了机械油吹作用，因此能使小电流电弧很快熄灭。

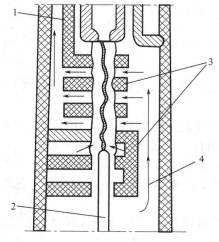

图2-9 SN10-10的灭弧室
1—静触头；2—动触头；
3—盘形绝缘板；4—附加油流通道

目前少油断路器已逐渐被真空断路器取代，只是在些小企业和老的工厂中使用，新建的工厂在中压系统中基本上都采用真空断路器，在超高压系统上，大部分采用六氟化硫断路器。少油断路器同真空断路器及六氟化硫断路器相比较，检修工作量大。

2）真空断路器

真空断路器是把触头安置在一个真空容器中，依靠真空作灭弧和绝缘介质。当容器内的真空度达到10^{-5}mmHg❶时，具有较高的绝缘强度（$E=10\sim45$kV/mm）。

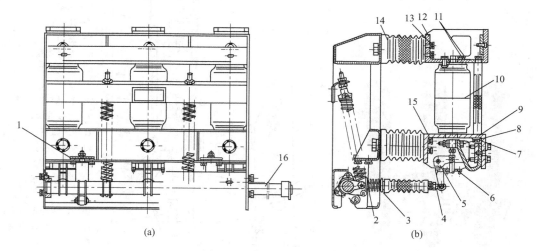

图2-10 真空断路器外形
1—开距调整片；2—触头压力弹簧；3—弹簧座；4—接触行程调整螺栓；5—拐臂；
6—导向板；7—螺钉；8—导电夹紧固螺栓；9—下支座；10—真空灭弧室；
11—真空灭弧室；12—上支座；13—绝缘子固定螺栓；14—绝缘子；
15—螺栓；16—连接弹簧或电磁操动机构的大轴

真空断路器的外形结构如下（以ZN28真空断路器为例）：

---

❶ 1mmHg=133.322Pa。

所有真空断路器，不论是何种结构，断路器本体中均装设有分闸拉力弹簧。合闸过程中操动机构既要提供驱动开关运动的功，又要同时将分闸弹簧贮能。当需要分闸时，操动机构只需完成脱扣解锁任务，由分闸弹簧释能完成分闸运动。

真空断路器的类型，可从不同角度来划分，一般情况下主要从以下两个方面划分：

① 按使用场所可分为户内式和户外式（如图2-11、图2-12），分别用ZN和ZW来表示。

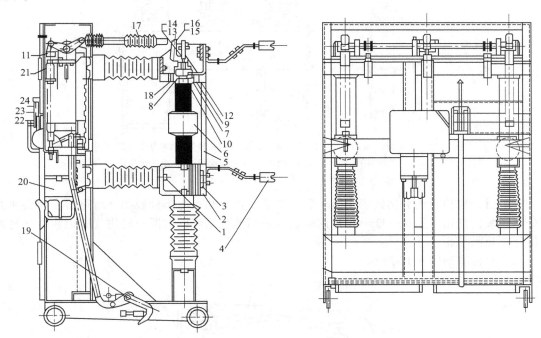

图2-11　ZN39-40.5C系列高压真空断路器外型结构图（户内用）
1，3，8，9，11，18—螺钉；2—下支座；4—插头；5—支撑杆；6—灭弧室；
7—垫片；10—导电夹；12—导电杆；13，15—槽销；14，16—挡卡；17—绝缘拉杆；
19—转轴；20—操动机构；21—油缓冲器；22—转轴；23—分闸弹簧；24—CS手动机构

② 按断路器主体与操动机构的相关位置可分为整体式和分体式。整体式真空断路器操动机构与开关本体安装在同一骨架上，体积小、重量轻、安装调整方便、机械性能稳定。分体式真空断路器操动机构与开关本体分别装于开关柜的不同位置上（图2-10分体式ZN28），断路器的各项机械特性参数必须安装在开关柜上调整试验才有实际意义，这种安装方式主要受我国少油断路器的安装方式的影响，比较适合于少油开关柜的无油化改造，优点是巡视和检修方便，缺点是安装调整稍麻烦，机械特性的稳定性和可靠性稍逊。

真空断路器的传动与合、分闸操作

真空断路器的传动链一般由机构传动连杆、拐臂、主轴、绝缘推杆、三角拐臂和触头弹簧装置等构成。设计时应尽量简化传动环节以提高传动的效率。

真空断路器的合、分闸操作过程：

以ZN39型真空断路器（配用电磁机构）为例（见图2-11）。

合闸时操动机构合闸线圈得电→合闸铁芯动作→机构及传动连杆动作→开关主轴转动→绝缘推杆前推→三角拐臂转动→下压触头弹簧装置→灭弧室动导电杆向下运动使触头接触→触头弹簧压缩至接触行程终点。与此同时，机构的辅助开关切断合闸接触器线圈电源，分闸弹簧拉长贮能，电磁机构的扣板由半轴扣住保持在合闸位置，合闸结束。

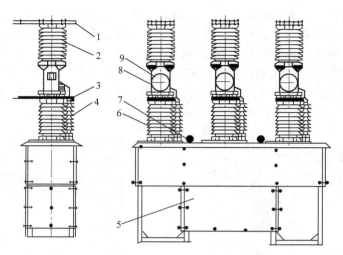

图 2-12　ZW7-40.5/T2000-31.5 型高压真空断路器外型结构图（户外用）
1—上进线端子；2—灭弧室瓷瓶；3—下出线端子；4—绝缘拉杆；
5—CT 机构；6—支柱瓷瓶；7—吊环螺钉；8—手孔盖板；9—支架

分闸时，机构中的分闸线圈得电→分闸铁芯动作→扣板与半轴脱扣→断路器在触头弹簧和分闸弹簧的作用下迅速分断→机构的辅助开关切断分闸线圈电源→机构复原，并由分闸弹簧保持在分闸位置。

真空灭弧室如图 2-13 所示。

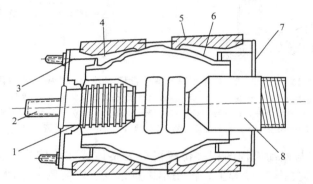

图 2-13　典型的真空灭弧室
1—波纹管；2—动触头；3—均压屏蔽罩；4—真空；5—陶瓷外壳；
6—金属屏蔽罩；7—端板；8—静触头杆

真空断路器在开断电流时，两触头间就要产生电弧，电弧的温度很高，能使触头材料蒸发，在两触头间形成很多金属蒸气。由于触头周围是"真空"的，只有很少气体分子，所以金属蒸气很快就跑向围在触头周围的屏蔽罩上，以致在电流过零后极短的时间内（几微秒）触头间隙就恢复了原有的高"真空"状态。因此真空断路器的灭弧能力要比少油断路器优越得多。

故真空断路器具有如下特点：①在真空中熄弧，电弧和炽热气体不外露，不飞溅到其他物体上；②由于真空中耐压强度高，触头之间距离大大缩短，相应的动作行程也短得多，动导杆的惯性小，适用于频繁操作；③由于真空断路器的结构特点使其具有熄弧时间短、弧压低、电弧能量小、触头损耗小，开断次数多；④操作机构小且重量轻，控制功率小，没有火灾和爆炸危险，故安全可靠；⑤触头密封在真空中，不会因受潮气、灰尘及有害气体等影响而降低其技术性能；⑥真空断路器在遮断短路电流时，待故障排除后，无需检修真空断路器即可投入运行。

但是，真空断路器由于熄弧速度太快，容易产生操作过电压，直接威胁着电气设备的安全运行。必须采取相应的对策抑制真空断路器的操作过电压。抑制真空断路器的操作过电压问题，一是真空断路器的设计选型，应首选技术装备先进，检测手段完善的生产企业，选用的产品具有低的截流值，以减少操作中产生截流过电压；二是必须同步设计操作过电压吸收装置，我国目前广泛采用的过电压吸收装置可分为两类，即RC（电阻、电容器组合式）和氧化锌压敏电阻两种形式。

氧化锌压敏电阻具有抑制过电压能力强、残压低、对浪涌响应快、具有伏安特性对称，在任何波形的正负极性浪涌电压均能充分吸收，并具有通流容量大、放电后无续流等优点，且其体积小便于安装而得到广泛的用于抑制真空短路器的操作过电压。

真空断路器的运行维护：

① 定期测量断路器的超行程　真空断路器的超行程与少油断路器的超行程的概念有所不同，少油断路器的超行程为动触头插入静触头的深度，而真空断路器的超行程为分合闸绝缘拉杆一端触头弹簧被压缩的距离，这个距离要保持在要求的范围内，触头间就有足够的压力，就可以保证触头接触良好。真空断路器的超行程一般为4mm（+0.5，-1；不同型号的断路器有差异），触头允许磨损厚度一般为2～3mm。真空断路器在分合负载电流或故障电流过程中，触头不断磨损，从而超行程不断减少，因此，必须定期对断路器的超行程进行测量，对不符合要求的要及时调整，以保证触头间有足够第二压力，以保证其接触良好。一般真空断路器每开断2000次或开断短路电流两次及新投入运行3个月，应进行一次超行程测量。

② 定期检测灭弧室的真空度　真空断路器灭弧室的真空度直接影响到断路器的开断能力。一般灭弧室真空度应每开断2000次或每年进行一次检测。检测方法为在真空断路器动静触头在正常开距下（13mm），两触头间以不大于12kV/s的速率升加工频电压至42kV，稳定一分钟后应无异常现象。

③ 灭弧室更换条件　对使用寿命已到或有异常现象的灭弧室必须更换，其更换的条件一般为：

a. 真空断路器的触头磨损已达到或超出规定值；

b. 灭弧室真空度已达不到标准的要求值；

c. 其机械操作寿命已达到规定值，真空断路器灭弧室的更换，应严格执行制造厂的具体技术标准和相关的技术要求。

5．高压熔断器

（1）高压熔断器的功能

高压熔断器主要作为电气设备长期过载和短路的保护元件。电路过载或短路时，将熔断体熔断，切断故障电路。在正常情况下，不允许操作高压熔断器接通或切断负荷电流。

（2）高压熔断器类型及型号

目前国内生产的高压熔断器，用于户内的有RN1、RN2系列，用于户外的有RW4系列等。

高压熔断器的型号及含义如下：

例如：RW4-10/100 表示户外式、设计序号为 4，额定电压为 10kV，额定电流为 100A 的高压熔断器。

1) RN1、RN2 型高压熔断器

RN1 型充石英砂户内高压熔断器用于电力线路的过载及短路保护，有较大的开断能力，故亦可用于保护电力系统分出的支路，如城市的供电线路、工矿企业、农业变电站的馈电线路。RN1 型熔断器是由上下支柱绝缘子、触座、熔丝管和底板等四部分组成，支柱绝缘子安装在底板上，触座固定在支柱绝缘子上，熔丝管放在触座中固定，熔丝管管内熔丝缠在有棱的芯子上，然后充填石英砂，两端铜帽用端盖压紧，用锡焊牢，以保护密封。当通过过载电流或短路电流时，熔丝立即熔断，同时产生电弧，石英砂就立即把电弧熄灭。在熔丝熔断时，弹簧的拉线也同时熔断，并从弹管内弹出，这就指示熔断器完成了任务。图 2-14 所示为 RN1 型高压熔断器。

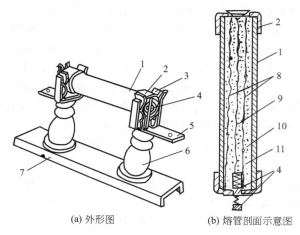

(a) 外形图　　(b) 熔管剖面示意图

图 2-14　RN1 型高压熔断器
1—瓷熔管；2—金属管帽；3—弹性触座；
4—熔断指示器；5—接线端子；6—瓷绝缘子；
7—底座；8—工作熔件；9—指示熔件；
10—小锡球；11—石英砂填料

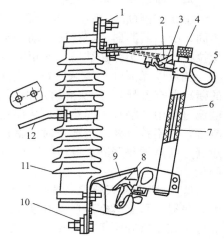

图 2-15　RW4-10 型户外跌落式熔断器
1—上接线端；2—上静触头；3—上动触头；
4—管帽；5—操作环；6—熔管；7—熔丝；
8—下动触头；9—下静触头；10—下接线端；
11—绝缘瓷瓶；12—固定安装板

RN2 型户内高压限流熔断器，用于电压互感器的短路保护，其断流容量为 100MV·A。在短路时以限制线路电流到最小值的方式进行瞬时开断，1 分钟内熔断电流应在 0.6～1.8A 范围内。

RN1、RN2 型熔断器其灭弧能力很强，能在短路后不到半个周期（即短路电流未达冲击值前）就能完全熄灭电弧，切断电路。这种熔断器属于"限流"型熔断器。

2) RW4 型跌落式熔断器

高压跌落式熔断器集短路保护、过载及隔离电路的功能为一体，广泛用于输配电线路及设备上，在功率较小和对保护性能要求不高的地方，它可以与隔离开关配合使用，代替自动空气开关；与负荷开关配合使用，代替价格高昂的断路器。熔断器结构简单，保护可靠，但如果使用不当，将会导致误动或不动作，造成不可避免的经济损失。因此，有必要正确地认识和使用熔断器。

户外高压跌落式熔断器的特点是：气体喷射式，熔丝熔断时产生的大量气体迅速通过熔管下部排出，同时迅速跌落，形成明显的分断间隙。当线路出现短路或过载将熔丝熔断，熔丝更换后可以多次使用。户外高压跌落式熔断器从小电流至额定电流亦可靠动作。

户外高压熔断器的型号很多,下面以 RW4 为例进行介绍,见图 2-15。

熔断器运行时串联在电力线路中,在正常工作时,带纽扣的熔丝装在熔丝管的上触头,被装有压片的释压帽压紧,熔丝尾线通过熔丝管拉出,将弹出板扭反压进喷头,与下触头连接,在弹出板扭力的作用下熔丝一直处于拉紧状态,并锁紧活动关节。在熔断器处在合闸位置时,由于上静触头向下和弹片的向外推力,使整个熔断器的接触更为可靠。

当电力系统发生故障时,故障电流将熔丝迅速熔断,在熔管内产生电弧,熔丝管在电弧的作用下产生大量的气体,当气体超过给定的压力值时,释压片即随纽扣头打开,减轻了熔丝管内的压力,在电流过零时产生强烈的去游离作用,使电弧熄灭。而当气体未超过给定的压力值时,释压片不动作,电流过零时产生的强烈去游离气体从下喷口喷出,弹出板迅速将熔丝尾线拉出,使电弧熄灭。熔丝熔断后,活动关节释放,熔丝管在上静触头下弹片的压力下,加上本身自重的作用迅速跌落,将电路切断,形成明显的分断间隙。

跌落式熔断器要经过几个周波才能灭弧,所以没有限流作用,属于"非限流"型熔断器。

6. 互感器

电流互感器与电压互感器统称为互感器,互感器是一种特殊变压器。它是一次电路与二次电路之间的联络元件,用以分别向测量仪表、继电器的电流线圈和电压线圈供电。它的原理接线如图 2-16 所示。

(1)互感器的作用

① 将一次回路的高电压和大电流变为二次回路标准的低电压和小电流,使测量仪表和保护装置标准化、小型化,并使其结构轻巧、价格便宜,并便于屏内安装。

② 隔离高压电路。互感器一次侧和二次侧没有电的联系,只有磁的联系。使二次设备与高电压部分隔离,且互感器二次侧均接地,从而保证了设备和人身的安全。

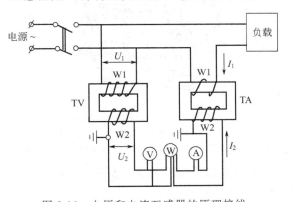

图 2-16 电压和电流互感器的原理接线
U_1——一次电压;U_2——二次电压;
I_1——一次电流;I_2——二次电流;
W1——一次线圈;W2——二次线圈;A—电流表;
V—电压表;W—电度表;TV—电压互感器;
TA—电流互感器

③ 对二次设备进行维护、调试以及调整试验时,可以不中断一次系统的运行,而只需要改变二次接线即可。

④ 当电路中发生短路时,测量仪表和继电器的电流线圈不会直接受到大电流的损坏。

(2)电流互感器

1)电流互感器的类型及型号

电流互感器是将一次侧的大电流,按比例变为适合通过仪表或继电器使用的,额定电流为 5A 或 1A 的变换设备。

① 按安装地点可分为户内式和户外式。20kV 以下制成户内式;35kV 及以上多制成户外式。

② 按安装方式可分为穿墙式、支持式和装入式。穿墙式装在墙壁或金属结构的孔中,可节约穿墙套管;支持式则安装在平面或支柱上;装入式是套在 35kV 及以上变压器或多油断路器油箱内的套管上,故也称为套管式。

③ 按绝缘可分为干式、浇注式、油浸式等。干式用绝缘胶浸渍,适用于低压户内的电流互感器;浇注式利用环氧树脂作绝缘,多用于 35kV 及以下的电流互感器;油浸式多为户

外型。

④ 按一次绕组匝数可分为单匝和多匝式。

⑤ 新型电流互感器按高、低压部分的耦合方式，可分为无线电电磁波耦合、电容耦合和光电耦合式，其中光电式电流互感器性能更佳。新型电流互感器的特点是高低压间没有直接的电磁联系，使绝缘结构大为简化；测量过程中不需要消耗很大能量；没有饱和现象，测量范围宽，暂态响应快，准确度高；重量轻、成本低。

图 2-17 为户内高压 LQJ-10 型电流互感器的外形图。图 2-18 为户内低压 LMZJ1-0.5 型电流互感器的外形图，它不含一次绕组，穿过其铁芯的就是其一次绕组（相当于一匝），主要用于 500V 及以下的配电装置中。

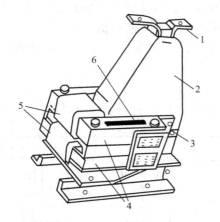
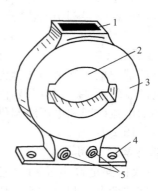

图 2-17　户内高压 LQJ-10 型电流互感器的外形图
1——次接线端子；2——次绕组（树脂浇注）；
3—二次接线端子；4—铁芯；5—二次绕组；6—警示牌

图 2-18　户内低压 LMZJ1-0.5 型电流互感器
1—铭牌；2——次母线穿孔；3—铁芯；
4—安装板；5—二次接线端子

电流互感器型号的表示及含义如下：

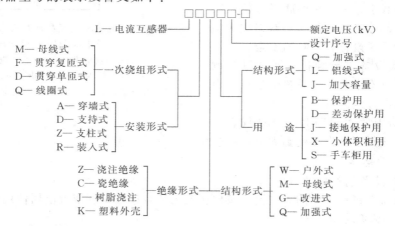

2）电流互感器的工作原理

电力系统中广泛采用的是电磁式电流互感器（以下简称电流互感器）。它的工作原理和变压器相似。

电流互感器一、二次电流之比称为电流互感器的变流比（额定互感比）。

$$K_i = \frac{I_{N1}}{I_{N2}} \tag{2-1}$$

式中　I_{N1}——一次线圈的额定电流，A；

I_{N2}——二次线圈的额定电流，5A/1A。

电流互感器的特点：

① 一次绕组串联在电路中，并且匝数很少；故一次绕组中的电流完全取决于被测电路的负荷电流，而与二次电流大小无关；

② 电流互感器二次绕组所接仪表的电流线圈阻抗很小，所以正常情况下，电流互感器在近于短路的状态下运行；

③ 电流互感器在工作中，二次侧不允许开路。

电流互感器中在正常工作中，一次线圈和二次线圈的磁势是互相平衡的，即

$$\dot{I}_0 W_1 = \dot{I}_1 W_1 + \dot{I}_2 W_2 \tag{2-2}$$

所以励磁磁势 $\dot{I}_0 W_1$ 很小，在二次侧感应产生的电势 E_2 也很小，一般不超过几十伏。但是，当二次侧开路时，因为 $I_2=0$，则 $I_2 W_2=0$，这时的励磁磁势等于 $I_1 W_1$，它比正常运行时的合成磁势 $\dot{I}_0 W_1$ 大许多倍，从而引起铁芯严重饱和，使磁通 Φ 的波形畸变为平顶波，如图 2-19 所示。由于二次线圈中感应电势与磁通的变化率 $\dfrac{d\Phi}{dt}$ 成正比，因此，在磁通过零处，磁通的变化率很大，二次线圈中将产生很高的尖顶波电势 e_2，它的峰值可达几千伏，甚至上万伏，这对工作人员、仪表和继电器来说都是极其危险的。同时，由于铁芯磁感应强度剧增，将使铁芯过热，损坏线圈的绝缘。为了防止二次侧开路，规定电流互感器二次侧不准装设熔断器。在运行中，若需拆除仪表或继电器时，则必须先用导线或短路板将二次侧短路，以防开路。

3）电流互感器的误差

已知 I_1 为一次侧电流，I_2 为二次侧电流，I_0 为励磁电流，F_1 为一次侧的磁化力，F_2 为二次侧的磁化力，F_0 为 F_1 和 F_2 的相量和，即可写成

$$\dot{F}_1 = \dot{I}_1 W_1 \quad \dot{F}_2 = \dot{I}_2 W_2 \quad \dot{F}_0 = \dot{I}_0 W_1$$

所以有 $\dot{F}_0 = \dot{F}_1 + \dot{F}_2 = \dot{I}_1 W_1 + \dot{I}_2 W_2$

即 $\dot{I}_0 W_1 = \dot{I}_1 W_1 + \dot{I}_2 W_2$

通常情况下励磁电流 $\dot{I}_0$ 很小，如果忽略 $\dot{I}_0$，则可得

$$I_1 = I_2 \left(\dfrac{W_2}{W_1}\right) = I_2 K_i$$

式中，K_i 为变流比。

电流误差为二次电流的测量值乘以额定互感比（变流比）后与实际一次电流之差，以百分数表示即

$$\Delta I = \dfrac{K_i I_2 - I_1}{I_1} \times 100\% \tag{2-3}$$

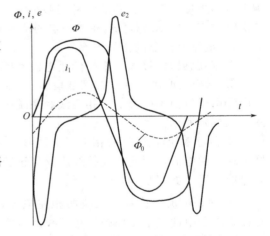

图 2-19 电流互感器二次开路时磁通和电势波形

角误差为旋转 180° 的二次电流相量 $-\dot{I}'_2$ 与一次电流相量 $\dot{I}_1$ 之间的夹角，并规定 $-\dot{I}'_2$ 超前于 $\dot{I}_1$ 时，角误差 δ_i 为正值；反之为负值。

$$\delta \approx \sin\delta = \dfrac{AC}{OA} = \dfrac{I_0 \sin\theta}{I_1} = \dfrac{I_0}{I_1} \cos(\alpha+\varphi) \times 3440 \ (') \tag{2-4}$$

电流互感器的等值电路与相量图如图2-20所示。

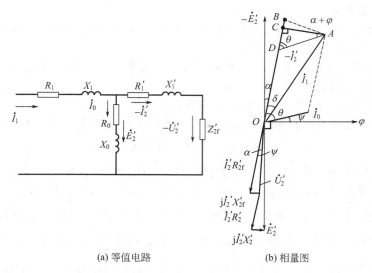

(a) 等值电路　　　(b) 相量图

图2-20　电流互感器的等值电路与相量图

从以上两式可看出，电流误差和角误差都与电流 I_0 大小有关，即与磁化力 F_0 的大小有关，即 F_0 增大时，ΔI 和 δ 误差都增大。

如果一侧电流 I_1 不变，当增大二次电路中的负荷阻抗 Z_2，将使二次电流 I_2 减小，使 F_0 增大，结果使电流互感器的两种误差都增大，接到电流互感器的二次侧的测量仪表等，只有二次阻抗 Z_2 和二次容量 S_2 在某一定的范围内，才有足够的精度。

4) 电流互感器的接线方案

电流互感器的接线方案指的是电流互感器与测量仪表或保护继电器之间的连接形式。

① 三相星形接线（三相完全星形）　可以准确反映三相中每一相的真实电流。该接线方式广泛用于负荷不平衡的三相四线制系统中，作三相电流、电能测量及过电流保护之用。如图2-21(a)所示。

② 两相V形接线（两相不完全星形）　在三相三线制线路中，此接线中三个电流线圈正好反映三相电流，因此，此接线广泛用于三相三线制电路中，作测量三相电流、电能及过电流保护之用。如图2-21(b)所示。

③ 两相电流差接线　反映两相差电流，对于三相对称电路，其量值为相电流的 $\sqrt{3}$ 倍。此接线用于中性点不接地的三相三线制电路中，作继电保护之用。如图2-21(c)所示。

④ 一相式接线（单相接线）　在三相负荷平衡时，可以用单相电流反映三相电流值，主要用于测量电路和过负荷保护。如图2-21(d)所示。

5) 电流互感器使用注意事项

① 电流互感器的二次侧在使用时绝对不可开路。使用过程中拆卸仪表或继电器时，应事先将二次侧短路。安装时，接线应可靠，不允许二次侧安装熔丝；

② 二次侧必须有一端接地。防止一、二次侧绝缘损坏，高压窜入二次侧，危及人身和设备安全；

③ 接线时要注意极性。电流互感器一、二次侧的极性端子，都用字母表明极性。GB 1208—1997《电流互感器》规定，一次绕组端子标P1、P2，二次绕组端子标S1、S2，其中，P1与S1、P2与S2分别为对应的同名端。如果一次电流从P1流入，则二次侧电流从S1流出。（在过去的规定中，一次绕组端子标L1、L2，二次绕组端子标K1、K2，其中，

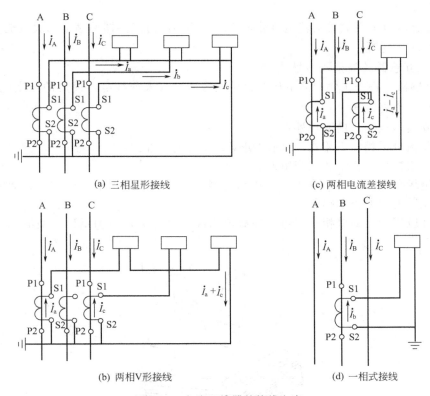

图 2-21 电流互感器的接线方案

L1 与 K1、L2 与 L2 分别为对应的同名端。）

④ 一次侧串接在线路中，二次侧的继电器或测量仪表串接。

高压电流互感器多制成两个铁芯和两个副绕组的形式，分别接测量仪表和继电器，满足测量仪表和继电保护的不同要求。电流互感器供测量用的铁芯在一次侧短路时应该容易饱和，以限制二次侧电流增长的倍数；供继电保护用的铁芯，在一次侧短路时不应饱和，使二次侧的电流与一次侧的电流成正比例增加。

6) 电流互感器准确度等级和容量

① 电流互感器的准确度　电流互感器根据测量时误差的大小而划分为不同的准确级。准确级是指在规定的二次负荷范围内，一次电流为额定值时的最大误差。按准确度等级分（国家标准 GB 1208—1997），测量用互感器有 0.1、0.2、0.5、1、3、5 等级，保护用互感器有 5P、10P 两级。

电流互感器的电流误差，会引起各种测量仪表和继电器产生误差，而角误差只对功率型测量仪表和继电器以及反映相位的继电保护装置有影响。

0.2 级的电流互感器只用于实验室的精密测量；0.5～1 级的电流互感器主要用于变电所中的电气测量仪表；3 级和 10 级的电流互感器用于一般的测量和某些继电保护。

② 电流互感器的额定容量　电流互感器的额定容量是指电流互感器在额定二次电流和额定二次阻抗下运行时，二次线圈输出的容量，即

$$S_{N2} = I_{N2}^2 Z_{N2} \tag{2-5}$$

由于电流互感器的二次电流为标准值（5A 或 1A），故其容量也常用额定二次阻抗来表示。因电流互感器的误差和二次负荷有关，故同一台电流互感器使用在不同准确级时，会有

不同的额定容量。

电流互感器对负载的要求就是负载阻抗之和不能超过互感器的额定二次阻抗值。

(3) 电压互感器

1) 电压互感器的类型及型号

电压互感器是将一次侧的高电压按比例变为适合仪表或继电器使用的额定电压为100V或$100/\sqrt{3}$V的变换设备。

① 按安装地点分户内和户外；

② 按相数分单相和三相式，只有20kV以下才有三相式；

③ 按绕组数分双绕组和三绕组；

④ 按绝缘分浇注式、油浸式、干式和电容式等。浇注式用于3～35kV，油浸式主要用于110kV及以上的电压互感器。

图2-22应用广泛的单相三绕组、环氧树脂浇注绝缘的户内JDXJ-10型电压互感器的外形图。

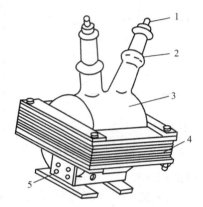

图2-22 JDXJ-10型电压互感器的外形图
1—一次接线端子；2—高压绝缘套管；
3—一、二次绕组，树脂浇注绝缘；4—铁芯；5—二次接线端子

电压互感器型号的表示及含义如下：

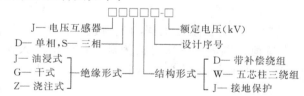

2) 电感式电压互感器

① 电压互感器的工作原理

电压互感器的工作原理、构造和连接方法都与变压器很相似，它的原理接线见图2-16。

电压互感器一、二次绕组电压之比称为电压互感器的电压比（额定互感比）。

$$K_u = \frac{U_{N1}}{U_{N2}} \tag{2-6}$$

式中 U_{N1}——等于电网的额定电压，kV；

U_{N2}——额定电压为100V。

电压互感器与电力变压器相比较，由于其二次侧负荷阻抗很大，电流很小，具有下述特点：

a. 容量很小，类似一台小容量变压器，但结构上要求有较高的安全系数；

b. 电压互感器二次绕组所接仪表的电流线圈阻抗很大，正常情况下，电压互感器在近于空载的状态下运行；

c. 电压互感器的一次侧额定电压，几乎不受二次侧负荷的影响，并且在大多数的情况下，其负荷是恒定的。

② 电感式电压互感器误差

由于电压互感器存在着励磁电流和内部阻抗，因此二次侧电压的折算值与一次侧电压大小不相等，相位差也不是 180°，即电压互感器测量结果出现电压值误差和角误差。

电压误差为二次电压的测量值 U_2 与额定互感比 K_u 的乘积与实际一次电压 U_1 之差，以百分数表示

$$\Delta U\% = \frac{U_2 K_u - U_1}{U_1} \times 100 \tag{2-7}$$

式中　U_1——一次侧实际电压值；

　　　U_2——二次侧实际电压值；

　　　K_u——额定电压变比。

角误差为旋转 180°的二次电压相量 $-\dot{U}_2$ 与一次电压相量 $\dot{U}_1$ 之间的夹角 δ_U，并规定 $-\dot{U}_2$ 超前于 $\dot{U}_1$ 时相位差 δ_U 为正，反之为负。

电压互感器的误差与二次负载、功率因数和一次电压等运行参数有关。

3) 电容式电压互感器

随着电力系统输电电压的增高，电磁式电压互感器的体积越来越大，成本随之增高，普遍采用电容式电压互感器。

① 电容式电压互感器的工作原理　电容式电压互感器实质上是一个电容分压器，在被测装置的相和地之间接有电容 C_1 和 C_2，按反比分压，C_2 上的电压为

$$U_{C2} = \frac{U_1 C_1}{C_1 + C_2} = K U_1 \tag{2-8}$$

其原理接线图见图 2-23。

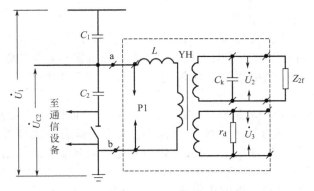

图 2-23　电容式电压互感器原理接线图

② 电容式电压互感器误差　电容式电压互感器的误差是由空载电流、负载电流以及阻尼器的电流流经互感器绕组产生压降而引起的，其误差由空载误差 f_0、δ_0，负载误差 f_z、

δ_z 和阻尼器负载电流产生的误差 f_d、δ_d 等几部分组成,即

$$f_u = f_0 + f_z + f_d \tag{2-9}$$

$$\delta_u = \delta_0 + \delta_z + \delta_d \tag{2-10}$$

电容式电压互感器的误差除受一次电压、二次负荷和功率因数的影响外,还与电源频率有关。

电容式电压互感用于 110～500kV 中性点直接接地系统。

4) 电压互感器的接线方案

电压互感器有单相和三相两种。单相可制成任何电压等级,而三相一般只制成 10kV 及以下的电压等级。

电压互感器按线圈又可分为双线圈和三线圈两种。三线圈的除了具有供电测量仪表和继电器的基本线圈外,还有一个辅助副线圈,用来接入监察电网的绝缘状况的仪表和单相接地保护继电器。

常用的有以下几种接线方案。

① 一个单相电压互感器的接线 如图 2-24(a) 所示。此接线方式只能测量线电压或接电压表、频率表、电压继电器等。

② 两个单相电压互感器的 V/V 形接线 如图 2-24(b) 所示。此接线又称不完全星形接线。此接线方式适用于中性点不接地系统或中性点经消弧线圈接地系统,用于测量三相线电压,供仪表、继电器接于三相三线制电路的各个线电压,它广泛应用在 6～10kV 配电装置中。

③ 三个单相电压互感器 Y_0/Y_0 形接线 如图 2-24(c) 所示,采用三个单相电压互感器,一次绕组中性点接地,可以满足仪表和电压继电器取用相电压和线电压的要求,因此,此接线可供给要求线电压的仪表及继电器,也可接绝缘监视的电压表。但应注意,由于小电流接地系统在发生单相接地时,允许运行 2h,所以绝缘监视电压表应按线电压选择。

④ 三个单相三绕组电压互感器或一个三相五芯柱三绕组电压互感器 $Y_0/Y_0/\triangle$(开口三角形) 形接线 如图 2-24(d) 所示。接成 Y_0 的二次绕组,供给需线电压的仪表、继电器及作为绝缘监察的电压表;接成开口三角形的二次绕组,用于供给绝缘监察的电压继电器。一次绕组正常工作时,开口三角形两端的电压接近于零,当某一相接地时,开口三角形两端出现近 100V 的电压,使继电器动作,发出报警信号。

5) 电压互感器使用注意事项

① 电压互感器的二次侧在工作时不能短路。在正常工作时,其二次侧的电流很小,近于开路状态,当二次侧短路时,其电流很大(二次侧阻抗很小)将烧毁设备。

② 电压互感器的二次侧必须有一端接地,防止一、二次侧击穿时,高压窜入二次侧,危及人身和设备安全。

③ 电压互感器接线时,应注意一、二次侧接线端子的极性,以保证测量的准确性。

GB 1207—1997《电压互感器》规定,单相电压互感器的一次绕组端子标 A、N,二次绕组端子标 a、n,其中,A 与 a、N 与 n 分别为对应的同名端。而三相电压互感器一次绕组端子分别标 A、B、C、N,一次绕组端子分别标 a、b、c、n,其中,N 和 n 分别为一、二次侧三相绕组的中性点。(在过去的规定中,一次绕组端子标 A、X,二次绕组端子标 a、x)

④ 电压互感器的一、二次侧通常都应装设熔丝作为短路保护,同时一次侧应装设隔离开关作为安全检修用。

⑤ 一次侧并接在线路中。

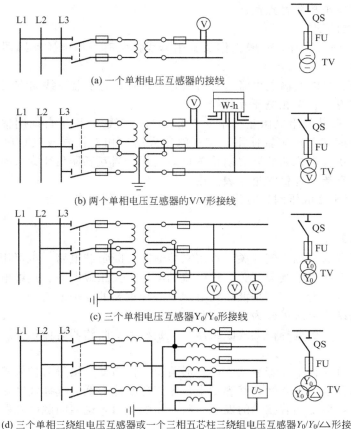

图 2-24 电压互感器接线方案

(a) 一个单相电压互感器的接线
(b) 两个单相电压互感器的V/V形接线
(c) 三个单相电压互感器Y_0/Y_0形接线
(d) 三个单相三绕组电压互感器或一个三相五芯柱三绕组电压互感器$Y_0/Y_0/\triangle$形接线

6) 电压互感器准确度等级和容量

电压互感器的准确级是指在规定的一次电压和二次负荷变化范围内，负荷功率因数为额定值时，电压误差的最大值。对于测量用电压互感器的标准准确度级有：0.1、0.2、0.5、1.0、3.0 五个等级，保护用电压互感器的标准准确度级有 3P 和 6P 两个等级。

由于电压互感器误差与负荷有关，所以同一台电压互感器对应于不同的准确级便有不同的容量。通常额定容量是指对应于最高准确级的容量。电压互感器按照在最高工作电压下长期工作允许的发热条件，还规定了最大容量。

电压互感器的负载要求就是负载容量之和不能超过互感器的额定二次容量值。

(4) 互感器的配置原则

互感器在主接线中的配置与测量仪表、同期点的选择、保护和自动装置的要求以及主接线的形式有关。

1) 电流互感器的配置

① 为了满足测量和保护装置的需要，在发电机、变压器、出线、母线分段及母联断路器、旁路断路器等回路中均设有电流互感器。对于大接地短路电流系统，一般按三相配置；对于小接地短路电流系统，依具体要求按两相或三相配置。

② 对于保护用电流互感器应尽量消除主保护装置的不保护区。例如，若有两组电流互感器，且位置允许时应设在断路器两侧，使断路器处于交叉保护范围之中。

③ 为了减轻内部故障对发电机的损伤，用于自动调整励磁装置的电流互感器应配置在发电机定子绕组的出线侧。为便于分析和在发电机并入系统前发现内部故障，用于测量的电

流互感器宜装设在发电机中性点侧。

2）电压互感器的配置

① 母线　除分路母线外，一般工作及备用母线都装有一组电压互感器，用于同期、测量仪表和保护装置。

② 线路　35kV 及以上输电线路，当两端有电源时，为了监视线路有无电压、进行同期和设置重合闸，装有一台单相电压互感器。

③ 发电机　一般装两组电压互感器。一组（D,y 接线），用于自动调整励磁装置。另一组供测量仪表、同期和保护装置使用，该互感器采用三相五柱式或三只单相接地专用互感器，其开口三角形供发电机未并列之前检查接地之用。当互感器负荷太大时，可增设一组不完全星形连接的互感器，专供测量仪表使用。

④ 变压器　变压器低压侧有时为了满足同期或保护的要求，设有一组不完全星形接线的电压互感器。

7. 低压断路器

低压断路器也称为自动空气开关，可用来接通和分断负载电路，也可用来控制不频繁启动的电动机。它功能相当于闸刀开关、过电流继电器、失压继电器、热继电器及漏电保护器等电器部分或全部的功能总和，是低压配电网中一种重要的保护电器。

低压断路器按结构形式可分为塑壳式和框架式两大类。

作为进线开关，一般选择框架式断路器，但是框架式断路器有体积大、价格高、接触防护较差等弱点。

塑壳式断路器有体积小、安装紧凑、外形美观、价格低、接触防护好等特点，以往它没有成为进线开关的首选，主要受到其容量小，短路分断能力低，选择性和短时耐受能力差这几方面因素的限制，但是随着技术的发展和新产品的推出，这些问题已经获得了不同程度的改进。

低压断路器具有多种保护功能（过载、短路、欠电压保护等）、动作值可调、分断能力高、操作方便、安全等优点，所以目前被广泛应用。它既能在正常工作条件下切断负载电流，又能在过载、短路故障、电路电压过低或消失时自动切断电路。目前一些智能低压断路器还配有更多的保护功能，并且还有通信功能，可以组成计算机通信网络系统，其功能十分强大。

（1）低压断路器的工作原理

低压断路器的形式、种类虽然很多，但结果和工作原理基本相同，主要有触点系统、灭弧系统；各种脱扣器，包括电磁式过电流脱扣器、失压（欠压）脱扣器、热脱扣器和分励脱扣器；操作机构和自由脱扣机构几部分组成。如图 2-25 所示。

低压断路器的主触点是靠手动操作或电动合闸的。主触点闭合后，自由脱扣机构将主触点锁在合闸位置上。过电流脱扣器的线圈和热脱扣器的热元件与主电路串联，欠电压脱扣器的线圈和电源并联。当电路发生短路或严重过载时，过电流脱扣器的衔铁吸合，使自由脱扣机构动作，主触点断开主电路。当电路过载时，热脱扣器的热元件发热使双金属片上弯曲，推动自由脱扣机构动作。当电路欠电压时，

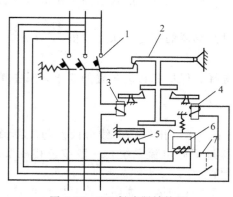

图 2-25　DZ 断路器结构图
1—主触头；2—自由脱扣器；
3—过电流脱扣器；4—分励脱扣器；
5—热脱扣器；6—失压脱扣器；7—按钮

欠电压脱扣器的衔铁释放，也使自由脱扣机构动作。分励脱扣器则作为远距离控制用，在正常工作时，其线圈是断电的，在需要距离控制时，按下启动按钮，使线圈通电，衔铁带动自由脱扣机构动作，使主触点断开。

(2) 低压断路器的主要部分

1) 触头系统

开关的触对系统包括在主电路中的主触头和接在控制电路中的辅助触头。主触头常常又由工作触头和灭弧触头组成。额定电流很大的断路器中（如1000~4000A），有工作触头和灭弧触头，另外还有副触头。副触头也是用来保护工作触头的，当灭弧触头因故障失去作用时，它可代替灭弧触头工作。

额定电流和断路电流较小的断路器，只有一种触头。

2) 灭弧装置

为了加速电弧的熄灭和提高开关的断流能力，断路器装有灭弧装置，即在其主触头的上部装有灭弧罩。罩内有许多互相绝缘的镀铜钢片所组成的灭弧栅，栅片交错布置，而且栅片上有不同形状的凹槽，构成"迷宫式"形状，有助于提高断流能力。灭弧罩的外壳用绝缘耐热材料制成，以防止相间电弧的飞越短路。

3) 操作机构

采用连杆操作机构，操作时是瞬时闭合和瞬时断开，与操作速度无关，所以能承受较大的闭合电流和开断电流。

4) 脱扣器

分励脱扣器：用于远距离分闸的脱扣器，分闸时线圈有电，而分闸后线圈应断电。

失压脱扣器：电压过低或失电时动作，断开断路主触点。

过流脱扣器：过流时动作，断开主电路。

过载脱扣器：过载时动作，断开主电路。

并非每种类型的断路器均具有上述四种脱扣器，根据断路器使用场合而定。

(3) 主要技术参数及型号

1) 主要技术参数

① 额定电压　指断路器在电路中长期工作时的允许电压，通常等于或大于电路的额定电压。

② 额定电流　指断路器在电路中长期工作时的允许持续电流。

③ 通断能力　断路器在规定的电压、频率以及规定的线路参数（交流电路为功率因数，直流电路为时间常数）下，所能接通和分断的短路电流值。

④ 分断时间　指切断故障电流所需的时间，包括固有断开时间和燃弧时间。

2) 图形和文字符号（图2-26）

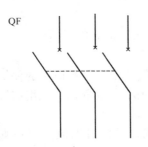

图2-26　低压断路器的图形符号

3) 自动空气开关的型号含义

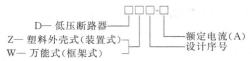

4) 低压断路器的典型产品（图2-27和图2-28）。

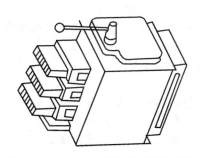

图2-27 DW15系列断路器的外形图

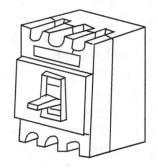

图2-28 DZ10系列断路器的外形图

（4）自动空气开关的选择和维护
1) 自动空气开关的选择原则
① 自动空气开关的额定电压要大于或等于线路或设备的额定电压。
② 自动空气开关的额定电流要大于或等于负载工作电流。
③ 自动空气开关的脱扣额定电流要大于或等于负载工作电流。
④ 自动空气开关的极限通断能力要大于或等于电路最大的短路电流。
⑤ 自动空气开关的欠电压脱扣器的额定电压要等于主电路额定电压。
⑥ 自动空气开关类型的选择，应根据电路额定电流对保护的要求来选用。

2) 自动空气开关的维护
① 自动空气开关在使用前应将电磁铁工作面的防锈油脂抹净，以免影响磁系统的正常工作；
② 操作机构在使用一定次数以后（约1/4机械寿命），在机构的转动部分（小容量塑料外壳式不需要）应加润滑油；
③ 定期检修时，应清除落于自动开关上的灰尘，以保证良好绝缘；
④ 灭弧室在因短路分断或较长时期使用后，应清除其内壁和栅片上的金属颗粒和黑烟，长期未使用的灭弧室（如配件），在使用前应先烘一次，以保证良好的绝缘性；
⑤ 自动开关的触头在使用一定次数后，如触头表面发现毛刺、颗粒等应及时清理和修整，以保证良好的接触；
⑥ 定期检查各脱扣器的电流整定值和延时值。

8. 低压熔断器

低压熔断器是电动机或用电线路中一种最简单的保护元件，主要用作短路或严重过载保护。由于熔断器的结构简单、体积小、重量轻、使用和维护方便、价格低廉、可靠性高，因此得到广泛应用。

过载一般是指10倍额定电流以下的过电流。短路则是指超过10倍额定电流以上的过电流。

低压熔断器的型号及含义如下：

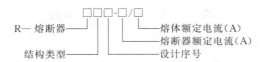

(1) 熔断器的结构

熔断器主要有熔体和安装熔体的绝缘管或绝缘座组成。熔体（或称熔丝）的材料主要有铅、铅锡合金、铜、银、锌等所组成，制作成丝状或片状。使用时，将熔断器串联在被保护的电气设备或线路中，在正常情况下，通过熔体的电流小于或等于它的额定电流，熔体发热温度低于其熔点，熔体不会熔断，保持电路接通。当电路发生短路或严重过载时，故障电流远远超过额定值，熔体被加热到熔点而烧断，起到保护作用。

低压熔断器的结构类型有：L—螺旋式，C—瓷插式，M—密闭管式，T—有填料管式，S—快速熔断式等，如图2-29所示。

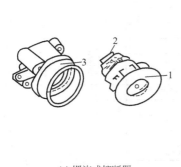
(a) 螺旋式熔断器

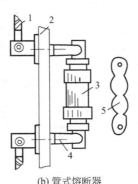
(b) 管式熔断器

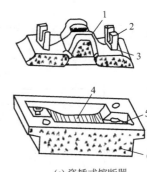
(c) 瓷插式熔断器

图 2-29 熔断器结构

1—瓷帽；2—熔心；3—底座　　1—导线；2—绝缘底板；3—装有熔片的金属套管；4—弹性铜片；5—熔片　　1—熔丝；2—动触头；3—瓷盖；4—石棉带；5—静触头；6—瓷座

(2) 几种常用熔断器

① 螺旋式熔断器常用产品有 RL1、RL2、RL6、RL7 系列。一般用于配电线路终端，作为过载或短路保护。其中 RL6、RL7 系列可取代 RL1、RL2 系列。

RLS 系列为螺旋式快速熔断器，其中 RLS2 系列用来保护半导体硅整流元件及晶闸管，可取代 RLS1 系列。

② 瓷插式熔断器常用产品有 RC1A 系列，用于 380V 及以下的配电线路末端。作为配电系统导线及电气设备（如电动机、负荷开关）的短路保护，也可作为民用照明等电路的保护。

③ 封闭管式熔断器。该种熔断器分为无填料、有填料和快速三种。RM10 系列为无填料封闭管式熔断器，用于 380V 及以下的成套配电设备中，作短路保护和防止连续过负荷用。RT10、RT11、RT12、RT14、RT15、NGT 为有填料的熔断器，管内装有石英砂，灭弧能力强，断流能力大，属于"限流"式熔断器，用于较大有短路电流的电力输配电系统中，其中 RT12 可取代 RT10，RT15 可取代 RT11。RT12、RT15 系列带有熔断指示器。熔断时红色指示器弹出，作信号显示。RS0、RS3 系列为有填料快速熔断器。

④ NT 型熔断器为引进德国 AEG 公司制造技术，其产品符合国际标准和我国新制定的低压熔断器标准，具有功率损耗低、保护特性稳定、限流性能好、体积小等特点。可用于 660V、电流到 1000A 的电路，作为工业电气装置配电设备过载和短路保护。

NT 型熔断器规格有 NT001、NT1～NT4，有 160、250、400、630、1000 五个等级，极限分断能力为 50kA 和 120kA。

常用熔断器的技术数据见表 2-1。

表 2-1 常用熔断器的技术数据

型号	额定电压/V	支持件额定电流/A	熔体额定电流/A	极限分断能力/kA
RL6	500	25	2,4,6,10,16,20,25	50
		63	35,50,63	
		100	80,100	
		200	125,160,200	
RL7	660	25	2,4,6,10,16,20,25	25
		63	35,50,63	
		100	80,100	
RLS2	500	30	16,20,25,30	
		63	35,(45),50,63	
		100	75,80,(90),100	
RL1A	380	5	2,5	
		10	2,5,10	
		15	10,15	
		30	20,25,30	
		60	40,50,60	
		100	60,80,100	
		200	100,120,200	
RT12	415	20	2,4,6,10,16,20	
		32	20,25,32	
		63	32,40,63	
		100	60,80,100	
RT15	415	100	40,50,63,80,100	
		200	125,160,200	
		315	250,315	
		400	350,400	

(3) 熔断器的保护特性

每一个熔断体都有一个熔断电流值，熔体允许长期通过额定电流而不熔断。当通过熔体的电流为额定电流的1.3倍时，熔体熔断时间约在2h以上；通过1.6倍的额定电流时，约经1h熔断；2倍额定电流时，约30~40s后熔断；当达到8~10倍额定电流时，熔体几乎瞬时熔断。由此可见，通过熔体的电流与熔断时间关系具有反时限特性，如图2-30所示。它作为电路的短路保护很理想，但不宜作电动机的过载保护。因为交流异步电动机启动电流为额定电流的4~7倍，要保证熔体在启动过程中不熔断，其选用的熔体电流比额定电流大得多，这样当电动机过载时，熔断器就不能起到保护作用。

由图2-30可知，它具有反时限特性，即电流值越大，熔断时间越短；反之，电流值越小，熔断时间越长。当电流减小到某一临界时，熔断时间趋于无穷大，此临界电流称为最小熔断电流I_0。最小熔化电流与额定电流之比I_0/I_N称为熔化系数。因为熔件在额定电流时不应熔化，故熔化系数必大于1。通常取额定电流I_N为最小熔化电流I_0的80%~85%。

(4) 熔断器的选择

① 熔断器类型选择，其类型应根据线路的要求，使用场合和安装条件选择。
② 熔断器的额定电压必须等于或高于熔断器工作点的电压。
③ 熔断器的额定电流必须等于或高于所装熔体的额定电流。
④ 熔断器的额定分断能力必须大于电路可能出现的最大故障电流。
⑤ 熔断器所装熔体的额定电流可按以下几种条件选择。
a. 对于电炉、照明等电阻性负载的短路保护，应该使熔体的额定电流等于或稍大于电

路的工作电流。即

$$I_{N.FE} \geqslant I_N$$

b. 保护单台长期工作的电动机时

$$I_{N.FE} \approx (1.5 \sim 2.5) I_N$$

c. 保护频繁启动的电动机时

$$I_{N.FE} \approx (3 \sim 3.5) I_N$$

d. 保护多台电动机时

$$I_{N.FE} \approx (1.5 \sim 2.5) I_{max} + \sum I_N$$

式中 $I_{N.FE}$——熔体额定电流；

I_N——电动机额定电流；

I_{max}——容量最大一台电动机的额定电流。

e. 降压启动的电动机选用熔体的额定电流等于或稍大于电动机的额定电流。

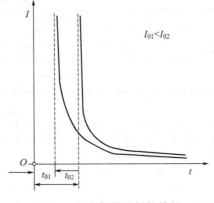

图 2-30 熔断器的保护特性

【任务实施】

(1) 实施地点

教室、专业实训室。

(2) 实施所需器材

① 多媒体设备。

② 1~2 种低压断路器实物，1~2 种低压熔断器，每种 2~3 台，总数不少于 10 台。

③ 真空断路器 1 台，少油断路器 1 台。

④ 中压电流互感器 2 台，电压互感器 2~3 种，总台数 8 台。

⑤ 高压熔断器 2 种，总个数 6 个。

(3) 实施内容与步骤

① 学生分组。4 人左右一组，指定组长。工作始终各组人员尽量固定。

② 教师布置工作任务。学生阅读工作任务书，了解工作内容，明确工作目标，制定实施方案。

③ 教师通过图片、实物或多媒体分析演示让学生了解高压断路器、低压断路器结构、原理、铭牌参数并举例，或指导学生自学。

④ 实际观察几种高低压电气设备的外形。

a. 分组观察高低压断路器、高低压熔断器和互感器结构与特点，观察结果记录在表 2-2~表 2-6 中。

表 2-2 高低压断路器观察结果记录表

序号	断路器名称	断路器型号	开断容量/kV·A/kA	额定电压/kV	额定电流/A	断路器用途
1						
2						
3						
4						

表 2-3 高压熔断器观察结果记录表

序号	断路器名称	断路器型号	开断容量/kV·A/kA	额定电压/kV	额定电流/A	断路器用途
1						
2						
3						
4						

表 2-4　低压熔断器观察结果记录表

序号	熔断器名称	熔断器型号	开断容量/kV·A/kA	额定电压/V	额定电流/A	熔断器用途
1						
2						
3						
4						

表 2-5　互感器观察结果记录表

序号	互感器名称	互感器型号	互感器容量/V·A	额定电压/V	额定电流/A	互感器用途
1						
2						
3						
4						

b. 注意事项

ⓐ 认真观察，注意特点，记录完整；

ⓑ 注意安全。

【知识拓展】　高压成套配电装置

高压成套配电装置又称高压成套配电柜，它按不同用途和使用场合，将所需要一、二次设备按一定的线路方案组装而成的。

高压成套配电装置是由制造厂成套供应的设备，运抵现场后组装而成的高压配电装置。它将电气主电路分成若干个单元，每个单元即一条回路，将每个单元的断路器、隔离开关、电流互感器、电压互感器，以及保护、控制、测量等设备集中装配在一个整体柜内（通常称为一面或一个高压开关柜），有多个高压开关柜在发电厂、变电所或配电所安装后组成的电力装置称为成套配电装置。

高压成套配电装置按其特点分为金属封闭式、金属封闭铠装式、金属封闭箱式和 SF_6 封闭组合电器等；按断路器的安装方式分为固定式和手车式（移开式）；按安装地点分为户外式和户内式；按柜体结构形式分为开启式和封闭式。

国产系列高压开关柜型含义如下：

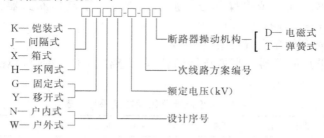

开关柜具有"五防"联锁功能，即防误分合断路器，防带负荷拉合隔离刀闸，防带电合接地刀闸，防带接地线合断路器，防误入带电间隔。"五防"联锁功能常采用断路器、隔离开关、接地开关与柜门之间的强制性机械闭锁方式或电磁锁方式实现。

下面以目前使用的 KYN28-12 中置式铠装移开式交流金属封闭开关设备为例介绍高压成套配电装置的组成结构、安装调试、操作与维护等。

KYN28 型开关柜系金属铠装抽出式三相交流 50Hz，3～35kV 户内成套配电设备。作为接受和分配电能之用，并具有对电路进行控制、保护和测量等功能。柜体为组装式结构，采用拉铆螺母和高强度的螺栓连接而成，并具有完善可靠的"五防"闭锁功能。柜体分割为四个独立小室，外壳防护等级为 IP4X，当断路器室门打开时防护等级为 IP2X，并且有架空进出线、电缆进出线等功能方案。

(1) KYN28-12 成套配电柜结构（图 2-31）

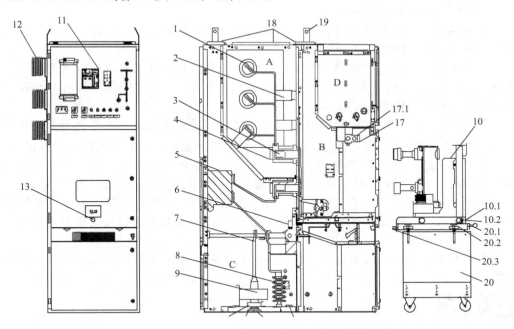

图 2-31 KYN28-12 进线或出线柜基本结构剖面图
隔室：A—母线室；B—断路器室；C—电缆室；D—继电器仪表室。
主要部件：1—母线；2—绝缘子；3—静触头；4—触头盒；5—电流互感器；6—接地开关；7—电缆终端；8—避雷器；9—零序电流互感；10—断路器手车；10.1—滑动把手；10.2—锁键（连到滑动把手）；11—控制和保护单元；12—穿墙套管。
主要附件：13—丝杠机构操作孔；14—电缆夹；15.1—电缆密封圈；15.2—连接板；16—接地排；17—二次插头；17.1—联锁杆；18—压力释放板；19—起吊耳；20—运输小车；20.1—锁杆；20.2—调节轮；20.3—导向杆。

(2) KYN28-12 成套配电柜特点
① 中置式小车，有利于母线防潮与提高绝缘水平；
② 手车的组合单元，互换性好，维护量小；
③ 断路器手车能实现闭门操作；
④ 各室间有独立的压力释放通道；
⑤ 低压部分与高压部分完全隔离；
⑥ 关门后，防护等级达 IP4X，能有效防止人体和外界固体接近带电体和运动体，保证人身安全和设备可靠运行；
⑦ 电缆室宽敞，安装维修方便。

学习小结

本任务的核心是了解配电系统中常用的变配电设备的功能、特点及其应用场合，通过本任务的学习和实践，学生应能理解以下要点。

1. 电弧属于气体放电的一种形式。要熄灭电弧，就必须设法加强去游离，并使去游离作用大于游离作用。

2. 高压隔离开关主要用于隔断高压电源，以保证其他设备和线路的安全检修。它没有灭弧装置，不能带负荷操作。

3. 高压负荷开关主要用于10kV配电系统接通和分断正常的负荷电流，不能分断短路电流。

4. 高压断路器在电路正常的情况下用以接通或切断负荷电流；在电路发生故障时，用以切断短路电流或自动重合闸。

5. 高压熔断器主要作为电气设备长期过载和短路的保护元件。电路过载或短路时，将熔断体熔断，切断故障电路。

6. 电流互感器是将一次侧的大电流，按比例变为适合通过仪表或继电器使用的、额定电流为5A或1A的变换设备。电流互感器的接线方案有：一相式接线、两相V形接线、两相电流差接线和三相星形接线。

7. 电压互感器是将一次侧的高电压，按比例变为适合仪表或继电器使用的、额定电压为100V或$100/\sqrt{3}$V的变换设备。电压互感器的接线方案有：一个单相电压互感器的接线、两个单相电压互感器的V/V形接线、三个单相电压互感器Y_0/Y_0形接线、三个单相三绕组电压互感器或一个三相五芯柱三绕组电压互感器$Y_0/Y_0/\triangle$（开口三角形）形接线。

8. 低压断路器也称为自动空气开关，可用来接通和分断负载电路，也可用来控制不频繁启动的电动机，是低压配电网中一种重要的保护电器。低压断路器按结构形式可分为塑壳式和框架式两大类。

9. 低压熔断器是电动机或用电线路中一种最简单的保护元件，主要用作短路或严重过载保护。

自我评估

1. 产生电弧的根本原因是什么？有什么危害？常用的灭弧方法有什么？
2. 在6～10kV网络中，隔离开关可用于哪些操作？
3. 试述高压断路器的功能。真空断路、SF_6断路器一般用于什么场合？
4. 真空断路器有哪些特点？
5. 什么是"限流"型熔断器？
6. 电流互感器有哪些接线方式？每种接线方式的主要应用场合？
7. 电压互感器有哪些接线方式？每种接线方式的主要应用场合？
8. 试述自动空气开关的选择原则。
9. 选择题

（1）一交流电路，最大工作电流为240A，为便于显示电流，以下电流互感器变比合适的有（　　）。
　　A. 150/5　　B. 200/5　　C. 250/5　　D. 300/5

（2）电流互感器的二次负荷通常用（　　）值表示。
　　A. 有功功率　　B. 无功功率　　C. 视在功率　　D. 二次回路阻抗

（3）电压互感器在额定方式下可长期运行，但在任何情况下不得超过（　　）运行。
　　A. 额定电流　　B. 额定电压　　C. 最小容量　　D. 最大容量

（4）LW8-35型SF_6断路器适用于（　　）系统。
　　A. 10kV　　B. 110kV　　C. 6kV　　D. 35kV

（5）高压开关柜是一种将（　　）组合为一体的电气装置。
　　A. 开关本体　　B. 保护装置　　C. 电缆终端头　　D. 操作电源

评价标准

教师根据学生观察记录结果及提问，按表2-6给予评价。

表 2-6　任务 2.1 综合评价表

项目	内容	配分	考核要求	扣分标准	得分
实训态度	1. 实训的积极性 2. 安全操作规程地遵守情况 3. 纪律遵守情况 4. 完成自我评估、技能训练报告	30	积极参加实训，遵守安全操作规程和劳动纪律，有良好的职业道德和敬业精神；技能训练报告符合要求	违反操作规程扣 20 分；不遵守劳动纪律扣 10 分；自我评估、技能训练报告不符合要求扣 10 分	
常用高、低压配电产品观察	观察各种常用配电产品结构特点，记录参数	40	观察认真，记录完整	观察不认真扣 20 分；记录不完整扣 20 分	
工具的整理与环境清洁	1. 工具整理情况 2. 环境清洁情况	30	要求工具码放整齐，工作台周围无杂物	工具码放不整齐 1 件扣 1 分；有杂物 1 件扣 1 分	
合计		100			

注：各项配分扣完为止。

任务 2.2　高压配电装置选择与校验

【任务描述】

高压配电装置是工厂供配电系统的重要电气设备，作为电气工作人员，必须能对该设备进行操作与维护。本次任务就是要通过对工厂 6～10kV 系统负荷的计算和短路计算，掌握高压配电装置的选择与校验，并能对工厂常用高压配电装置进行选择与校验。

【任务目标】

技能目标：
1. 能根据工厂的负荷对高低压配电装置进行选择与校验。
2. 能对固定式和手车式高压开关柜进行操作与维护。
3. 能对工厂电气设备进行负荷计算和短路计算。

知识目标：
1. 了解负荷曲线的绘制及负荷计算的方法。
2. 掌握三相短路电流的计算方法。
3. 掌握高压隔离开关、高压负荷开关、高压断路器的一般选择原则。
4. 掌握高压电流互感器和电压互感器选择原则。
5. 了解如何确定变压器的台数和容量。

【知识准备】

1. 负荷计算

在工厂供电中，所谓"负荷"是指功率或电流。有功负荷、无功负荷、视在负荷分别是指有功功率、无功功率、视在功率。由于在电压一定的情况下，电流与视在功率成正比，所以也可用电流表示负荷。

（1）负荷的分级

工厂的电力负荷，按 GB 50052—95 规定，根据其对供电可靠性的要求及中断供电造成的损失或影响的程度分为三级：一级负荷、二级负荷、三级负荷。

① 一级负荷　如果供电中断，将造成人身伤亡或对政治、经济造成重大损失。如重大

设备损坏，重大产品报废，破坏政治、经济生活部门的秩序等。一级负荷属于非常重要的负荷，是绝对不允许断电的，因此，要求有两个独立电源供电。当其中一个电源发生故障时，另一个电源能继续供电。一级负荷中特别重要的负荷，除上述两个电源外，还必须增设应急电源。

② 二级负荷　如果供电中断，将对政治、经济造成较大损失。如主要设备的损坏，大量产品的报废，连续性生产过程被破坏等。二级负荷是较重要的负荷，要求的两回路供电，供电变压器通常也采用两台。在其中一回路或一台变压器发生故障时，二级负荷不致断电，或断电后能迅速恢复供电。

③ 三级负荷　三级负荷属一般性电力负荷，对供电无特殊要求。

(2) 负荷曲线

负荷曲线是反映电力负荷随时间变化情况的曲线，它绘制在直角坐标系中。纵坐标表示功率（有功或无功功率）值，横坐标表示对应的时间（一般以小时为单位）。

有功功率随时间变化的曲线，称为有功负荷曲线；无功功率随时间变化的曲线称为无功负荷曲线；在一天24h内负荷变化的曲线称为日负荷曲线；在一年中负荷变化的曲线称为年负荷曲线。

绘制工厂供电系统的负荷曲线，是对供电系统科学管理的重要环节，可以直观地反映用电的特点和规律，这对本厂、本行业，对电力系统都很有意义。

1) 绘制负荷曲线的必要性

绘制负荷曲线的根本目的是对供电系统进行科学的管理。

① 通过绘制负荷曲线分析引起负荷波动的原因，可采取措施调整负荷，减少负荷波动的幅值，以便减小电能的损耗。负荷波动会引起电力线路和变压器的附加电能损耗。

② 我国电能收费方法目前仍采用二部制电价，即基本电价加电度电价。基本电价又叫需量，又有两种算法，一种是根据变压器的安装容量计算；另一种是根据最大负荷计算。如果绘制出全厂的负荷曲线，可根据负荷曲线变化规律，采用调整负荷的办法减小最大负荷，减少基本电费，也可调整负荷以提高变压器的运行效率。

③ 绘制负荷曲线可为供电局提供调度负荷的依据。

④ 可以利用绘制的负荷曲线确定有关负荷计算的系数，为设计供电系统创造条件。

2) 负荷曲线

根据实际需要，可绘制日负荷曲线、月负荷曲线、年负荷曲线，各有各的用途。

① 日有功负荷曲线　代表负荷在一昼夜间（0～24h）变化情况，如图2-32所示。

其时间间隔取的愈短，曲线愈能反映负荷的实际变化情况。日负荷曲线与横坐标所包围的面积代表全日所消耗的电能。

② 年负荷曲线　反映负荷全年（8760h）变动情况，如图2-33所示。

年负荷曲线又分为年运行负荷曲线和年持续负荷曲线。年运行负荷曲线可根据全年日负荷曲线间接制成；年持续负荷曲线的绘制，要借助一年中有代表性的冬季日负荷曲线和夏季日负荷曲线。通常用年持续负荷曲线来表示年负荷曲线，绘制方法如图2-33所示。其中夏季和冬季在全年中占的天数视地理位置和气温情况而定。一般在北方，近似认为冬季200天，夏季165天；在南方，近似认为冬季165天，夏季200天。图2-33是南方某厂的年负荷曲线，图中P_1在年负荷曲线上所占的时间计算为$T_1 = 200t_1 + 165t_2$。

③ 与负荷曲线有关的参数

a. 年最大负荷　年最大负荷是指全年中负荷最大的工作班内（为防偶然性，这样的工作班至少要在负荷最大的月份出现2～3次）30min平均功率的最大值，因此年最大负荷有时也称为30min最大负荷。

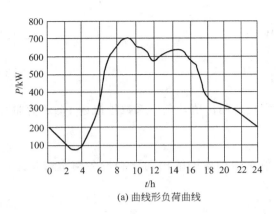
(a) 曲线形负荷曲线

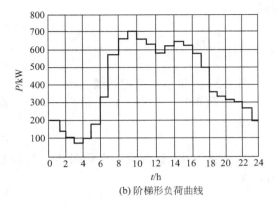
(b) 阶梯形负荷曲线

图 2-32 日有功负荷曲线

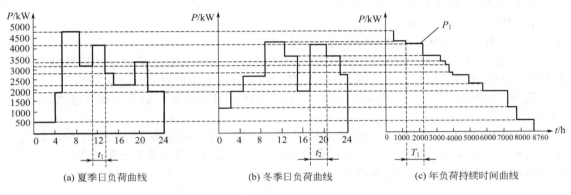

(a) 夏季日负荷曲线　　　　　(b) 冬季日负荷曲线　　　　　(c) 年负荷持续时间曲线

图 2-33 年负荷曲线

b. 年最大负荷利用小时 T_{max}　如图 2-34 所示，阴影部分即为全年实际消耗的电能。如果以 W_a 表示全年实际消耗的电能，则有

$$T_{max}=W_a/P_{max} \tag{2-11}$$

一班制工厂，T_{max} 约为 1800～3000h；

两班制工厂，T_{max} 约为 3500～4800h；

三班制工厂，T_{max} 约为 5000～7000h。

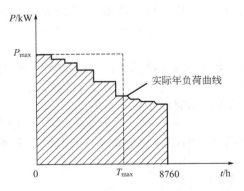

图 2-34 年最大负荷和年最大负荷利用小时

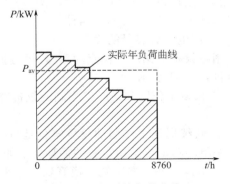

图 2-35 年平均负荷曲线

c. 平均负荷和年平均负荷　平均负荷就是指电力负荷在一定时间内消耗的功率的平

均值。

$$P_{av} = W_t / t \tag{2-12}$$

年平均负荷为

$$P_{av} = W_a / 8760 \tag{2-13}$$

图 2-35 为年平均负荷曲线。

d. 负荷系数　负荷系数是指平均负荷与最大负荷的比值，负荷系数越接近 1，负荷曲线越平坦。

$$K_L = P_{av} / P_{max} \tag{2-14}$$

对于单个用电设备或用电设备组，负荷系数是指设备的输出功率和设备额定容量之比值，即

$$K_L = P / P_N \tag{2-15}$$

其表征该设备或设备组的容量是否被充分利用。

(3) 用电设备的工作制与设备容量

1) 用电设备的工作制

工厂的用电设备按照工作制可以分为如下三类。

① 长期工作制设备　能长期连续运行，每次连续工作时间超过 8h，而且运行时负荷比较稳定，如通风机、水泵、空压机、电热设备、照明设备、电镀设备、运输机等。

② 短时工作制设备　工作时间较短，而间歇时间相对较长，如有些机床上的辅助电动机。

③ 断续周期工作制设备　工作具有周期性，时而工作、时而停歇、反复运行，如吊车用电动机、电焊设备、电梯等。通常这类设备的工作特点用负荷持续率 ε 来表征，即一个工作周期内的工作时间与整个工作周期的百分比值

$$\varepsilon = \frac{t}{T} \times 100\% = \frac{t_w}{t_w + t_0} \tag{2-16}$$

式中　T——工作周期（一般不超过 10min）；

t_w——工作周期内的工作时间；

t_0——工作周期内的停歇时间。

断续周期工作制设备的额定容量（铭牌功率）P_N，是对应某一负荷持续率 ε_N 的，当实际运行的负荷持续率 $\varepsilon \neq \varepsilon_N$ 时，该设备的实际容量需进行折算，实际容量 $P_\varepsilon \neq P_N$。

$$P_\varepsilon = P_N \sqrt{\frac{\varepsilon_N}{\varepsilon}} \tag{2-17}$$

我国生产的吊车负荷持续率有 15%、25%、40%、60% 四种。电焊机的负荷持续率 50%、65%、75%、100% 四种。

2) 用电设备容量的确定

用电设备的铭牌"额定功率"，经过换算至统一规定的工作制下的"额定功率"称为设备容量，用 P_e 表示。

① 长期工作制和短时工作制的设备容量就是设备的铭牌额定功率，即

$$P_e = P_N \tag{2-18}$$

② 断续周期工作制的设备容量是将某负荷持续率下的铭牌额定功率换算到统一的负荷持续率下的功率。常用设备的换算要求如下。

a. 电焊设备　要求统一换算到 $\varepsilon_{100} = 100\%$ 时的功率，即

$$P_e = P_N \sqrt{\frac{\varepsilon_N}{\varepsilon_{100}}} = P_N \sqrt{\varepsilon_N} \tag{2-19}$$

b. 吊车类设备 要求统一换算到 $\varepsilon_{25}=25\%$ 时的额定功率, 即

$$P_e = P_N \sqrt{\frac{\varepsilon_N}{\varepsilon_{25}}} = 2P_N \sqrt{\varepsilon_N} \tag{2-20}$$

③ 电炉变压器组 设备容量是指在额定功率下的有功功率, 即

$$P_e = S_N \cos\varphi_N \tag{2-21}$$

式中 S_N——电炉变压器的额定容量;
$\cos\varphi_N$——电炉变压器的额定功率因数。

④ 照明设备

a. 不用镇流器的照明设备（如白炽灯、碘钨灯）的设备容量指灯头的额定功率, 即

$$P_e = P_N \tag{2-22}$$

b. 用镇流器的照明设备（如荧光灯、高压水银灯、金属卤化物灯）的设备容量要包括镇流器中的功率损失。

荧光灯

$$P_e = 1.2 P_N \tag{2-23}$$

高压水银灯、金属卤化物灯

$$P_e = 1.1 P_N \tag{2-24}$$

c. 照明设备的设备容量还可按建筑物的单位面积容量法估算（S/1000）

$$P_e = \omega S/1000 \tag{2-25}$$

式中 ω——建筑物单位面积的照明容量, W/m^2;
S——建筑物的面积, m^2。

(4) 计算负荷的确定

电流通过导体便产生热量, 使导体温度按指数曲线上升。在同一导体中, 电流越大, 稳态温升越高。相同材料、相同截面的导线发热时间常数相同, 不同截面的导线发热时间常数不同。

在恒定电流作用下, 经过 $(3\sim5)T$ 的时间, 可使导线温升接近于稳态温升。

从发热的角度看, 产生最高温升的负荷对导线及电气设备威胁最大。为使导线及电气设备允许温升大于或等于电力负荷引起的最高温升, 应该以引起最高温升的负荷作为选择导线及电气设备的依据。

由于变化的负荷引起温升的规律是复杂的, 选择导线及电气设备时, 通常用计算负荷等效代替实际的变化负荷。

计算负荷的意义在于确定导线、电缆的截面积。

计算负荷是按发热条件选择导线及电气设备的等效负荷, 计算负荷产生的热效应与实际的变化负荷产生的最高热效应相等, 计算负荷使导体产生的稳态温升与实际的变化负荷产生的最高温升相同。

确定计算负荷的方法, 有需要系数法、二项式法、利用系数法、ABC 法等。

计算负荷可以认为就是半小时最大负荷, 即用半小时最大负荷 P_{30} 来表示有功计算负荷, 用 Q_{30}、S_{30} 和 I_{30} 分别表示无功计算负荷、视在计算负荷和计算电流。

1) 单个用电设备的负荷计算

① 对单台电动机，供电线路在30min内出现的最大平均负荷即计算负荷为

$$P_{30}=P_{N\cdot M}/W_N\approx P_{N\cdot M} \tag{2-26}$$

式中　$P_{N\cdot M}$——电动机的额定功率；
　　　W_N——电动机在额定负荷下的效率。

② 对单个白炽灯、单台电热设备、电炉变压器等，设备额定容量就作为计算负荷，即

$$P_{30}=P_N \tag{2-27}$$

③ 对单台反复短时工作制的设备，其设备容量均作为计算负荷。不过对于吊车类和电焊类设备，则应按公式进行相应的换算。

④ 日光灯的镇流器耗电占灯管的20%，故日光灯的设备容量P_{30}就是灯管功率的1.2倍。

⑤ 高压水银灯与金属卤化物灯的镇流器耗电均占灯泡耗电的10%，故这两种灯的设备容量P_{30}就是灯管功率的1.1倍。

2) 三相用电设备组的负荷计算

在计算干线负荷时，均需要将用电设备按照性质分类，称为用电设备组，在用电设备组中，负荷计算并不是简单的累加，而是要考虑各种综合因素，如电机的实际负载及效率，用电设备的非同时，最大负荷非同时出现，线路本身的功率损耗等，因此，在实际计算负荷时，常常用一些系数进行修正。

用电设备组求计算负荷的常用方法有需要系数法和二项式系数法。

① 需要系数法　在所计算的范围内（如一条干线、一段母线或一台变压器），将用电设备按其设备性质不同分成若干组，对每一组选用合适的需要系数，算出每组用电设备的计算负荷，然后由各组计算负荷求总的计算负荷，这种方法称为需要系数法。所以需要系数法一般用来求多台三相用电设备的计算负荷

$$P_{30}=K_\Sigma K_L/(W_e W_{wL})P_e \tag{2-28}$$

式中　P_e——设备容量。

令$K_\Sigma K_L/(W_e W_{wL})=K_d$，$K_d$就称为需要系数。表2-7中列出了各种用电设备的需要系数值，供计算参考。

a. 单组用电设备组的计算负荷

$$P_{30}=K_d P_e \text{ (kW)} \tag{2-29}$$

$$Q_{30}=P_{30}\tan\varphi \text{ (kvar)} \tag{2-30}$$

$$S_{30}=P_{30}/\cos\varphi \text{ (kV·A)} \tag{2-31}$$

$$I_{30}=S_{30}/(\sqrt{3}U_N) \text{ (A)} \tag{2-32}$$

【例2-1】　已知某机修车间的金属切削机床组，有电压为380V的电动机30台，其总的设备容量为120kW。试求其计算负荷。

解　查表2-7中的"小批生产的金属冷加工机床电动机"项，可得

$$K_d=0.2，\cos\varphi=0.5，\tan\varphi=1.73。$$

$$P_{30}=K_d P_e=0.2\times120\text{kW}=24\text{kW}$$

$$Q_{30}=P_{30}\tan\varphi=24\text{kW}\times1.73=41.52\text{kvar}$$

$$S_{30}=P_{30}/\cos\varphi=24\text{kW}/0.5=48\text{kV·A}$$

$$I_{30}=S_{30}/(\sqrt{3}U_N)=48\text{kV·A}/(\sqrt{3}\times0.38\text{kV})=72.93\text{A}$$

表 2-7 用电设备组的需要系数、二项式系数及功率因数值

用电设备组名称	需要系数 K_d	二项式系数 b	二项式系数 c	最大容量设备台数 x[①]	$\cos\varphi$	$\tan\varphi$
小批生产的金属冷加工机床电动机	0.16～0.2	0.14	0.4	5	0.5	1.73
大批生产的金属冷加工机床电动机	0.18～0.25	0.14	0.5	5	0.5	1.73
小批生产的金属热加工机床电动机	0.25～0.3	0.24	0.4	5	0.6	7.33
大批生产的金属热加工机床电动机	0.3～0.35	0.26	0.5	5	0.65	1.17
通风机、水泵、空压机及电动机发电机组电动机	0.7～0.8	0.65	0.25	5	0.8	0.75
非联锁的运输机械及铸造车间整砂机械	0.5～0.6	0.4	0.4	5	0.75	0.88
联锁的运输机械及铸造车间整砂机械	0.65～0.7	0.6	0.2	5	0.75	0.88
锅炉房和机加工、机修、装配等类车间的吊车（ε=25%）	0.1～0.15	0.06	0.2	3	0.5	1.73
铸造车间的吊车（ε=25%）	0.15～0.25	0.09	0.2	3	0.5	1.73
自动连续装料的电阻炉设备	0.75～0.8	0.7	0.3	2	0.95	0.33
实验室用的小型电热设备（电阻炉、干燥箱）	0.7	0.7	0	—	1.0	0
工频感应电炉（未带无功补偿装置）	0.8	—	—	—	0.35	2.68
高频感应电炉（未带无功补偿装置）	0.8	—	—	—	0.6	1.33
电弧熔炉	0.9	—	—	—	0.87	0.57
点焊机、缝焊机	0.35	—	—	—	0.6	1.33
对焊机、铆钉加热机	0.35	—	—	—	0.7	1.02
自动弧焊变压器	0.5	—	—	—	0.4	2.29
单头手动弧焊变压器	0.35	—	—	—	0.35	2.68
多头手动弧焊变压器	0.4	—	—	—	0.35	2.68
单头弧焊电动发电机组	0.35	—	—	—	0.6	1.33
多头弧焊电动发电机组	0.7	—	—	—	0.75	0.88
生产厂房及办公室、阅览室、实验室照明[②]	0.8～1	—	—	—	1.0	0
变配电所、仓库照明[②]	0.5～0.7	—	—	—	1.0	0
宿舍（生活区）照明[②]	0.6～0.8	—	—	—	1.0	0
室外照明、应急照明[②]	1	—	—	—	1.0	0

① 如果用电设备组的台数 $n<2x$，则最大容量台数取 $x=n/2$，且按"四舍五入"规则取整数。
② 这里的 $\cos\varphi$ 和 $\tan\varphi$ 值为白炽灯照明数据。如为荧光灯照明，则 $\cos\varphi=0.9$，$\tan\varphi=0.48$；如为高压汞灯、钠灯，则 $\cos\varphi=0.5$，$\tan\varphi=1.73$。

b. 多组用电设备组的计算负荷 在计算多组用电设备的计算负荷时，应先分别求出各组用电设备的计算负荷，并且要考虑各用电设备组的最大负荷不一定同时出现的因素，计入一个同时系数 K_Σ，该系数的取值见表 2-8。

总的有功计算负荷为

$$P_{30} = K_{\Sigma p} \sum_{i=1}^{n} P_{30.i} \tag{2-33}$$

总的无功计算负荷为

$$Q_{30} = K_{\Sigma q} \sum_{i=1}^{n} Q_{30.i} \tag{2-34}$$

总的视在计算负荷为

$$S_{30} = \sqrt{P_{30}^2 + Q_{30}^2} \tag{2-35}$$

总的计算电流为

$$I_{30} = S_{30}/(\sqrt{3}U_N) \tag{2-36}$$

式中，i 为用电设备组的组数；$K_{\Sigma p}$，$K_{\Sigma q}$ 为同时系数，见表 2-8。

表 2-8 需要系数法的同时系数

应用范围		$K_{\Sigma p}$	$K_{\Sigma q}$
车间干线	冷加工车间	0.7~0.8	0.7~0.8
	热加工车间	0.7~0.9	0.7~0.9
	动力站	0.8~1.0	0.8~1.0
低压母线	设备组计算负荷	直接相加	直接相加
	车间干线计算负荷相加	直接相加	直接相加
配电所母线	计算负荷小于 5000kW	0.9~1.0	0.9~1.0
	计算负荷为 5000~10000kW	0.85	0.85
	计算负荷超过 10000kW	0.8	0.8

【例 2-2】 一机修车间的 380V 线路上，接有金属切削机床电动机 20 台共 50kW，其中较大容量电动机有 7.5kW、2 台，4kW、2 台，2.2kW、8 台；另接通风机 2 台共 2.4kW；电阻炉 1 台 2kW。试求计算负荷（设同时系数为 0.9）。

解 冷加工电动机
查表 2-7，取

$$K_{d1}=0.2, \cos\varphi_1=0.5, \tan\varphi_1=1.73$$
$$P_{30.1}=K_{d1}P_{e1}=0.2\times50\text{kW}=10\text{kW}$$
$$Q_{30.1}=P_{30.1}\tan\varphi_1=10\text{kW}\times1.73=17.3\text{kvar}$$

通风机
查表 2-7，取

$$K_{d2}=0.8, \cos\varphi_2=0.8, \tan\varphi_2=0.75$$
$$P_{30.2}=K_{d2}P_{e2}=0.8\text{kW}\times2.4=1.92\text{kW}$$
$$Q_{30.2}=P_{30.2}\tan\varphi_2=1.92\text{kW}\times0.75=1.44\text{kvar}$$

电阻炉
查表 2-7，取

$$K_{d3}=0.7, \cos\varphi_3=1.0, \tan\varphi_3=0$$
$$P_{30.3}=K_{d3}P_{e3}=0.7\times2=1.4\text{kW}$$
$$Q_{30.3}=0$$

总的计算负荷

$$P_{30}=K_{\Sigma p}\sum_{i=1}^{n}P_{30.i}=0.9(10+1.92+1.4)=12\text{kW}$$

$$Q_{30}=K_{\Sigma q}\sum_{i=1}^{n}Q_{30.i}=0.9(17.3+1.44+0)=16.9\text{kvar}$$

$$S_{30}=\sqrt{P_{30}^2+Q_{30}^2}=\sqrt{12^2+16.9^2}=20.73\text{kV}\cdot\text{A}$$

$$I_{30}=S_{30}/(\sqrt{3}U_N)=20.73/(\sqrt{3}\times0.38)=31.5\text{A}$$

② 二项式系数法 用二项式系数法进行负荷计算时，既考虑用电设备组的设备总容量，又考虑几台最大用电设备引起的大于平均负荷的附加负荷。

a. 单组用电设备组的计算负荷

$$P_{30}=bP_{e\Sigma}+cP_x \tag{2-37}$$

式中 b，c——二项式系数；

$bP_{e\Sigma}$——用电设备组的平均功率，其中 $P_{e\Sigma}$ 是该用电设备组的设备总容量；

cP_x——为每组用电设备组中 x 台容量较大的设备投入运行时增加的附加负荷，其中

P_x 是 x 台容量最大设备的总容量（b、c、x 的值可查表 2-7）。

b. 多组用电设备组的计算负荷　同样要考虑各组用电设备的最大负荷不同时出现的因素，因此在确定总计算负荷时，只能在各组用电设备中取一组最大的附加负荷，再加上各组用电设备的平均负荷，即

$$P_{30} = \sum(bP_{e\Sigma})_i + (cP_x)_{\max} \tag{2-38}$$

$$Q_{30} = \sum(bP_{e\Sigma}\tan\varphi)_i + (cP_x)_{\max}\tan\varphi_{\max} \tag{2-39}$$

式中　$x(cP_x)_{\max}$——为附加负荷最大的一组设备的附加负荷；

$\tan\varphi_{\max}$——最大附加负荷设备组的平均功率因数角的正切值。

【例 2-3】 一机修车间的 380V 线路上，接有金属切削机床电动机 20 台共 50kW，其中较大容量电动机有 7.5kW、2 台，4kW、2 台，2.2kW、8 台；另接通风机 2 台共 2.4kW；电阻炉 1 台 2kW。试用二项式系数法来确定计算负荷。

解　$\tan\varphi_{\max}$ 求出各组的平均功率 $bP_{e\Sigma}$ 和附加负荷 cP_x。

金属切削机床电动机组

查表 2-7，取 $b=0.14$，$c=0.4$，$x=5$，$\cos\varphi=0.5$，$\tan\varphi=1.73$

$$(bP_{e\Sigma})_1 = 0.14 \times 50\text{kW} = 7\text{kW}$$

$$(cP_x)_1 = 0.4 \times (7.5\text{kW} \times 2 + 4\text{kW} \times 2 + 2.2\text{kW} \times 1) = 10.08\text{kW}$$

通风机组

查表 2-7，取 $b=0.65$，$c=0.25$，$x=5$（只有 2 台，取 2），$\cos\varphi=0.8$，$\tan\varphi=0.75$

$$(bP_{e\Sigma})_2 = 0.65 \times 2.4\text{kW} = 1.56\text{kW}$$

$$(cP_x)_2 = 0.25 \times 2.4\text{kW} = 0.6\text{kW}$$

电阻炉

查表 2-7，取 $b=0.7$，$c=0.3$，$x=2$（只有 1 台，取 1），$\cos\varphi=0.95$，$\tan\varphi=0.33$

$$(bP_{e\Sigma})_3 = 0.7 \times 2\text{kW} = 1.4\text{kW}$$

$$(cP_x)_3 = 0.3 \times 2\text{kW} = 0.6\text{kW}$$

显然，三组用电设备中，第一组的附加负荷最大，因此总计算负荷为

$$P_{30} = \sum(bP_{e\Sigma})_i + (cP_x)_1 = (7+1.56+1.4)\text{kW} + 10.08\text{kW} = 20.04\text{kW}$$

$$\begin{aligned} Q_{30} &= \sum(bP_{e\Sigma}\tan\varphi)_i + (cP_x)_1\tan\varphi_1 \\ &= (7\text{kW} \times 1.73 + 1.56\text{kW} \times 0.75 + 1.4 \times 0.33) + 10.08\text{kW} \times 1.73 \\ &= 31.18\text{kvar} \end{aligned}$$

$$S_{30} = \sqrt{P_{30}^2 + Q_{30}^2} = \sqrt{(20.04\text{kW})^2 + (31.18\text{kvar})^2} = 37.07\text{kV}\cdot\text{A}$$

$$I_{30} = S_{30}/(\sqrt{3}U_N) = 37.07\text{kV}\cdot\text{A}/(\sqrt{3}\times 0.38\text{kV}) = 56.31\text{A}$$

需要系数法和二项式系数法的比较：

从 [例 2-2] 和 [例 2-3] 的计算结果可以看出，由于二项式系数法考虑了用电设备中几台功率较大的设备工作时对负荷影响的附加功率，计算的结果比按需要系数法计算的结果偏大，所以一般适用于低压配电支干线和配电箱的负荷计算。而需要系数法比较简单，该系数是按照车间以上的符合情况来确定的，普遍应用于求全厂和大型车间变电所的计算负荷。而在确定设备台数较少，而且容量差别悬殊的分支干线的计算负荷时，一般采用二项式系数法。

3）单相用电设备计算负荷的确定

基本原则：单相设备接于三相线路中，应尽可能地均衡分配，使三相负荷尽可能平衡。如果三相线路中单相设备的总容量不超过三相设备总容量的 15%，可将单相设备总容量等效为三相负荷平衡进行负荷计算。如果超过 15%，则应该将单项设备容量换算为等效三相

设备容量，再进行负荷计算。

① 单相设备接于相电压上　单相设备可能接在A相，也可能接在B相或C相上，其三相等效设备容量应为

$$P_{ed} = 3P_{ex} \qquad (2\text{-}40)$$

式中　P_{ex}——最大负荷相的单相设备容量，kW；

P_{ed}——三相等设备容量，kW。

② 单相用电设备接于线电压上　单相用电设备接于某两线电压上，要将负荷（有功和无功）分别归算到相应的相电压上，如 P_{ab} 应换算到 a 相和 b 相上负荷，分别计为 $P_{(ab)a}$、$P_{(ab)b}$、$Q_{(ab)a}$、$Q_{(ab)b}$；同理 P_{bc} 换算到 b 相和 c 相上负荷，分别计为 $P_{(bc)b}$、$P_{(bc)c}$、$Q_{(bc)b}$、$Q_{(bc)c}$；同理 P_{ca} 换算到 c 相和 a 相上负荷，分别计为 $P_{(ca)c}$、$P_{(ca)a}$、$Q_{(ca)c}$、$Q_{(ca)a}$。

4）变压器功率损耗及变压器高压侧负荷计算

在一般的负荷计算中，电力变压器的功率损耗可按下式估算（SL7、S7、S9等型低损耗变压器）。

$$\begin{cases} \Delta P_T = 0.015 S_{30} \\ \Delta Q_T = 0.06 S_{30} \end{cases} \qquad (2\text{-}41)$$

式中，ΔP_T 为变压器功率损耗，ΔQ_T 为变压器功率损耗，S_{30} 为变压器二次侧的视在计算负荷。

在此基础上，可计算出变压器高压侧的计算负荷为

$$\left. \begin{array}{l} P_{30(1)} = P_{30(2)} + \Delta P_T \\ Q_{30(1)} = Q_{30(2)} + \Delta Q_T \\ S_{30(1)} = \sqrt{P_{30(1)}^2 + Q_{30(2)}^2} \end{array} \right\} \qquad (2\text{-}42)$$

式中　$P_{30(1)}$，$Q_{30(1)}$，$S_{30(1)}$——变压器高压侧的有功、无功、视在计算负荷；

$P_{30(2)}$，$Q_{30(2)}$——变压器高压侧的有功、无功、视在计算负荷。

5）全厂总配电所的负荷计算

全厂计算负荷是选择工厂电源进线和有关电气设备的依据，也是确定全厂功率因数和工厂所需容量的依据。

① 按逐级计算法确定全厂计算负荷　工厂供配电系统如图2-36所示，负荷计算时，首先从用电设备组开始，逐级向工厂进线方向计算。

计算步骤如下：

a. 计算各用电设备组的计算负荷，如 $P_{30(6)}$；

b. 计算干线上的计算负荷，如 $P_{30(5)}$，只要将多组用电设备之和乘以同时系数 K_Σ 即可；

c. 计算低压母线上的计算负荷，如 $P_{30(3)}$。

$$P_{30(3)} = K_\Sigma \sum P_{30(4)}$$

$$P_{30(4)} = P_{30(5)} + \Delta P_{WL2}$$

式中　ΔP_{WL2}——线路有功损耗。

线路损耗分为有功损耗 ΔP_{WL} 和无功损耗 ΔQ_{WL}，计算公式如下

$$\begin{cases} \Delta P_{WL} = 3 I_{30}^2 R_{WL} \\ \Delta Q_{WL} = 3 I_{30}^2 X_{WL} \end{cases} \qquad (2\text{-}43)$$

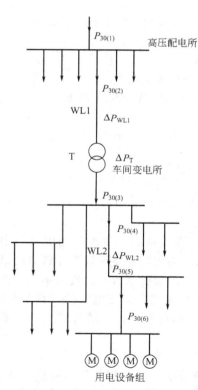

图2-36　工厂供配电系统计算负荷说明图

$$R_{WL}=R_0 l$$
$$X_{WL}=X_0 l$$

式中　R_{WL}——线路每相电阻；

　　　R_0——线路单位长度的电阻值，可查有关手册或产品样本；

　　　l——线路长度；

　　　X_{WL}——为线路每相电抗；

　　　X_0——线路单位长度的电抗值，可查有关手册或产品样本。

d. 计算高压馈线上的计算负荷，如 $P_{30(2)}$

$$P_{30(2)}=P_{30(3)}+\Delta P_T+\Delta P_{WL1}$$

式中　ΔP_{WL1}——高压线路损耗。因高压线路中电流一般比较小，计算中可以忽略不计。

e. 计算全厂计算负荷，如 $P_{30(1)}$

$$P_{30(1)}=K_\Sigma \sum P_{30(2)}$$

式中，K_Σ 为同时系数。

② 按需要系数法确定全厂的计算负荷　将全厂用电设备的总容量 P_e 乘以一个需要系数，即可得到全厂的计算负荷。

$$P_{30}=K_d P_e$$

表 2-9 列出了部分工厂的需要系数。

全厂的无功计算负荷、视在计算负荷和计算电流的计算方法与用电设备组的计算负荷相同。

表 2-9　部分工厂的需要系数、功率因数及年最大负荷利用小时数参考值

工厂类别	需要系数	功率因数	年最大有功负荷利用小时数/h	工厂类别	需要系数	功率因数	年最大有功负荷利用小时数/h
汽轮机制造厂	0.38	0.88	5000	量具刃具制造厂	0.26	0.6	3800
锅炉制造厂	0.27	0.73	4500	工具制造厂	0.34	0.65	3800
柴油机制造厂	0.32	0.74	4500	电机制造厂	0.33	0.65	3000
重型机械制造厂	0.35	0.79	3700	电器开关制造厂	0.35	0.75	3400
重型机床制造厂	0.32	0.71	3700	电线电缆制造厂	0.35	0.73	3500
机床制造厂	0.2	0.65	3200	仪器仪表制造厂	0.37	0.81	3500
石油机械制造厂	0.45	0.78	3500	滚珠轴承制造厂	0.28	0.70	5800

③ 按年产量估算工厂计算负荷

将工厂年产量 A 乘以单位产品耗电量 a，就得到工厂全年的用电量 W_a，再将 W_a 除以工厂的年最大负荷利用小时数 T_{max}，就可得出工厂的有功计算负荷

$$W_a=Aa$$

$$P_{30}=\frac{W_a}{T_{max}} \tag{2-44}$$

无功计算负荷、视在计算负荷和计算电流的计算方法同需要系数法。

(5) 功率因数和无功补偿

1) 工厂的功率因数

① 瞬时功率因数　瞬时功率因数可由功率因数表（相位表）直接测量，亦可由功率表、电流表和电压表的读数按下式求出（间接测量）

$$\cos\varphi=\frac{P}{\sqrt{3}UI}$$

瞬时功率因数用来了解和分析工厂或设备在生产过程中无功功率的变化情况，以便采取适当的补偿措施。

② 平均功率因数　平均功率因数亦称加权平均功率因数，即

$$\cos\varphi_{av} = \frac{W_P}{\sqrt{W_P^2 + W_Q^2}} \tag{2-45}$$

式中　W_P——某一时间（如一个月）消耗的有功电能，从有功电度表读出；
W_Q——某一时间（如一个月）消耗的无功电能，从无功电度表读出。

电业部门向工厂收取电费时，电费要与平均功率因数挂钩。如果 $\cos\varphi_{av}<0.85$，就会多收一定比例的费用，即对工厂的罚款。因此，当工厂功率因数达不到 0.85 时，必须进行无功补偿。

2) 无功功率补偿

目前工厂中大多数负载都是感性负载，如异步电动机、变压器等，使功率因数偏低。若功率因数达不到 0.85，就需进行人工补偿。提高功率因数的方法可采用同步补偿机或装设补偿电容器。

由图 2-37 可知，若将 $\cos\varphi$ 提高到 $\cos\varphi'$，所需补偿的无功功率为 Q_C

$$Q_C = Q_{30} - Q'_{30} = P_{30}(\tan\varphi - \tan\varphi') \tag{2-46}$$

确定了总的补偿容量后，就可根据选定的并联电容器的单个容量 q_C 来计算所需电容器的个数 n

$$n = \frac{Q_C}{q_C} \tag{2-47}$$

如果选择单相电容器，则 n 的值应为 3 的倍数，便于三相分配均衡。

3) 无功补偿后的工厂计算负荷

补偿前后有功计算负荷不变，即　　$P'_{30} = P_{30}$

补偿后的无功计算负荷　　$Q'_{30} = Q_{30} - Q_C$

补偿后的视在计算负荷　　$S'_{30} = \sqrt{P_{30}^2 + (Q_{30} - Q_C)^2}$

补偿后的计算电流　　$I'_{30} = \dfrac{S'_{30}}{\sqrt{3}U_N}$

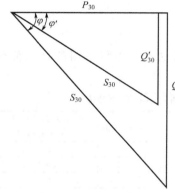

图 2-37　功率因数的提高

经无功补偿后，视在计算负荷、计算电流将减小，这样既可减少工厂变压器的装机容量及运行费用，又可使电力系统得到充分利用。

若在变电所低压侧装设了无功补偿装置以后，由于低压侧总的视在计算负荷减小，从而可使变电所主变压器的容量选得小一些。这不仅降低了变电所的初投资，而且可减少用户的电费开支。

对于低压配电网的无功补偿，通常采用负荷侧集中补偿方式，即在低压系统（如变压器的低压侧）利用自动功率因数调整装置，随着负荷的变化，自动地投入或切除电容器的部分或全部容量。

(6) 尖峰电流

尖峰电流 I_{pk} 是指持续 1~2s 的短时最大负荷电流。尖峰电流是选择熔断器、自动开关，整定继电保护装置的重要依据。电动机、电焊机的启动电流即为尖峰电流。

1) 单台用电设备尖峰电流的计算

对于单台用电设备的尖峰电流就是启动电流，即

$$I_{pk} = I_{st} = K_{st} I_N \tag{2-48}$$

式中　I_N——用电设备的额定电流；
I_{st}——用电设备的启动电流；

K_{st}——启动电流倍数。笼型电动机为 5~7，绕线型电动机为 2~3，电焊变压器为 3 或稍大。

2）多台用电设备尖峰电流的计算

$$I_{pk} = K_\Sigma \sum_{i=1}^{n-1} I_{Ni} + I_{st(max)} \tag{2-49}$$

或

$$I_{pk} = I_{30} + (I_{st} - I_N)_{max} \tag{2-50}$$

式中 $I_{st(max)}$，$(I_{st} - I_N)_{max}$——用电设备中启动电流与额定电流之差为最大的那台设备的启动电流和 $I_{st} - I_N$ 的值。

$\sum_{i=1}^{n-1} I_{Ni}$ ——用电设备中除去启动电流与额定电流之差为最大的那台设备外，其余 $n-1$ 台设备的额定电流之和；

K_Σ——多台设备的同时系数。按台数多少选择 0.7~1；

I_{30}——全部设备投入使用时，线路的计算电流。

【例 2-4】 有一条 380V 的线路，供 4 台电动机，负荷情况见表 2-10。试计算线路的尖峰电流。

表 2-10 电动机负荷资料

参　　数	电动机			
	M1	M2	M3	M4
额定电流/A	5	5.8	27.6	35.8
启动电流/A	35	40.6	193.2	197

解 由表 2-10 可知，电动机 M3 的 $I_{st} - I_N = 193.2 - 27.6 = 165.6$ A 为最大。

$$I_{pk} = K_\Sigma \sum_{i=1}^{n-1} I_{Ni} + I_{st(max)}$$
$$= 0.9 \times (5 + 58 + 35.8) + 193.2 = 235.1 A$$

或

$$I_{pk} = I_{30} + (I_{st} - I_N)_{max}$$
$$= 0.9 \times (5 + 5.8 + 27.6 + 35.8) + (193.2 - 27.6) = 232.4 A$$

2. 短路电流计算

所谓短路是指相与相之间短接，或中性点直接接地的系统中一相或几相与大地直接连接，以及在低压三相四线系统中，相线与中性线短接。发生短路时，因为负载被短接，电源到短路点的阻抗很小，短路回路中的电流可达几万甚至几十万安培，这是很危险的。为了保证工厂变配电系统的可靠运行，不间断地供电，需要在变配电系统的设计、选择电气设备和确定运行方式时，考虑到发生短路故障所造成的不正常情况。因此必须计算出工厂变配电系统在不同地点短路时短路电流的大小。

（1）短路的原因、后果及形式

1）短路的原因

造成短路的主要原因如下。

① 电气设备带电部分绝缘的损坏。绝缘的损坏一般是由于设备长期过负荷运行、内部过电压、直接遭受雷击、绝缘材料老化、机械损伤等原因造成的。

② 工作人员由于未遵守安全操作规程而发生的误操作。

③ 鸟兽等动物跨越裸露的带电部分也是造成短路的一个原因。

2）短路的后果

① 短路电流通过导体时，使导体大量发热，温度上升得很快，就可能使绝缘损坏甚至

起火燃烧。同时导体还会受到很大的电动力作用,发生变形或机械破坏。所以短路电流对电气设备的损害是相当危险的。因此,电气装置中的所有电气设备应有足够的电动(机械)稳定性和热稳定性,即保证电气设备在流过最大短路电流的时间内不致受到损坏。

② 短路还会引起电网电压的明显下降。电网的用电设备会因电压下降而不能正常工作(如异步电动机转速减慢甚至停转及过热受损、白炽灯照明变暗等)。电压的严重下降,还可能使并列运行的发电机组失去同步,造成系统列解,影响了电力系统运行的稳定性。单相接地故障还会影响通信信号的正常工作等。

③ 短路可造成停电。短路点越靠近电源,停电范围越大,给国民经济造成的损失也越大。

3)短路的形式

在三相电力系统中,短路的基本形式有三相短路、两相短路、单相短路和两相接地短路。

三相短路用符号 k$^{(3)}$ 表示,也可用表示 d$^{(3)}$,如图 2-38(a) 所示。三相短路符号中的$^{(3)}$可以省略。如三相短路电流可写成 I_k。

两相短路用符号 k$^{(2)}$ 表示,也可用表示 d$^{(2)}$,如图 2-38(b) 所示。

单相短路用符号 k$^{(1)}$ 表示,也可用表示 d$^{(1)}$。单相接地短路故障一般发生在中性点直接接地的电力系统中,如图 2-38(c) 所示,也会发生在低压三相四线制的电力系统中,如图 2-38(d) 所示。

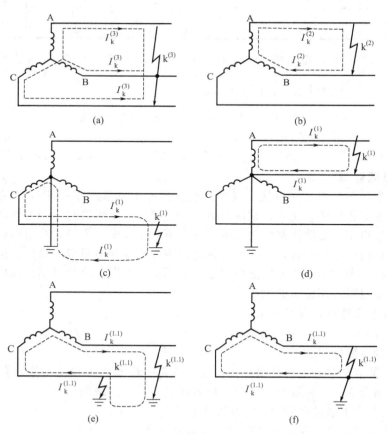

图 2-38 短路的种类(虚线表示短路回路)

两相接地短路是指不同的两相发生单相接地短路而所形成的相间短路，用符号 $k^{(1.1)}$ 表示，也可用 $d^{(1.1)}$ 表示，如图 2-38(e) 所示，也指两相短路后接地，如图 2-38(f) 所示。

三相短路是对称短路。短路回路的三相阻抗相等，短路电流也对称；其他形式的短路现象都属于不对称短路，其各相电流和电压的数值不相等，相位角也不相同。根据运行经验表明，电力系统发生单相短路故障的概率最大，约占短路故障的 65%～70%，而发生三相短路的可能性最小。但一般三相短路时短路电流最大，造成的危害最严重。为了使电气设备在危害最严重时能可靠工作，选择电气设备时以三相短路电流进行选择校验。

(2) 无限大容量电力系统三相短路电流分析

1) 无限大容量电力系统的概念

所谓无限大容量电力系统，是指其容量相对于用户供电系统容量大得多的电力系统，在用户供电系统发生短路时，变电所馈电母线上的电压能维持基本不变。实际电力系统的容量和阻抗是一定的，在变配电系统中发生短路时，系统母线电压会下降。但对中小型工厂变配电系统而言，由于其设备元件的容量比系统容量要小得多，而设备阻抗又比系统阻抗要大得多，因此当工厂变配电系统发生短路时，系统母线上的电压一般不变，这种电源就可被认为是无限大容量的电源。在实际计算中，为方便计算，往往不考虑系统母线电压的波动，即认为系统母线电压维持不变，即系统容量等于无穷大，而其内阻抗等于零。根据计算，如果工厂总安装容量小于系统总容量的 1/50，按照在变压器二次侧发生短路时，一次侧电压维持不变的假设计算短路电流，不会引起太大的误差。所以在估算工厂变配电系统的最大短路电流或在缺少系统的数据时，就认为短路回路所接的电源是无限大容量电力系统，图 2-39 为无限大容量供电系统三相短路简图。

2) 无限大容量电力系统三相短路的物理过程

正常运行时，由图 2-38 可知，负荷电流决定于母线电压 U_p、线路阻抗 Z_{WL} 和负载阻抗 Z_L。当 k 点发生三相短路时，电路分为两个独立的回路，右端回路在短路点以后，电流由原来值不断衰减，一直衰减到磁场中所储存的能量全部转变为热量被电阻所消耗。左端回路仍与电源相连接，由于短路阻抗变小，短路电流就会变大，但因回路中存在电感，而电感中电流不能突变，因此，必然有一个过渡过程，即短路的暂态过程，最后短路电流达到一个新的稳态。

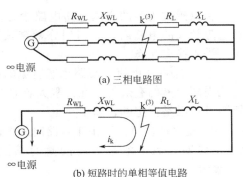

图 2-39 由无限大容量系统供电的电路

设电源相电压 $u_p = U_{pm}\sin\omega t$，正常负荷电流 $i = I_m\sin(\omega t - \varphi)$。在 $t=0$ 时刻发生三相短路，经推导，短路电流为

$$i_k = I_{km}\sin(\omega t - \varphi_k) + Ce^{-\frac{t}{\tau}} \quad (2-51)$$

从式(2-50)可以看出，某一相短路电流 i_k 有一个振幅不变的正弦周期分量 i_p（第一项）和一个按指数规律衰减的非周期分量（第二项）i_{np}。任意瞬时刻的短路电流都是这两个分量之和，其波形如图 2-40 所示。

因为无限大容量电力系统的母线电压被认为不变，所以短路电流周期分量 i_p 的幅值不变，最大值与有效值也保持不变，且 $I_{pm} = \sqrt{2} I_p$。由于短路回路电抗一般比电阻大得多，尤其是高压短路回路中。因此，当短路回路内的总电阻 R_Σ 不超过总电抗 X_Σ 的三分之一时，可以忽略不计电阻值，可以认为短路电流周期分量滞后电压 90°，在短路瞬间短路电流周期分量突然增大到幅值。

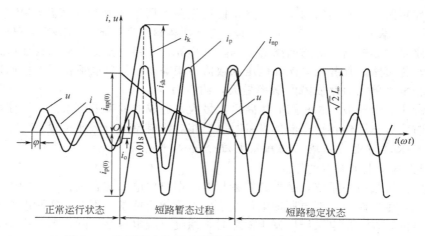

图 2-40 由无限大容量系统供电电路三相短路的电流曲线

短路电流非周期分量，是由于电路中存在电感，在短路时根据楞次定理要产生自感电势和反向电流，维持短路最初瞬间电路中的电流和磁通不发生突变。这个反向电流就是非周期分量的起始值，近似等于反方向周期分量的瞬时值最大值，如图 2-40 所示。

短路电流非周期分量因电路中有电阻，在短路电路内随时间按指数曲线逐渐衰减，电路中电阻越小、电感越大，衰减得越慢，反之则快，其衰减时间常数 τ 为

$$\tau=\frac{L_\Sigma}{R_\Sigma}=\frac{X_\Sigma}{314R_\Sigma} \tag{2-52}$$

在以感抗为主的高压短路电路中短路电流非周期分量一般经过 0.2s 后基本衰减完毕。在电阻较大的电路内，非周期分量衰减得更快。非周期分量衰减完后，短路的过渡过程结束，进入稳定状态。

① 短路稳态电流　短路稳态电流的有效值用 $I_k^{(3)}$ 表示，短路稳态电流的有效值等于短路电流周期分量的有效值。在无限大容量系统供电的电路中，短路电流周期分量有效值在整个短路过程中是恒定的，即 $I_k=I_\infty$。

② 短路冲击电流　由于短路瞬间电流不能突变而产生了非周期分量，短路后经过 0.01s（半个周期）后，短路电流的瞬时值最大，这个最大瞬时电流称为冲击短路电流，用 $i_{sh}^{(3)}$ 表示。

经推导得

$$i_{sh}=\sqrt{2}I''(1+e^{-\frac{0.01}{\tau}})=\sqrt{2}K_{sh}I'' \tag{2-53}$$

式中　K_{sh}——冲击系数，$1<K_{sh}<2$；

I''——短路次暂态电流有效值，即短路后第一个周期的短路电流周期分量的有效值。在无限大容量系统中，$I''=I_k=I_\infty$。

出现最大冲击短路电流一般是在短路前为空载，且短路时电压恰好过零的那一相，其他两相不同时出现。短路冲击电流对电气设备产生机械冲击破坏最大，是最严重的短路。

在高压电路发生三相短路时，一般取 $K_{sh}=1.8$，则短路冲击电流

$$i_{sh}=2.55I'' \tag{2-54}$$
$$I_{sh}=1.51I''$$

式中　I_{sh}——短路冲击电流有效值。

在 1000kV·A 及以下的电力变压器二次侧及低压电网发生三相短路时，一般取 $K_{sh}=1.3$，则短路冲击电流

$$i_{sh} = 1.84 I''$$
$$I_{sh} = 1.09 I'' \tag{2-55}$$

(3) 短路电流计算

短路电流计算的方法，常用的有欧姆法（又称有名单位制法）和标幺制法（又称相对单位制法）。

短路计算中有关物理量一般采用以下单位。电流单位为"千安"（kA），电压单位为"千伏"（kV），短路容量和断流容量单位为"兆伏安"（MV·A），设备容量单位为"千瓦"（kW）或"千伏安"（kV·A），阻抗单位为"欧姆"（Ω）等。

1) 三相短路电流的计算

用欧姆法计算三相短路电流。所谓欧姆法，就是在短路计算中的阻抗都采用有名单位"欧姆"。在无限大容量系统中发生三相短路时，其三相短路电流周期分量有效值可按下式计算

$$I_k^{(3)} = \frac{U_c}{\sqrt{3}|Z_\Sigma|} = \frac{U_c}{\sqrt{3}\sqrt{R_\Sigma^2 + X_\Sigma^2}} \tag{2-56}$$

式中，U_c 为短路点的短路计算电压（或称为平均额定电压）。由于线路首端短路时其短路最为严重，因此按线路首端电压考虑，即短路计算电压取为比线路额定电压 U_N 高 5%，按我国电压标准，U_c 有 0.4、0.69、3.15、6.3、10.5（kV）等；$|Z_\Sigma|$，R_Σ，X_Σ 分别为短路电路的总阻抗、总电阻和总电抗值。

在高压电路的短路计算中，通常总电抗比总电阻大得多，所以一般可以只计算电抗，不计算电阻。在计算低压侧短路时，当短路电路的 $R_\Sigma > X_\Sigma/3$ 时才需计算电阻。如果不计算电阻，则三相短路电流的周期分量有效值为

$$I_k^{(3)} = U_c / \sqrt{3} X_\Sigma \tag{2-57}$$

三相短路容量为

$$S_k^{(3)} = \sqrt{3} U_c I_k^{(3)} \tag{2-58}$$

下面介绍供电系统中各主要元件如电力系统、电力变压器和电力线路的阻抗计算。在供配电系统中的母线、线圈型电流互感器的一次绕组、低压断路器的过电流脱扣线圈及开关的触头等的阻抗，一般很小，在短路计算中可忽略不计。在忽略上述的阻抗后，计算所得的短路电流稍微偏大；但用稍偏大的短路电流来校验电气设备，可以更好保证运行的安全性。

a. 电力系统的电抗 X_S 电力系统的电阻相对于电抗来说，很小，一般可以忽略。电力系统的电抗，可由电力系统变电所高压馈电线出口断路器的断流容量 S_{oc} 来估算，S_{oc} 就看作是电力系统的极限短路容量 S_k。因此电力系统的电抗为

$$X_S = U_c^2 / S_{oc} \tag{2-59}$$

式中 U_c——高压馈电线的短路计算电压。

为了便于短路电路总阻抗的计算，免去阻抗换算的麻烦，此式的 U_c 可直接采用短路点短路计算电压；S_{oc} 为系统出口断路器的断流容量，可查有关手册或产品样本；如只有开断电流 I_{oc} 数据，则其断流容量

$$S_{oc} = \sqrt{3} I_{oc} U_N \tag{2-60}$$

b. 电力变压器的电抗 X_T 可由变压器的短路电压（即阻抗电压）$U_K\%$ 近似地计算。经推导得

$$X_T \approx \frac{U_K\% U_c^2}{100 S_N} \tag{2-61}$$

式中，$U_K\%$ 为变压器的短路电压（阻抗电压 $U_Z\%$）百分值，可查有关手册或产品样本。

c. 电力线路的电抗 X_{WL} 可由导线电缆的单位长度电抗 X_0 值求得，即

$$X_{WL}=X_0 l \qquad (2\text{-}62)$$

式中 X_0——导线电缆单位长度的电抗，Ω/km，可查有关手册或产品样本；

l——线路长度，km。

如果线路的结构数据不详时，X_0 可按表 2-11 取其电抗平均值，因为同一电压的同类线路的电抗值变动幅度一般不大。

求出短路电路中各元件的电抗后，根据化简的短路电路，求出其总电抗，然后按式（2-57）计算短路电流周期分量 $I_k^{(3)}$。

表 2-11 电力线路每相的单位长度电抗平均值

线路结构	线路电压	
	6~10 kV	220/380V
架空线路	0.38	0.32
电缆线路	0.08	0.066

必须注意：在计算短路电路的阻抗时，如果电路内含有电力变压器，则电路内各元件的阻抗都应统一换算到短路点的短路计算电压去。阻抗等效换算的条件是元件的功率损耗不变。

电抗换算的公式为

$$X' = X\left(\frac{U_c'}{U_c}\right)^2 \qquad (2\text{-}63)$$

式中 X，U_c——换算前元件电抗和短路点的短路计算电压；

X'，U_c'——换算后元件电抗和短路点的短路计算电压。

对短路计算中要考虑的几个主要元件的阻抗来说，只有电力线路的阻抗有时需要换算，例如计算低压侧的短路电流时，高压侧的线路阻抗就需要换算到低压侧。而电力系统和电力变压器的阻抗，由于它们的计算公式中均含有 U_c，因此计算阻抗时，公式中 U_c 直接代以短路点的计算电压，就相当于阻抗已经换算到短路点一侧了。

【例 2-5】 某供电系统如图 2-41 所示。已知电力系统出口断路器为 SN10-10 Ⅱ 型，其断流容量为 500MV·A。试求工厂变电所高压 10kV 母线上 k-1 点短路和低压 380V 母线上 k-2 点短路的三相短路电流和短路容量。（SL7-800 型变压器 $U_K\%=4.5$）

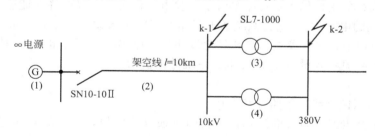

图 2-41 短路计算电路图

解 1. 求 k-1 点的三相短路电流和短路容量（$U_{c1}=10.5kV$）

（1）计算短路电路中各元件的电抗及总电抗

① 电力系统的电抗

$$X_1 = \frac{U_{c1}^2}{S_{oc}} = \frac{(10.5)^2}{500} = 0.22\Omega$$

$$X_2 = X_0 l = 0.38 \times 10 = 3.8\Omega$$

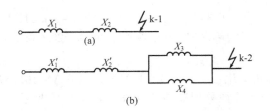

图 2-42 短路等效电路图（欧姆法）

② 架空线路的电抗　由表 2-11 得 $X_0 = 0.38\Omega/\text{km}$

③ 绘 k-1 点短路的等效电路如图 2-42（a）所示，并计算其总电抗如下

$$X_{\Sigma(\text{k-1})} = X_1 + X_2 = 0.22\Omega + 3.8\Omega = 4.02\Omega$$

（2）计算三相短路电流和短路容量

① 三相短路电流周期分量有效值

$$I_{\text{k(k-1)}}^{(3)} = \frac{U_{c1}}{\sqrt{3}X_{\Sigma(\text{k-1})}} = \frac{10.5}{\sqrt{3}\times 4.02} = 1.51\ \text{kA}$$

② 三相短路稳态电流

$$I_\infty = I_{\text{k(k-1)}}^{(3)} = 1.51\text{kA}$$

③ 三相短路冲击电流及第一个周期短路全电流有效值

$$i_{\text{sh}}^{(3)} = 2.55 I_\infty = 2.55\times 1.51\text{kA} = 3.84\text{kA}$$
$$I_{\text{sh}}^{(3)} = 1.51 I_\infty = 1.51\times 1.51\text{kA} = 2.28\text{kA}$$

④ 三相短路容量

$$S_{\text{k-1}}^{(3)} = \sqrt{3}U_{c1}I_{\text{k(k-1)}}^{(3)} = \sqrt{3}\times 10.5\text{kV}\times 1.51\text{kA} = 27.46\text{MV}\cdot\text{A}$$

2. 求 k-2 点的短路电流和短路容量（$U_{c2} = 0.4\text{kV}$）

（1）计算短路电路中各元件的电抗及总电抗

① 电力系统的电抗

$$X_1' = \frac{U_{c2}^2}{S_{oc}} = \frac{0.4^2}{500} = 3.2\times 10^{-4}\Omega$$

② 架空线路的电抗

$$X_2' = X_0 l\left(\frac{U_{c2}}{U_{c2}}\right)^2 = 0.38\Omega/\text{km}\times 10\text{km}\times\left(\frac{0.4}{10.5}\right)^2 = 5.52\times 10^{-3}\Omega$$

③ 电力变压器的电抗

$$X_3 = X_4 \approx \frac{U_K\%U_{c2}^2}{100 S_N} = \frac{4.5\times 0.4^2}{100\times 1000} = 7.2\times 10^{-3}\Omega$$

④ 绘 k-2 点短路的等效电路如图 2-42（b）所示，并计算其电抗

$$X_{\Sigma\text{k-2}} = X_1' + X_2' + X_3 // X_4 = X_1' + X_2' + \frac{X_3 X_4}{X_3 + X_4}$$
$$= 3.2\times 10^{-4} + 5.52\times 10^{-3} + 7.2\times 10^{-3}/2 = 9.44\times 10^{-3}\Omega$$

（2）计算三相短路电流和短路容量

① 三相短路电流周期分量有效值

$$I_{\text{k(k-2)}}^{(3)} = \frac{U_{c2}}{\sqrt{3}X_{\Sigma\text{k-2}}} = \frac{0.4\text{kV}}{\sqrt{3}\times 9.44\times 10^{-3}\Omega} = 24.46\ \text{kA}$$

② 三相短路稳态电流

$$I_\infty = I_{\text{k(k-2)}}^{(3)} = 24.46\text{kA}$$

③ 三相短路冲击电流及第一个短路全电流有效值

$$i_{sh}^{(3)} = 1.84 I_\infty = 1.84 \times 24.46 \text{kA} = 45.01 \text{kA}$$
$$I_{sh}^{(3)} = 1.09 I_\infty = 1.09 \times 24.46 \text{kA} = 26.66 \text{kA}$$

④ 三相短路容量

$$S_{k-2}^{(3)} = \sqrt{3} U_{c2} I_{k(k-2)}^{(3)} = \sqrt{3} \times 0.4 \text{kV} \times 24.46 \text{kA} = 16.94 \text{MV} \cdot \text{A}$$

在工程设计说明书中，往往只列短路计算表，如表2-12所示。

表 2-12 短路计算结果

短路计算点	三相短路电流/kA				三相短路容量/MV·A
	$I_k^{(3)}$	$I_\infty^{(3)}$	$i_{sh}^{(3)}$	$I_{sh}^{(3)}$	$S_k^{(3)}$
k-1 点	1.51	1.51	3.84	2.28	27.46
k-2 点	24.46	24.46	45.01	26.66	16.94

⑤ 用标幺制法计算三相短路电流　标幺制法又称为相对制法。计算中的物理量采用标幺值（相对值）。

任一物理量的标幺值 A_d^*，等于该物理量的实际值 A 与所选定的基准值 A_d 的比值。即

$$A_d^* = \frac{A}{A_d} \tag{2-64}$$

计算步骤（推导过程请查阅有关书籍）如下。

a. 选基准　一般选择基准容量 $S_d = 100 \text{MV} \cdot \text{A}$（工程设计中），基准电压 $U_d = U_c$（短路点的计算电压）。

b. 计算基准电流

$$I_d = \frac{S_d}{\sqrt{3} U_d} \tag{2-65}$$

c. 计算电抗标幺值

电力系统电抗标幺值

$$X_S^* = \frac{X_S}{X_d} = \frac{S_d}{S_{oc}} \tag{2-66}$$

电力变压器电抗标幺值

$$X_T^* = \frac{X_T}{X_d} = \frac{U_k \%}{100} \times \frac{S_d}{S_N} \tag{2-67}$$

电力线路电抗标幺值

$$X_{WL}^* = \frac{X_{WL}}{X_d} = X_0 l \times \frac{S_d}{U_c^2} \tag{2-68}$$

d. 计算短路电流标幺值

$$I_k^{(3)*} = \frac{I_k^{(3)}}{I_d} = \frac{1}{X_\Sigma^*} \tag{2-69}$$

e. 计算三相短路电流

$$I_k^{(3)} = I_k^{(3)*} I_d = \frac{I_d}{X_\Sigma^*} \tag{2-70}$$

【例 2-6】　试用标幺制法计算 [例 2-5] 中的短路电流。

解　**1. 选基准**　$S_d = 100 \text{MV} \cdot \text{A}$，基准电压 $U_{d1} = 10.5 \text{kV}$，$U_{d2} = 0.4 \text{kV}$

2. 计算基准电流　$I_{d1} = \frac{S_d}{\sqrt{3} U_{d1}} = \frac{100}{\sqrt{3} \times 10.5} = 5.5 \text{kA}$

$$I_{d2} = \frac{S_d}{\sqrt{3} U_{d2}} = \frac{100}{\sqrt{3} \times 0.4} = 144 \text{kA}$$

3. 计算电抗标幺值（图2-43）

电力系统电抗标幺值：$X_S^* = \dfrac{S_d}{S_{oc}} = \dfrac{100}{500} = 0.2$

电力线路电抗标幺值：$X_{WL}^* = X_0 l \times \dfrac{S_d}{U_c^2} = 0.38 \times 10 \times \dfrac{100}{10.5^2} = 3.45$

电力变压器电抗标幺值：$X_T^* = \dfrac{U_k\%}{100} \times \dfrac{S_d}{S_N} = \dfrac{4.5}{100} \times \dfrac{100 \times 10^3}{1000} = 4.5$

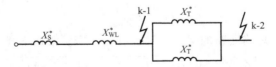

图2-43 短路等效电路图（标幺法）

4. 计算三相短路电流

$$X_{\Sigma(k-1)}^* = X_S^* + X_{WL}^* = 0.2 + 3.45 = 3.65$$

$$I_{k-1}^{(3)} = \dfrac{I_{d1}}{X_{\Sigma(k-1)}^*} = \dfrac{5.5}{3.65} = 1.51 \text{kA}$$

$$X_{\Sigma(k-2)}^* = X_S^* + X_{WL}^* + X_T^*/2 = 0.2 + 3.45 + 4.4/2 = 5.9$$

$$I_{k-2}^{(3)} = \dfrac{I_{d2}}{X_{\Sigma(k-2)}^*} = \dfrac{144}{5.9} = 24.41 \text{kA}$$

由计算可见，采用标幺制法的计算结果与欧姆法计算结果基本相同。

2）两相短路电流的计算

在无限大容量系统中发生两相短路时（图2-44），其短路电流可由下式求得

$$I_k^{(2)} = \dfrac{U_c}{2|Z_\Sigma|} \tag{2-71}$$

式中 U_c——短路点计算电压（线电压）。

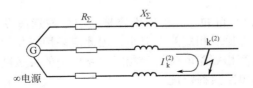

图2-44 无限大容量系统中发生两相短路

如果只计电抗，则短路电流为

$$I_k^{(2)} = \dfrac{U_c}{2X_\Sigma} \tag{2-72}$$

其他两相短路电流 $I_\infty^{(2)}$、$i_{sh}^{(2)}$ 和 $I_{sh}^{(2)}$ 等，都可按前面三相短路的对应短路电流的公式计算。

两相短路电流与三相短路电流的关系，经推导可得

$$\dfrac{I_k^{(2)}}{I_k^{(3)}} = \dfrac{\sqrt{3}}{2} = 0.866$$

即

$$I_k^{(2)} = 0.866 I_k^{(3)} \tag{2-73}$$

上式说明，无限大容量系统中，同一地点的两相短路电流为三相短路电流的0.866倍。因此，无限大容量系统中的两相短路电流，可在已知三相短路电流后直接利用式(2-73)求得。

3）单相短路电流的计算

在大接地电流系统或三相四线制系统中发生单相短路时，根据对称分量法可求得其单相短路电流为

$$I_k^{(1)} = \frac{3U_P}{Z_{1\Sigma} + Z_{2\Sigma} + Z_{0\Sigma}} \tag{2-74}$$

式中　　U_P——电源相电压；
$Z_{1\Sigma}$，$Z_{2\Sigma}$，$Z_{0\Sigma}$——单相短路回路的正序、负序和零序阻抗。

在工程设计中，可利用下式计算单相短路电流

即

$$I_k^{(1)} = \frac{U_P}{|Z_{P-0}|} \tag{2-75}$$

式中，$|Z_{P-0}|$为单相短路回路的阻抗，可查有关手册。或按下式计算

$$|Z_{P-0}| = \sqrt{(R_T - R_{P-0})^2 + (X_T - X_{P-0})^2} \tag{2-76}$$

式中，R_T，X_T分别为变压器单相的等效电阻和电抗；R_{P-0}、X_{P-0}分别为相线与N线或与PE或PEN线的回路（短路回路）的电阻和电抗，包括回路中低压断路器过流线圈的阻抗、开关触头的接触电阻及电流互感器一次绕组的阻抗等，可查有关手册或产品样本。

单相短路电流与三相短路电流的关系如下。

在远离发电机的用户变电所低压侧发生单相短路时，$Z_{1\Sigma} \approx Z_{2\Sigma}$，因此由式（2-74）得单相短路电流

$$I_k^{(1)} = \frac{3U_P}{2Z_{1\Sigma} + Z_{0\Sigma}} \tag{2-77}$$

而三相短路时，三相短路电流为

$$I_k^{(1)} = \frac{U_P}{Z_{1\Sigma}} \tag{2-78}$$

因此

$$\frac{I_k^{(1)}}{I_k^{(3)}} = \frac{3}{2 + \dfrac{Z_{0\Sigma}}{Z_{1\Sigma}}} \tag{2-79}$$

一般远离发电机处发生短路时，$Z_{0\Sigma} > Z_{1\Sigma}$

因此

$$I_k^{(1)} < I_k^{(3)} \tag{2-80}$$

由式(2-67)和式(2-74)可知，在无限大容量系统中或远离发电机处发生短路时，两相短路电流和单相短路电流都比三相短路电流小。因此应采用三相短路电流选择电气设备和导体的短路稳定度校验，用两相短路电流校验相间短路保护的灵敏度，用单相短路电流校验单相短路保护的整定及单相短路热稳定度。

(4) 短路电流的效应及稳定度校验

当供电系统发生短路时，其短路电流很大。如此大的短路电流通过电气设备的载流部分时，一方面要产生很大的电动力，即动力效应；另一方面要产生很高的温度，即热效应。这两类短路效应，对电器和导体的安全运行产生很大的威胁，电气设备及其绝缘可能因短路电流的效应而被损坏。为了正确地选择和校验电气设备及载流导体，保证工作的可靠性，必须对它们所受的电动力和发热温升进行计算。

1) 短路电流的电动效应及动稳定度校验

① 短路电流的电动效应　当供电系统短路时，短路电流特别是冲击电流使相邻导体之间产生很大的电动力，其电动力F根据电工原理可知

$$F = W_0 i_1 i_2 \frac{l}{2Ta} \tag{2-81}$$

式中　i_1，i_2——导体上通过的电流；
　　　l——导体两相邻支持点间的距离，即档距；

a——两导体轴线间的距离;

W_0——真空和空气的磁导率,$W_0=4T\times10^{-7}\text{N}/\text{A}^2$

当两相短路时,两根导体上同时通过冲击短路电流 $i_{sh}^{(2)}$;当三相短路时,三根导体中只有一相能达到冲击值,但三相冲击短路电流为两相冲击短路电流的 $2/\sqrt{3}$ 倍,即 $i_{sh}^{(3)}=2i_k^{(2)}/\sqrt{3}$,两者相比,可以证明,三相短路时中间相受力最大,其计算式为

$$F^{(3)}=\sqrt{3}(i_{sh}^{(3)})^2\frac{l}{a}\times 10^{-7} \tag{2-82}$$

由于三相短路时,其中间相所受到的电动力比两相短路时大,因此校验电器和载流部分的动稳定度,一般采用三相短路冲击电流。所谓动稳定度,是指在三相短路冲击电流产生的电动力作用下,其机械强度没有遭到破坏。

② 短路动稳定度的校验　对于一般电气设备产品,通常制造厂家都提供了该设备满足动稳定条件的电流峰值 i_{max},或是动稳定的倍数 K_d(满足动稳定条件的电流是额定电流峰值的倍数)。校验时要求最大三相冲击短路电流 $i_{sh}^{(3)}$ 不得超过此值,即

$$i_{max}\geqslant i_{sh}^{(3)} \quad \text{或} \quad I_{max}\geqslant I_{sh}^{(3)} \tag{2-83}$$

其他电气设备、母线、绝缘子等的动稳定度校验条件,可查阅有关书籍或手册。

2) 短路电流的热效应及热稳定度校验

① 短路电流的热效应　导体通过电流会发热,使导体温度升高,与周围介质间有温差而向周围散热。当导体产生的热量和向周围介质散失的热相等时,导体处于热平衡,维持一定的温度值。导体通过负荷电流和短路电流时的温度变化曲线,如图 2-45 所示。正常工作时,过负荷电流 I_L,温度为 θ_L,在 t_1 时刻发生短路,t_2 保护装置动作,$t_1\to t_2$ 时间(短路时间 t_k)内,由于短路电流很大,温度温度急骤上升(短路时间很短,可认为是一个绝热过程),在短路被切除时刻,导体温度最高,短路切除后,导体温度逐渐下降至环境温度 θ_0。

② 短路热稳定度的校验　当系统发生短路时,为了使绝缘不致遭到破坏,以及导体不发生任何退火现象或变形,必须进行热稳定校验。

a. 一般电气设备热稳定度的校验的条件

$$I_t^2 t\geqslant (I_\infty^{(3)})^2 t_{ima}$$

式中　I_t——热稳定电流(产品手册上给定);

t——热稳定时间(产品手册上给定);

t_{ima}——短路电流热效应的"假想时间"。

所谓"假想时间",即导体通过稳态短路电流 I_∞ 经过一个假想时间所产生的热量。恰好等于导体通过实际的短路电流 i_k 在短路时 t_k 内的发热量。

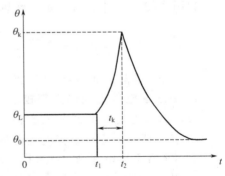

图 2-45　短路前后导体的温度变化

在无限大容量系统中,可取

$$t_{ima}=t_k+0.05(s) \tag{2-84}$$

若短路时间超过 1s,可取 $t_{ima}=t_k$,短路时间 t_k 为继电保护整定的动作时间 t_{op} 和断路器的断路时间 t_{oc} 之和,即

$$t_k=t_{op}+t_{oc} \tag{2-85}$$

对于一般低速断路器断路时间可取 0.2s;对于高速断路器,断路时间是可取为 0.1s。

b. 检验导体热稳定的条件　短路后导体所达到的最高温度 θ_k 不能超过导体短路时最高的允许温度,即

$$\theta_{k.max}\geqslant \theta_k \tag{2-86}$$

导体在正常运行时和短路时的最高允许温度列于表2-13中。由于短路时间是短暂的，所以导体短路允许的最高温度比正常运行时允许的最高温度高得多。

表2-13 导体正常和短路时的最高允许温度及热稳定系数

导体种类和材料	最高允许温度/℃		热稳定系数 $C/(\sqrt{s} \cdot mm^2)$
	额定负荷时	短路时	
母线或绞线（铜）	70	300	171
母线或绞线（铝）	70	200	87
500V橡胶绝缘导线和电力电缆（铜芯）	65	150	131
500V聚氯乙烯绝缘导线和1～6kV电力电缆（铜芯）	70	160	115
1～10kV交联聚乙烯绝缘电力电缆、乙丙橡胶电力电缆（铜芯）	90	250	143

由于确定 θ_k 比较麻烦，因此可根据短路热稳定度的要求确定其最小截面积，即

$$A_{\min} \geqslant I_\infty \frac{\sqrt{t_{\text{ima}}}}{C} \tag{2-87}$$

式中 $A_{\min}$——满足热稳定度的最小允许截面，mm^2；

C——导体和热稳定系数，由导体短路时最高允许温度和导体材料所决定，见表2-12。

【例2-7】 试校验［例2-5］所示工厂变电所380V侧LMY母线的短路热稳定度。已知此母线的短路保护实际动作时间为0.8s，低压断路器的断路时间为0.2s。该母线截面 $A=100\times10mm^2$，正常运行时最高温度为55℃。

解 $t_{\text{ima}} = t_k + 0.05$ (s) $= 0.8 + 0.2 + 0.05 = 1.05s$

由［例2-3］可知 $I_\infty^{(3)} = 24.46kA$

利用式(2-86)求母线满足短路热稳定度的最小允许截面

$$A_{\min} = I_\infty \frac{\sqrt{t_{\text{ima}}}}{C} = 24.46 \times 10^3 \times \frac{\sqrt{1.05}}{87} = 288mm^2$$

由于母线实际截面 $A = 100 \times 10 mm^2 > A_{\min}$，因此该母线满足短路热稳定度要求。

3. 高压配电装置的选择与校验

(1) 选择电气设备的一般条件

1) 按正常工作条件选择电气设备

所谓正常工作条件是指电气设备的电压、电流、工作环境等。

① 电压　电气设备的最高允许工作电压（一般可高于铭牌所标明的额定电压10%～15%的情况下安全运行）应大于或等于实际工作电压。

② 电流　电气设备的额定电流要大于或等于通过电气设备的实际最大工作电流（要考虑可能出现的过载情况）。由于额定电流是在一定的周围空气温度 θ_0 下确定的，如果电气设备或载流导体所处的周围环境温度高于 θ_0 时，应进行修正。

③ 工作环境　在选择电器时还要考虑电器安装地点的环境条件，如当地温度、海拔高度、污秽程度等，此外还应考虑防腐、防爆、防火、防尘等要求。

2) 按短路情况进行校验

在选择有可能通过短路电流的电气设备时，必须校验短路电流的动稳定和热稳定，以保证系统发生短路时不致损坏。在进行短路校验时，必须计算该电器所承受的最大可能短路冲击电流（i_{sh}）所产生的电动力和可能通过的最大短路电流所产生的热量（$I_\infty^2 t_{\text{ima}}$）均不得超过允许值。

（2）高压断路器、高压隔离开关、高压负荷开关的选择与校验

高压断路器、隔离开关及负荷开关选择的条件基本相同。所选设备的参数应满足：

① 额定电压大于等于安装地点电网的额定电压，额定电流大于等于长期通过的最大负荷电流；

② 动稳定电流大于等于最大三相短路冲击电流；

③ 工作场所是户内式或是户外式；

④ 允许的 t 秒热稳定电流发热量 $I_t^2 t$，大于等于最大三相短路电流在短路时间的发热量 $I_\infty^2 t_{\text{ima}}$。

（3）熔断器的选择与校验

因为熔断器在动作时不需要保持动、热稳定，因此，选择熔断器时只需满足正常工作条件和分断能力的要求。

1）满足工作电压的要求

① 熔断器的额定电压应不低于被保护线路的额定电压；

② 熔断器最高工作电压大于等于熔断器装设处的最高工作电压。

2）满足工作电流的要求

熔断器有熔体额定电流和熔断器额定电流之分，选择熔断器时需要对两个电流进行选择。

① 熔体的额定电流 $I_{\text{N.FE}}$ 应不小于线路的计算电流 I_{30}，即 $I_{\text{N.FE}} \geqslant I_{30}$。

② 熔体的额定电流 $I_{\text{N.FE}}$ 还应躲过线路的尖峰电流 I_{PK}，即 $I_{\text{N.FE}} \geqslant K I_{\text{PK}}$（$K$ 为小于 1 的计算系数，与熔断器的特性、电动机的启动性能等有关）。

③ 应与被保护线路配合（防止线路过热起燃而熔断器不断的事故），即 $I_{\text{N.FE}} \leqslant K_{\text{OL}} I_{\text{al}}$（$I_{\text{al}}$ 为导线的允许载流量，K_{OL} 为导线允许短时过负荷倍数）。

④ 熔断器的额定电流应不小于它所装熔体的额定电流。

3）熔断器类型应符合安装条件及工作环境的要求。

4）满足分断能力的要求

熔断器有限流式熔断器和非限流式熔断器之分，在选择一般非限流式熔断器时，采用最大短路冲击电流的有效值（$I_{\text{sh}}^{(3)}$）校验；选择限流式熔断器时，则采用三相短路电流有效值（$I_{\text{k}}^{(3)}$）校验。

保护电压互感器的高压熔断器，只需按工作电压与断流能力两项进行选择。

（4）互感器的选择与校验

1）电流互感器的选择与校验

电流互感器应能长期在系统中正常运行，并能保证满足准确度的要求，同时能承受短时短路电流的作用。

① 额定电压大于等于安装地点电网的额定电压；

② 一次侧额定电流大于等于长期通过的最大负荷电流；

③ 满足准确度等级的要求　电流互感器一次侧为额定电流时，应使二次侧仪表的指示在仪表盘的 1/2～2/3 左右；二次侧所接仪表越多，准确度就越差。因此，二次侧负荷应满足以下条件

$$S_2 \leqslant S_{\text{N2}} \tag{2-88}$$

式中　S_2——电流互感器二次侧负荷；

S_{N2}——电流互感器二次侧与某一准确度等级对应的额定负荷。

根据负载要求，选择有功功率测量一般为 0.5 级，过流保护一般为 3 级，差动保护一般为 D 级。

④ 动稳定校验 与开关电器相同，动稳定度应满足的条件为 $i_{\max} \geq i_{\text{sh}}^{(3)}$。

⑤ 热稳定校验 允许的 t 秒热稳定电流发热量 $I_t^3 t$，大于等于最大三相或两相短路电流在短路时间的发热量 $I_\infty^2 t_{\text{ima}}$。

⑥ 选二次侧连接导线截面 作出电流互感器所接负载的三相电路，应根据电路图确定每相负载所串联的总电阻（包括仪表、继电器电流线圈的电阻、接触电阻和连接导线的电阻），要求其中最大的一相电阻不超过所选准确级的允许电阻（仪表、继电器电流线圈的电阻，可在有关产品手册中查出，接触电阻取 0.1Ω）。

连接导线截面 A 的确定方法是：根据所确定准确级允许的电阻 R_X，选负载最大一相的总电阻 R_Σ，即是连接导线允许的最大电阻，应大于连接导线的电阻 R。

$$R=\frac{L_c}{\gamma A}<R_X-R_\Sigma$$

$$A>\frac{L_c}{\gamma(R_X-R_\Sigma)} \tag{2-89}$$

式中 γ——电导系数，m/$\Omega \cdot$ mm^2；

L_c——导线的计算长度。

2) 电压互感器的选择

电压互感器的选择应按额定电压、安装地点和使用条件、二次负荷及准确度等级等要求来选择。

① 一次回路的额定电压大于等于安装地点电网的额定电压；

② 满足工作场所的要求（油浸式或浇注式）；

③ 满足准确度等级的要求。电压互感器准确度等级应大于等于所需仪表和继电器保护装置的准确度等级。一般用于有功、无功电度计量要选 0.5 级，用于测量仪表和功率方向继电器应选 1.0 级，用于估计被测数值的仪表和一般电压继电器应选 3 级；

④ 二次额定容量选择。所接测量仪表和继电器的总负荷 S_2，应小于所要求准确级下的额定容量 S_{2N}。

$$S_2=\sqrt{(\sum P)^2+(\sum Q)^2}<S_{N2} \tag{2-90}$$

式中 $\sum P$——各仪表、继电器消耗的有功功率之和；

$\sum Q$——各仪表、继电器消耗的无功功率之和。

在各仪表、继电器的功率因数相近的情况下，为简化计算，也可将各仪表的视在功率的伏安数直接相加得出 S_2 的近似值。

由于电压互感器是并联接入电路，不会承受一次电路上通过的短路电流，因此不需要校验动稳定度和热稳定度。

表 2-14 列出了部分高压配电装置的选择校验项目，供参考。

4. 电力变压器的选择

(1) 变压器台数的确定

变电所主变压器的确定对投资的影响很大。变压器台数多，需要较多的开关设备，接线复杂，投资大；若只用一台变压器，又不利于安全、可靠、备用和经济运行。因此，选择变压器的台数时，应遵循保证供电可靠性、经济性、接线简单、考虑发展、留的余地的原则。主要考虑以下几点：

表 2-14 高压配电装置的选择与校验项目和条件

	电压/kV	电流/A	断流能力/kA 或 MV·A	短路电流校验 动稳定度	短路电流校验 热稳定度
高压隔离开关	√	√	—	√	√
高压负荷开关	√	√	√	√	√
高压断路器	√	√	√	√	√
高压熔断器	√	√	√	—	—
电流互感器	√	√	—	√	√
电压互感器	√	—	—	—	—
选择校验的条件	设备的额定电压应不小于安装地点的额定电压	设备的额定电流应不小于通过设备的计算电流	设备的最大开断电流应不小于它可能开断的最大电流	$i_{max} \geq i_{sh}^{(3)}$	$I_t^2 t \geq I_\infty^{(3)2} t_{ima}$

注：表中"√"表示必须校验，"—"表示不必校验。

① 对于无特殊供电要求的三级负荷，应尽量装设一台变压器，但对于一些负荷较集中的变电所也可采用两台变压器，以降低单台变压器的容量；

② 对于有大量一、二级负荷的变电所，宜选用两台变压器。以便当一台变压器故障或检修时，另一台变压器能对一、二级负荷供电，提高供电的可靠性；

③ 对于季节或昼夜负荷变动较大的变电所，也可考虑采用两台变压器。负荷高峰时两台变压器并列运行，而在低负荷时，一台变压器运行，实现变压器的经济运行。

（2）变压器容量的选择

选择变压器容量时，不仅要满足正常运行负荷的要求，还要合理地选择备用容量。

1）只装一台变压器的变电所

主变压器的额定容量 $S_{N \cdot T}$ 应满足全部用电设备总计算负荷的需要，即

$$S_{N \cdot T} \geq S_{30} \tag{2-91}$$

2）装有两台主变压器的变电所

每台变压器的额定容量 $S_{N \cdot T}$ 应同时满足以下两个条件。

① 任一台变压器单独运行时，应满足总计算负荷 S_{30} 的 60%～70% 的需要。即

$$S_{N \cdot T} \approx 0.7 S_{30} \tag{2-92}$$

② 任一台变压器单独运行时，应满足全部一、二级负荷的需要，即

$$S_{N \cdot T} \geq S_{30(\text{I}+\text{II})} \tag{2-93}$$

3）车间变电所主变压器的单台容量，一般不宜大于 1250kV·A。

【例 2-8】 某 10/0.4kV 变电所，总计算负荷为 1400kV·A，其中一、二级负荷为 730kV·A。试选择其主变压器的台数和容量。

解 由于变电所具有一、二级负荷，因此，宜选用两台主变压器。

$$S_{N \cdot T} \approx 0.7 S_{30} = 0.7 \times 1400 = 980 \text{kV} \cdot \text{A}$$

且

$$S_{N \cdot T} \geq S_{30(\text{I}+\text{II})} = 730 \text{kV} \cdot \text{A}$$

初步确定每台主变压器的容量为 1000kV·A。

（3）变压器的过负荷能力

由于变压器的负荷是变动的，在多数时间是欠负荷运行，因此必要时可以适当过负荷。

正常过负荷是不会影响变压器的使用寿命的。对于油浸式变压器，户外变压器可过负荷30％，户外变压器可过负荷20％。但是干式变压器一般不考虑过负荷，而事故过负荷是以牺牲变压器的寿命为代价的。

（4）变压器的经济运行

变压器经济运行是指在传输电量相同的条件下，通过择优选取最佳运行方式和调整负载，使变压器电能损失最低。换言之，经济运行就是充分发挥变压器效能，合理地选择运行方式，从而降低用电单耗。所以，变压器经济运行无需投资，只要加强供、用电科学管理，即可达到节电和提高功率因数的目的。

【任务实施】

（1）实施地点

教室、电机实训室。

（2）实施所需器材

① 多媒体设备；

② 两种中压柜型的6～10kV变配电所接线图，见图2-46和图2-47。

（3）实施内容与步骤

① 学生分组。4人左右一组，指定组长。工作始终各组人员尽量固定。

② 教师布置工作任务。学生阅读工作任务书，了解工作内容，明确工作目标，制定实施方案。

③ 教师通过图片、实物或多媒体分析演示让学生了解高压配电装置的选用原则和方法。

④ 学生根据给定图纸内容选用主要的高压配电设备，并将内容填在给定的中压常用开关柜排列图纸中，可参考图2-48和图2-49。

a. 分组讨论图纸所给内容，根据图纸内容制定相应的设计方案。

b. 认真写出所选设备的依据，并将计算过程完整写下来。

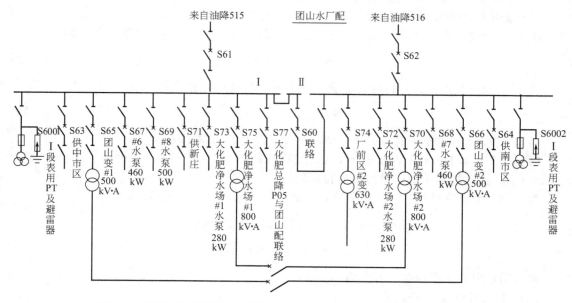

图2-46　固定式高压开关柜系统图（供各生活区的负荷一律暂定为400A）

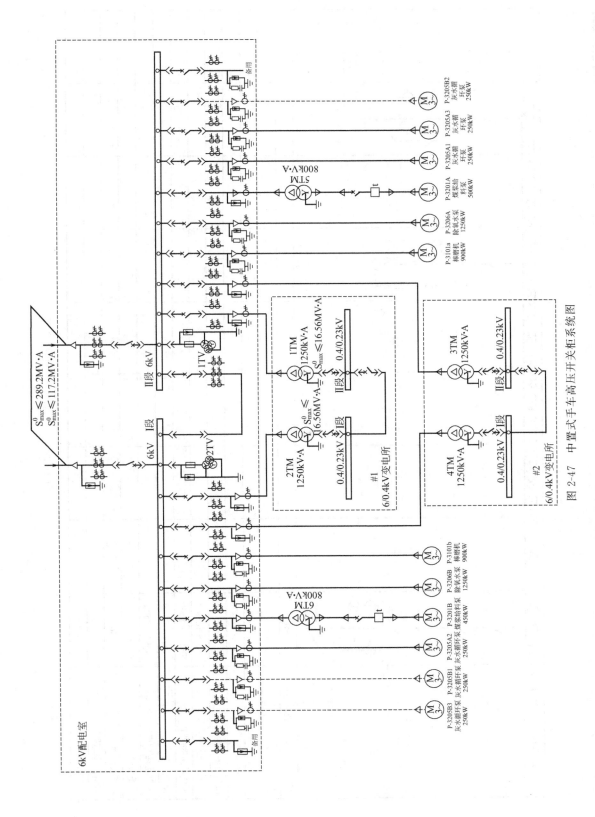

图 2-47 中置式手车高压开关柜系统图

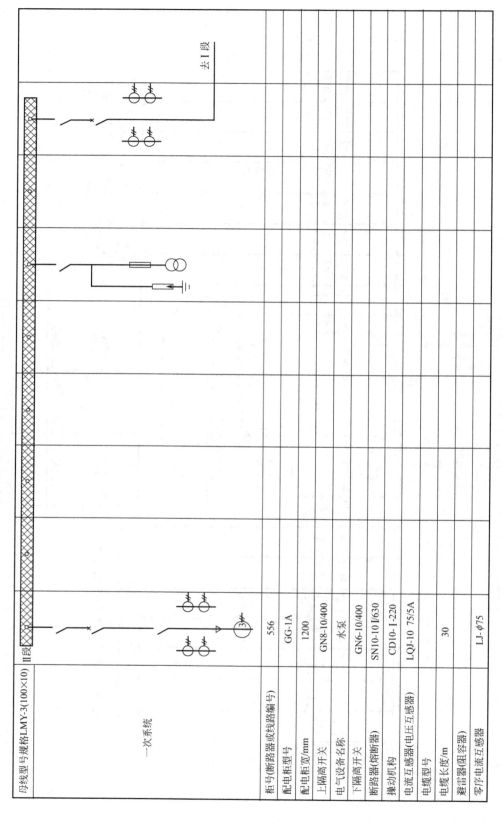

图 2-48 固定式高压开关柜排列图

母线型号规格 TMY-3(100×10)	?段 6kV								?段 6kV
上接第1张									
一次系统 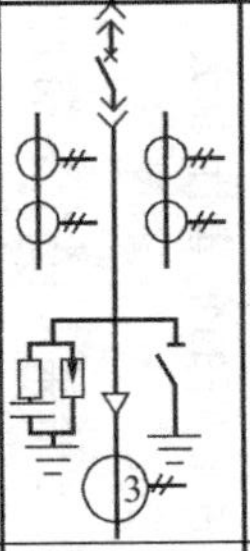		○	○	○	○	○	○	○	○
平面图上配电柜编号	118AH								
配电柜型号 方案编号									
配电柜宽/mm	800								
配电柜用途或用电设备名称									
电气设备名称	型号	规格	数量	规格	数量	规格	数量	规格	数量	规格	数量	规格	数量	规格	数量	规格	数量
真空断路器	WEP12T 31.5kA								
电流互感器	LZZQB8-10A								
高压熔断器	RN2-6								
	RN3-6/50								
电压互感器	JDZX8-6,JH 0.5/6P								
	JDZR8-6A								
过电压保护器	HY-LJK								
零序电流互感器	JN2-10								
接地开关									
带电显示器	DXN6-6Q/T								
温湿度控制器	NYD-ZK-JT								
空间加热器	JRM-150								
综合保护器	WDZ-400								
用电设备	工艺位号								
	型号								
	容量								
一次接线图号及端子排图号									
馈电电缆型号规格									
馈电电缆编号									
备注									

图 2-49 中置式高压开关柜排列图

任务 2.2 高/压/配/电/装/置/选/择/与/校/验

学习小结

本任务的核心是了解负荷曲线的基本概念、类别及有关物理量，会进行负荷的计算和短路电流的计算。最终目的是能对常用高压配电设备进行选择。通过本任务的学习和实践，学生应能理解以下要点。

1. 负荷曲线是表征电力负荷随时间变动情况的一种图形。按照时间单位的不同，可画成日负荷曲线和年负荷曲线。与负荷曲线有关的物理量有年最大负荷、年最大负荷利用小时、计算负荷、平均负荷和负荷系数等。

2. 确定负荷计算的方法有需要系数法、二项式法。需要系数法适用于求多组三相用电设备的计算负荷；二项式法适用于确定设备台数较少而容量差别悬殊的分支干线的计算负荷。

3. 在三相电力系统中，短路的基本形式有三相短路、两相短路、单相短路和两相接地短路。单相短路出现的可能性最大，而三相短路的危害性最大。短路电流的计算方法，有欧姆法和标幺制法。

4. 电气设备选择的基本原则是"按正常工作条件选择，按短路条件进行校验"。

5. 通过计算全厂负荷，并根据全厂负荷的性质，确定全厂电力变压器的容量和台数。

自我评估

1. 什么叫负荷？什么叫负荷曲线？

2. 工厂的用电设备工作制可分分几类？举例说明。

3. 工厂的用电设备组的计算负荷有哪些方法？各适用于什么场合？

4. 已知某化工厂机修车间的金属切削机床组，拥有电压为380V的三相电动机，7.5kW、3台，4kW、8台，3kW、17台，1.5kW、10台，试求该干线上的计算负荷。

5. 有一380V线路，供给机修车间的冷加工机床电动机容量共150kW，行车容量5.1kW（$\varepsilon_N=15\%$）通风机容量7kW。试用需要系数法确定380V线路的计算负荷 P_{30}、Q_{30}、I_{30}。（机修车间的 $K_a=0.50$ $\cos\varphi=0.5$ $\tan\varphi=1.73$）

6. 某降压变电所，装设一台10/0.4kV的低损耗变压器。已求出变电所低压侧有功计算负荷为810kW，无功计算负荷为1095kvar。试求变压器高压侧的有功、无功及视在功率的计算负荷（保留一位小数）？

7. 什么是短路？短路的后果是什么？

8. 短路有哪几种形式？哪种短路出现的可能性最大？哪种短路的危害性最大？

9. 计算短路电流的方法有哪些？短路电流有哪些效应？

10. 有一地区变电所通过一条长4km的6kV电缆线路供电给某厂一个装有两台并列运行 SL7-800 型（$U_K\%=4.5$）主变压器的变电所。地区变电站出口断路器的断流容量为300MV·A。试用欧姆法和标幺制法求该厂变电所6kV高压侧和380V低压侧的短路电流 $I_\infty^{(3)}$、$I_k^{(3)}$、$i_{sh}^{(3)}$、$I_{sh}^{(3)}$ 及短路容量 $S_k^{(3)}$。

11. 高压电气设备选择的基本要求是什么？

12. 如何选择电流互感器？

13. 如何选择高压熔断器？

14. 一工厂变电所高压进线电压10kV，计算电流为46A，进线断路器安装地点过流保护动作时间为0.5s，流过该断路器安装地点最大三相短路电流为2kA，欲选用SN10-10I/630-300型高压断路器，试判断能不能满足要求？（其参数见表2-15）

表 2-15　SN10-10I/630-300 型参数

额定电压/kV	额定电流/A	断路容量/MV·A	开断电流/kA	极限通过电流峰值/kA	热稳定电流有效值/kA	固有分闸时间/s	固有合闸时间/s
10	630	300	16	40	16(2S)	0.06	0.2

15. 怎样合理地确定变压器的台数和容量？

16. 选择题

(1) 负荷曲线主要用来分析（　　）的。
　　A. 负荷变动规律　B. 负荷的大小　C. 损耗　D. 负荷消耗的电量

(2) 单台用电设备的计算负荷常按（　　）确定。
　　A. 设备的额定容量　　　　B. 用电设备半小时的平均负荷
　　C. 用电设备一小时的最大负荷　D. 用电设备的两倍额定负荷

(3) 选择断路器遮断容量应根据安装处的（　　）来决定。
　　A. 变压器的容量　B. 最大负荷　C. 最大三相短路电流　D. 最高电压

(4) 断路器选择原则是（　　）。
　　A. 按照正常工作情况选择，不必进行效验
　　B. 只要满足短路要求
　　C. 按照正常工作情况选择，按照短路情况效验
　　D. 按照短路情况选择，按照短路情况效验

(5) 选择高压断路器应从（　　）方面因素考虑。
　　A. 动稳定　　B. 热稳定　　C. 动作时间不必考虑　　D. 操作方式

(6) 高压隔离开关动稳定的效验条件是隔离开关动稳定电流 $i_{F.sh}$（　　）线路三相短路产生的冲击电流 i_{sh}。
　　A. 大于等于　　B. 小于　　C. 不大于　　D. 等于

(7) 高压隔离开关热稳定的效验条件是隔离开关允许发热量 $I_h^2 t$（　　）线路三相短路期内短路电流发热量 $I_\infty^2 t_{eq}$。
　　A. 等于　　B. 大于等于　　C. 小于　　D. 不大于

(8) 确定全厂总计算负荷可按下述（　　）方法确定。
　　A. 全厂用电设备总容量乘以全厂需要系数
　　B. 工厂全年生产量乘以单位产品耗电量
　　C. 总降压变电所引出线的计算负荷
　　D. 总降压变电所低压母线上的计算负荷加上总降压变压器的功率损耗

(9) 在进行短路计算时，若任一物理量都采用实际值与基准值的比值来进行计算，那么这种方法称之为（　　）。
　　A. 欧姆法　　B. 短路容量法　　C. 标幺值法　　D. 对比法

(10) U_N 为变压器额定线电压，S_N 为变压器额定容量，$U_K\%$ 为变压器短路电压百分比，对于大容量变压器，$X_T \gg R_T$，则计算变压器的电抗应为（　　）。
　　A. $X_T = \dfrac{U_K\% U_N^2}{100 S_N}$　　　　B. $X_T = \dfrac{U_K\% U_N^2}{S_N}$
　　C. $X_T = \dfrac{U_K\% U_N^2}{\sqrt{3} S_N}$　　　　D. $X_T = \dfrac{U_K\% U_N^2}{100 \sqrt{3} S_N}$

评价标准

教师根据学生观察记录结果及提问，按表 2-16 给予评价。

表 2-16 任务 2.2 综合评价表

项目	内容	配分	考核要求	扣分标准	得分
实训态度	1. 实训的积极性 2. 安全操作规程地遵守情况 3. 纪律遵守情况 4. 完成自我评估、完成技能训练报告	30	积极参加实训,遵守安全操作规程和劳动纪律,有良好的职业道德和敬业精神;技能训练报告符合要求	违反操作规程扣 20 分;不遵守劳动纪律扣 10 分;完成自我评估、技能训练报告不符合要求扣 10 分	
中置式高压成套配电柜的操作	进行一次完整的中置式配电柜的送电程序和停电检修操作程序,记录操作过程	40	观察认真,记录完整	观察不认真扣 20 分 记录不完整扣 20 分	
工具的整理与环境清洁	1. 工具整理情况 2. 环境清洁情况	30	要求工具码放整齐,工作台周围无杂物	工具码放不整齐 1 件扣 1 分;有杂物 1 件扣 1 分	
合计		100			

注:各项配分扣完为止。

学习情境 3
工厂配电线路的敷设与导线电缆的选择

学习目标

技能目标：
1. 能通过查阅供电线路的敷设相关资料完成工厂配电线路的敷设信息的搜集任务。
2. 能与工程施工人员配合对工厂内电缆线路进行敷设工作。
3. 能根据工厂负荷选择导线和电缆的基本参数。
4. 能与工程施工人员配合对工厂内电缆线路进行巡视和检修工作。

知识目标：
1. 能说出架空线路的结构、敷设与维护的相关知识。
2. 学会低压配电线路的敷设与维护的基本知识。

任务 3.1 架空线路的敷设与维护

【任务描述】

架空线路与电缆线路相比，有成本低、投资少、易于发现故障和排除故障等优点。本任务主要是了解架空线路的结构、接线方式和架空线路的敷设方法及基本参数的选择，能根据故障现象查找故障点并进行相关处理，协助工程人员完成对工厂架空线路的敷设。

【任务目标】

技能目标：
1. 能协助完成工厂架空线路的敷设。
2. 能初步判断线路的一般故障点。

知识目标：
1. 能说出架空线路的结构和敷设原则。
2. 能掌握工厂架空线路的一般接线原理；

【知识准备】

1. 工厂电力线路及接线方式

工厂电力线路承担着输送和分配电能的重要任务。电力线路按电压高低分为高压线路（1kV 以上）和低压线路（1kV 及以下）。按供电方式可分为单端供电线路、两端供电线路和环形供电线路。按线路结构形式可分为架空线路、电缆线路和户内配电线路等。工厂厂区电力线路应力求简单、可靠、安全、低损耗，且需合理选择线路的接线方式。

（1）高压线路的接线方式

工厂高压线路的接线方式有：放射式、树干式和环形等基本形式。

① 放射式供电线路　放射式供电线路［图 3-1(a)］的特点是配电母线上的每条出线之间互不影响，其供电可靠性较高。即发生故障时影响范围小，继电保护装置简单且易于整定，基本操作灵活方便，便于实现自动化。但高压开关用得较多，有色金属耗量大，投资大，且在线路或开关设备发生故障或检修时，该线路上的负荷都要停电，此接线方式适用于容量较大、位置较分散的负荷供电，在中压和低压系统中较常见。

② 树干式供电线路　树干式供电线路［图 3-1(b)］就是一条配电线路沿厂区走线（称干线），在干线上接多个用户，即一条干线向多个用户供电。该接线的特点是出线少，节约有色金属，投资小，但供电可靠性差。当干线或开关设备故障或检修时，所有用户全部停电，停电范围大。若干线中某一用户故障且该用户保护装置拒动，也可能引起干线停电。为提高供电的可靠性，可采用双干线供电。如图 3-2 所示。

③ 环形供电线路　环形供电线路［图 3-1(c)］实质上是树干式的另一种形式。在城市供配电中广泛采用。此接线方式一般采用"开口"运行方式，即在环路上有一处开关是断开的。当线路发生故障时，只需经过短时停电"倒闸操作"，断开故障点两侧的开关，合上原"开口"处的开关，即可恢复供电，提高了供电的可靠性。

以上三种供电线路的接线方式，各有特点。工厂的高压配电线路往往是几种接线方式的

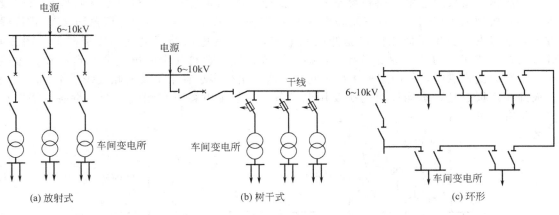

图 3-1 高压线路的接线方式

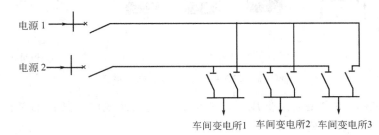

图 3-2 双干线式供电线路

组合,视具体情况而定。对于大中型工厂,在强调供电可靠性时,重要车间及重要设备可优先考虑采用放射式,而对于辅助生产区和生活住宅区可考虑采用树干式或环形接线方式,这样比较经济。

(2) 低压线路的接线方式

工厂低压配电线路也有放射式、树干式和环形等接线方式,如图 3-3 所示。各种接线方式的特点与高压线路的接线方式类似。

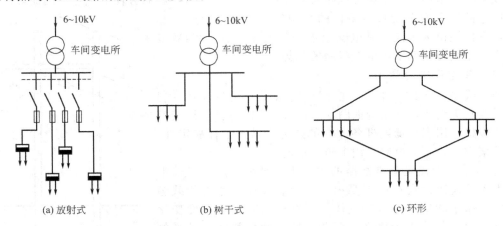

图 3-3 低压线路的接线方式

低压放射式接线多用于设备容量较大、负载比较集中或对供电可靠性要求较高的设备供电。

低压树干式接线适用于设备容量不大,而分布较均匀且对供电可靠性无特殊要求的设备。如在机械加工车间、工具车间和机修车间较普遍。图3-4(a)为"变压器-干线"式接线方式,它省去了变压器低压侧整套低压配电装置,使变电所结构简化、投资降低。图3-4(b)为树干式接线的另一种变形形式,称为链式接线。它将几个配电箱或几台电动机串接在一起组成链式供电,从而避免了从车间变电所引出很多小容量干线。此接线适用于用电设备彼此相距很近且容量均较小的次要用电设备。一般配电箱不宜超过3个,设备(如电动机)不宜超过5台。

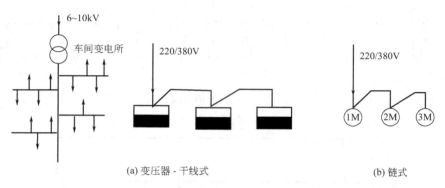

图3-4 低压树干式接线的演变形式

低压环形接线,主要是通过低压联络线的相互连接而成的,其目的是提高供电的可靠性,一般均采用"开口"运行方式。

在工厂低压配电系统中,往往采用几种方式的混合,视具体设备的工作特点、容量、自动化要求、供电可靠性而定。

总之,工厂电力线路的接线方式应力求简单。实践证明,供配电系统如果接线复杂、层次过多,则事故处理和恢复供电的操作也较麻烦,从而延长了停电时间。《供配电系统设计规范》规定:供配电系统应简单可靠,同一电压供电系统的变配电级数不宜多于两级。

2. 架空线路的敷设

架空线路是将导线悬挂在塔杆上,电缆线路是将电缆敷设在地下、水底、电缆沟、电缆桥架或电缆隧道中。由于架空线路具有经济、易施工和维护检修方便等优点,因而被广泛采用,但它的运行安全受自然条件的影响较大,且有碍交通和观瞻,现代城市为了提高供电安全水平和美化环境,35kV以下的供电系统有全部采用电缆线路的趋势。

(1)架空线路的结构

架空线路由导线、电杆、横担、绝缘子、线路金具(包括避雷线)等组成,其结构如图3-5所示。有的电杆上还装有拉线或板桩,用来平衡电杆各方向的拉力,增强电杆稳定性;也有的架空线路上架设避雷线来防止雷击。

① 导线 导线是架空线路的主要组成部分,用于传输电能。由于导线架设在空中,要承受自重、风压、冰雪荷载等机械力的作用和空气中有害气体的侵蚀,同时还受温度变化的影响,运行条件比较恶劣。因此,导线的材料应有较高的机械强度和抗腐蚀能力,且导线要有良好的导电性能。导线按结构分为单股线和多股绞线,按材质分为铝(L)、钢(G)、铜(T)、铝合金(HL)等类型。导线截面积10mm²以上的

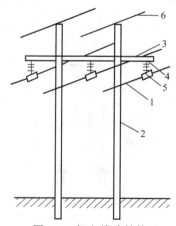

图3-5 架空线路结构
1—导线;2—杆塔;
3—横担;4—绝缘子;
5—金具;6—避雷线

导线都是多股绞合的,称为多股绞线。由于多股绞线耐机械强度较高,供电可靠性好,故架空导线多采用多股绞线。

工厂里最常用的是 LJ 型铝绞线。在机械强度要求较高的和 35kV 及以上的架空线路上,则多采用 LGJ 型钢芯铝绞线,其截面示意图如图 3-6 所示。其中的钢芯主要承受机械载荷,外围的铝线部分用于载流。钢芯铝绞线型号(如 LGJ-95)中表示的截面积($95mm^2$)就是指铝线部分的截面积。

② 电杆 电杆是用来支持或悬吊导线,使导线相互之间、导线对地面或对其他建筑物之间保持一定的安全距离,以保证供电和人身安全。对应于不同的电压等级,一般采用 0.4kV 及以下为 30~50m,6~10kV 为 40~100m,35kV 水泥杆为 100~150m,110~220kV 的铁塔为 150~400m 等。目前工厂电杆最常用的是水泥杆,因为采用水泥杆可节约大量的木材和钢材,且经久耐用,符合节约性社会的要求。

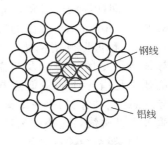

图 3-6 钢芯铝绞线截面积示意图

电杆根据所用的材料不同分为木杆、钢筋混凝土杆和铁塔等。按用途可划分为直线杆、耐张杆、转角杆、终端杆、特种杆(如分支杆、跨越杆、换位杆)等。

③ 横担 横担固定在电杆上,主要作用是固定绝缘子,并使各导线相互之间保持一定的安全距离,防止风吹或其他作用力产生摆动而造成相间短路。因此,横担要有足够的强度和长度。目前使用的主要是铁横担和瓷横担。铁横担由角钢制成。10kV 线路多采用 $63mm×6mm$ 的角钢,380V 线路多采用 $50mm×5mm$ 的角钢。铁横担的机械强度较高,应用比较广泛。瓷横担兼有横担和绝缘子的双重作用,能节约钢材并提高线路的绝缘水平,但机械强度较低,一般用于较小截面积导线的架空线路。

④ 绝缘子 绝缘子的作用是使导线之间、导线与横担、电杆之间保持足够的绝缘,应保证有足够的电气绝缘强度和机械强度,能承受各种恶劣气象条件的变化而不发生破裂。绝缘子主要有针式绝缘子和悬式绝缘子两类。

⑤ 线路金具 用于连接、固定导线或固定绝缘子、横担等的金属部件。常用的金具如图 3-7 所示,有安装针式绝缘子的直、弯角,安装蝶式绝缘子的穿芯螺栓,固定横担的 U 形抱箍,调节拉线松紧的花篮螺栓等。

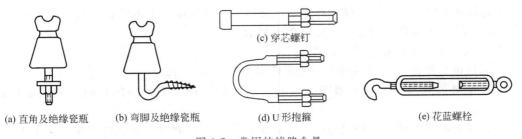

(a) 直角及绝缘瓷瓶　(b) 弯脚及绝缘瓷瓶　(c) 穿芯螺钉　(d) U 形抱箍　(e) 花蓝螺栓

图 3-7 常用的线路金具

(2) 架空线路的敷设

1) 架空线路的敷设原则

① 在施工和竣工验收中必须遵循有关的规程,保证施工质量和线路的安全。

② 合理选择路径,要求路径短、转角少、交通运输方便,与建筑物应保持一定的安全距离。

③ 按相关规程要求,必须保证架空线路与大地及其他设施在安全距离范围以内。

④ 电杆尺寸应符合下列要求。

a. 不同电压等级的线路,档距不同。

架空线路的档距是指同一线路中相邻两电杆之间的水平距离。一般380V的线路档距应保持50～60m,6～10kV的线路档距应控制在80～120m。

b. 同杆导线的线距,380V线路的线距约为0.3～0.5m,10kV线路的线距约为0.6～1m。

c. 弧垂要根据档距、导线型号与截面积、导线所承受的拉力以及气温条件等决定。导线的弧垂是指导线的最低点与档距两端电杆上的导线悬挂点之间的垂直距离,如图3-8所示。弧垂过大易碰线,过小则易造成断线或倒杆。

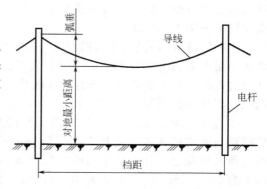

图3-8 架空线路的档距、弧垂和对地最小距离

2) 架空线路的施工

① 导线的排列方式 导线在电杆上有水平、三角形、垂直等排列方式,如图3-9所示。

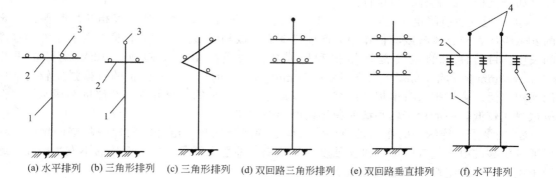

(a) 水平排列　(b) 三角形排列　(c) 三角形排列　(d) 双回路三角形排列　(e) 双回路垂直排列　(f) 水平排列

图3-9 导线在电杆上的排列方式
1—电杆;2—横担;3—导线;4—避雷线

单回线路一般采用三角形或水平排列,三角形排列较为经济。垂直排列方式的可靠性较差,特别是重冰区,当下层导线在冰层突然脱落时,易发生上下跳跃,会发生相间闪络。水平排列电杆结构比垂直排列复杂,投资成本增加。

② 导线在电杆上按相序排列的原则

a. 高压电力线路,面向负荷从左侧起依次为L1、L2、L3。

b. 低压电力线路,在同一横担架设时,导线的相序排列,面向负荷从左侧起依次为L1、N、L2、L3。

c. 有保护零线在同一横担架设时,导线的相序排列,面向负荷从左侧起依次为L1、N、L2、L3、PE。

d. 动力线照明线,在两个横担上分别架设时,动力线在上,照明线在下。

上层横担:面向负荷,从左侧起依次为L1、L2、L3。

下层横担:面向负荷从左侧起依次为L1、(L2、L3) N、PE。

3. 架空线路的维护

工厂架空线路造价低廉,施工方便,但长期在露天架设,受自然环境影响,容易发生线路故障,因此需要在运行中加强巡视和维护,提高架空线路的安全运行水平,保证供电的稳定性。

(1) 架空线路的故障原因

① 自然环境影响　架空线路露天架设，受季节变化的影响明显。在夏季潮湿、雷雨季节常会发生单相触电事故；在大雾季节会发生闪络放电事故，由于城市配电线路多装设避雷装置，所以雷击事故常在农村电网中发生，遭受雷害事故的架空绝缘线路比架空裸线多，损害情况也比较严重。原因在于架空绝缘导线常常采用半导体材料作为绝缘层，其半导体材料具有单向导电性能，在雷云对地放电的大气过电压中，很容易在绝缘导线的导体中，产生感应过电压，且很难沿绝缘导线表皮释放，容易造成雷击断线事故；在大风、大雪天气条件下容易发生倒杆或大风引起导线摆动造成短路等事故；由于导线的热胀冷缩特点，在气候炎热时导线弧垂过大，而在冬季严寒的地区，导线的弧垂又过小，易发生短路或断路事故。

② 外部因素影响　架空线路的运行安全除受自然环境影响外，还受外部因素的影响。如由车辆撞断电杆、超高车挂断导线、搭在线路上的异物（如大风时刮到线路上的带铝箔的塑料纸、高层建筑工地的废铁丝、录音带、彩条、风筝等）、铁塔的塔材金具被盗引起的倒杆断路或短路事故；空气中的粉尘、煤烟、水汽、可溶性盐类和有腐蚀性气体，会使供电线路的绝缘材料绝缘水平降低，发生短路事故；飞鸟落到线路上或在供电网周围筑巢易造成相间短路，因为鸟类在下落或起飞时翅膀展开，很容易发生相间短路，而且供电线网密集的地区也是鸟类筑巢的良好场所，筑巢的树枝、铁丝等，往往也会引起相间短路。

③ 人为因素影响　工业生产受季节的影响，使用电负荷在不同的季节里变化显著，有时为生产需要长时间超负荷运行，使供电导线的接头处过热而接触不良，或过热烧断跌落式熔断器，发生断路事故。当线路电压过低时还会烧毁用电器等等。同时线路在架设的过程中，如果使用的材料不符合工程要求，线路安装施工不符合设计要求或使用的架空线路构件常年暴露在自然环境下年久失修，导线的接头松动接触不良，当负荷过大时发生短路等。

(2) 架空线路故障点的判断

1) 故障的分类

① 按线路的力学性能可以分为倒杆和断线两类。

倒杆：由于外力作用（杆基失土、洪水冲刷或外力撞杆等）使杆塔倾倒或折断，造成供电中断的事故。倒杆是架空线路运行事故中的恶性事故。

断线：由于外力的作用致使供电导线断裂，造成断路事故。

② 按电气性能分为单相触地、双相短路、三相短路。

单相接地：配电系统中最常见的故障，多发生在潮湿多雨天气，或由于导线断裂、树枝碰线等。单相接地不仅影响正常供电，而且可能产生过电压，烧坏设备，甚至引起相间短路而扩大事故。当发生故障相不完全接地时，即通过高电阻或电弧接地，这时故障相的电压降低，非故障相的电压升高，大于相电压，但达不到线电压；如果发生故障相完全接地，则故障相的电压降到零，非故障相的电压升高到线电压，会引起非故障相绝缘的损坏。寻找和处理单相接地故障时，应作好安全措施，保证人身安全。当设备发生接地时，室内人体不得接近距故障点4m以内，室外不得接近距故障点8m以内，进入上述范围的工作人员必须穿绝缘靴，戴绝缘手套，使用专用工具。

两相短路：线路的任两根相线相互短接，称为两相短路故障。两相短路时，通过导线的电流比正常工作时高出许多倍，在放电点形成强烈的放电电弧，会烧毁导线，造成供电中断。情节严重的，还会在断路点放电时，产生高温，发生火灾。

三相短路：在供电线路中的三根相线相互短接，称为三相短路故障。三相短路是供电线路最为严重的电气事故，在工业生产中出现的概率较低。

2) 故障点的查找

不管线路出现的故障是何种原因，首先要从继电保护装置的显示上迅速对故障线路进行初步判断，了解故障的电气类型，查出事故发生的原因，特别是对可能发生的故障点的正确判断尤为关键，它是能否快速隔离故障、恢复供电的前提。

查找故障点的总原则是：先主干线，后分支线。对经巡查没有发现故障的线路，可以在断开分支线断路器后，先试送电，而后逐级查找恢复没有故障的其他线路。

① 短路故障的查找　在线路的主干线及各分支线上一般都装设断路器保护，在发生断路器跳闸的时候，首先应查看主干线分段断路器及各分支线断路器是否跳闸，而后对跳闸后的线路，对照上面讲过的可能发生的各种故障进行逐级分段查找，对于长距离的高压线路，可以通过线路上的断路器切除部分线路，对余下的部分分别试送，通过试送成功分别故障线路和非故障线路，缩小查找范围，直到查出故障点。

注意：当查出故障点后，不能认为只要对故障点进行抢修后，线路就可以恢复供电，而中止了线路的巡查，这样是非常错误的。因为当线路发生短路故障时，短路电流还要流经故障点上面的线路，所以对线路中的薄弱环节，如线路分段点、断路器T接点、引跳线，会造成冲击而引起断线，所以还应对有短路电流通过的线路全面认真巡查一遍。

② 接地故障的查找　线路永久性接地故障点（外力破坏、线路绝缘老化等）的查找，可以按照上面所讲的在确定接地故障段后，根据它可能形成的原因和各种环境因素进行查找，而对瞬时性接地故障（树木碰线单相接地、雷雨天气闪络放电等），由于在供电设备上造成的机械损伤不明显，大多是瞬时性的，则只能是对全线进行查找。

在故障巡查过程中对架空线路经过的一些特殊地段，如采石场、重污染区、沿海线路、土地开发区等要特别留意，因为人为造成的原因，如违章爆破损伤导线，违章开发破坏杆基。还有各种环境污染以及自然因素对线路形成的腐蚀，都有可能是引起线路故障的起因，有些轻微的电气故障，往往不易查找，但故障点常伴有电弧放电引起的烧伤痕迹，需要在线路故障巡查的时候，加倍小心，细心查找，不放过任何蛛丝马迹。同时在自己查找外，还要认识到有很多故障信息是来自于广大群众的积极举报，在处理线路故障的过程中，要与电力抢修服务台联系，收集一切有用的故障信息，采用询问当地居民的方法加以判定。

（3）架空线路的运行管理

为了加强电力线路的运行管理，使供电线路的运行管理标准化、科学化、现代化，保证供配电线路安全、经济、可靠运行，我国特制定了《架空线路和电缆运行管理标准》，目的是要求输电部门在线路的运行上必须认真贯彻电力生产"安全、经济、多供、少损"的方针，积极采用新技术、新设备和新的管理手段，逐步提高供配电线路设备的安全运行水平。

1) 生产计划管理

供电运行部门必须制定切实可行的生产计划，指导输电线路生产业务的开展。供电运行部门的生产计划应包括年度生产计划、月度生产计划和周工作计划。

2) 供电设备的管理

① 设备验收管理　凡新建、更改、技改、检修、预试、定检的输电设备，供电运行部门应进行设备验收。供电运行部门应严格按有关国家标准、电力行业标准的技术要求，进行设备验收。新建、更改、技改、检修、预试、定检的输电设备必须经验收合格，符合运行条件，手续完备，才可投入电网运行。

② 设备巡视管理　供电运行部门应建立、健全线路巡视检查责任制，并制定《输电线路巡视工作标准》，将巡视的内容表格化，要求巡视人员必须按照标准要求巡视设备，对设备异常状态要做到及时发现，认真分析，做好记录，提高巡视的质量，发现重大及紧急缺陷应向上级汇报。

供电运行部门应根据季节特点制定特殊巡视计划。特殊巡视分计划内和计划外特殊巡视。计划内特殊巡视是指夏季负荷高峰期间重负荷线路应进行红外测温；计划外特殊巡视是指恶劣气候、事故跳闸和设备运行中有可疑的现象时；法定节日及上级通知有重要供电任务期间。

③ 设备维护管理　设备维护的主要依据有：架空输电线路运行规程、电缆运行规程、技术标准、工作标准、设备制造厂家提出的其他维护要求和注意事项等。供电运行部门必须按设备维护工作年度计划开展设备的维护工作。线路运行人员应按照设备维护分工原则，做好日常设备维护工作。

④ 设备检测管理　供电运行部门应根据运行规程的要求，结合线路状态评价，制定年度设备检测计划。科学地制定每条线路年度瓷质绝缘子检测和防雷设施检测的检测量，使检测值能反映设备的性能或状态。

⑤ 设备预试管理　供电运行部门应按照电气设备预防性试验规程，制定年度电力电缆的预防性试验计划。严格按计划开展电气设备预防性试验计划，并按月统计预防性试验计划的完成情况。

⑥ 设备缺陷管理　供电线路设备的缺陷按其严重程度分为三大类：紧急缺陷、严重缺陷、一般缺陷。

紧急缺陷：严重影响设备出力，或威胁人身和设备安全，其严重程度已达到不能保障电力线路继续安全运行，随时可能发生事故的缺陷。

严重缺陷：缺陷比较重大，超过运行标准，对人身和设备安全有一定的影响，但设备在短期内仍可继续运行。

一般缺陷：对人身和设备无威胁，短时也不致发展成重大或紧急缺陷，在一定的时间内对线路安全运行影响不大的缺陷。

供电部门要依据现行管理办法的要求，对于有隐患但暂不具备条件处理的缺陷，要进行跟踪监测。紧急缺陷、重大缺陷应及时上报。

⑦ 设备检修、技术改造管理　根据设备检修、技术改造管理办法开展设备检修、技术改造管理工作，每年进行一次设备检修、技术改造完成情况的总结并上报上级管理部门，分析未完成的原因，为下一年度的设备检修、技改列项提供依据。

（4）架空线路的运行维护

1）一般要求

对于架空线路，一般要求每月进行一次巡视检查。如遇雷雨、大风和大雪及发生故障等特殊情况，应临时增加巡视次数。

2）巡视检查项目

① 电杆有无倾斜、变形、腐朽、损坏及基础下沉等现象。如有应设法修理。

② 沿线路的地面有无堆放易燃、易爆和强腐蚀性物品。如有应设法挪开。

③ 沿线路周围，有无危险建筑物。在雷雨季节和大风季节里，这些建筑物应不致对线路造成损坏，否则应予修缮或拆除。

④ 线路上有无树枝、风筝等杂物悬挂。如有应设法消除。

⑤ 拉线和扳桩是否完好，绑扎线是否紧固可靠。如有损坏或松动时，应设法修复或更换。

⑥ 导线的接头是否接触良好，有无过热发红、严重氧化、腐蚀或断脱现象，绝缘子有无破损和放电痕迹。如有应设法修复或更换。

⑦ 避雷装置的接地是否良好，接地线有无锈断情况。在雷雨季节到来之前，应重点检查以确保防雷安全。

⑧ 其他危及线路安全运行的异常情况。

在巡视中发现的异常情况，应记人专用记录簿内，重要情况应及时汇报上级，请示处理。

【任务实施】

（1）实施地点

教室、室外架空线路旁。

（2）实施所需器材

① 多媒体设备；

② 常用架空线路图等。

（3）实施内容与步骤

① 学生分组。3~4人一组，指定组长。工作始终各组人员尽量固定。

② 教师布置工作任务。学生阅读工作任务书，了解工作内容，明确工作目标，制定实施方案。

③ 教师通过图片让学生识别架空线路或指导学生自学。

④ 室外实际观察架空线路。

a. 分组观察架空线路，将观察结果记录在表3-1中。

表3-1 架空线路观察结果记录表

序号	路名	杆号	电压等级	导线排列顺序	导线排列方式	架空线路结构	备注
1							
2							
3							
4							

b. 注意事项

ⓐ 认真观察填写，注意记录相关数据；

ⓑ 注意安全。

学习小结

本任务的核心是电缆线路的敷设与维护，是电工必备的基本技能之一，通过本任务的学习，学生应能理会以下要点。

1. 工厂供配电线路是工厂电力系统的重要组成部分，担负着输送电能和分配电能的重要任务。工厂供配电线路按结构主要分为架空线路和电缆线路两类。工厂高低压线路的接线方式有：放射式、树干式和环形等基本形式。

2. 架空线路由导线、电杆、横担、绝缘子、线路金具（包括避雷线）等组成，有的电杆上还装有拉线或扳桩，用来平衡电杆各方向的拉力，增强电杆稳定性；也有的架空线路上架设避雷线来防止雷击。

3. 架空线路的故障原因有自然环境影响、外部因素影响、人为因素影响。

架空线路的故障按线路的力学性能可以分为倒杆和断线两类，按电气性能分为单相触地、双相短路、三相短路。

4. 架空线路查找故障点的总原则是：先主干线，后分支线。对经巡查没有发现故障的线路，可以在断开分支线断路器后，先试送电，而后逐级查找恢复没有故障的其他线路。

5. 架空线路的运行管理包括生产计划管理和供电设备的管理。供电设备的管理包含设备验收管理、设备巡视管理、设备维护管理、设备检测管理、设备预试管理、设备缺陷管理和设备检修及技术改造管理等。

6. 对于架空线路，一般要求每月进行一次巡视检查。如遇雷雨、大风和大雪及发生故障等特殊情况，应临时增加巡视次数。

自我评估

一、填空题

1. 工厂供配电线路是工厂电力系统的重要组成部分，担负着（　　）和（　　）的重要任务。
2. 工厂供配电线路按结构主要分为（　　）和（　　）两类。
3. 架空线路的档距是指同一线路中相邻两电杆之间的水平距离。一般380V的线路档距应保持（　　）m，6～10kV的线路档距应控制在（　　）m。
4. 同杆导线的线距，380V线路的线距约为（　　）m，10kV线路的线距约为（　　）m。
5. 导线在电杆上有（　　）、（　　）和垂直等排列方式。
6. 有保护零线在同一横担架设时，导线的相序排列，面向负荷从左侧起依次为（　　）。
7. 供电线路设备的缺陷按其严重程度分为（　　）、（　　）和（　　）三大类。
8. 线路的任意（　　）相互短接，称为两相短路故障。

二、简答题

1. 简述架空线路的组成和各组成部分的作用。
2. 简述架空线路的敷设原则。
3. 架空线路常见故障点有哪些？如何判断？
4. 简述导线在电杆上按相序排列的原则。

评价标准

教师根据学生观察记录结果及提问，按表3-2给予评价。

表3-2　任务3.1 综合评价表

项目	内容	配分	考核要求	扣分标准	得分
实训态度	1. 实训的积极性 2. 安全操作规程地遵守情况 3. 纪律遵守情况 4. 完成自我评估、技能训练报告	30	积极参加实训，遵守安全操作规程和劳动纪律，有良好的职业道德和敬业精神；技能训练报告符合要求	违反操作规程扣20分；不遵守劳动纪律扣10分；自我评估、技能训练报告不符合要求扣10分	
观察架空线路并记录	记录架空线路观察结果	20	观察认真，记录完整	观察不认真扣10分 记录不完整扣10分	
正确理解架空线路	根据观察架空线路的记录回答问题	40	根据学生记录提出问题	不能正确理解运行方式每处扣10分	
环境清洁	环境清洁情况	10	工作台周围无杂物	有杂物1件扣1分	
合计		100			

注：各项配分扣完为止

任务 3.2 电缆线路的敷设与维护

【任务描述】

电缆线路具有运行可靠，不易受外界影响，不碍观瞻等优点，在现代化工厂和城市中得到广泛应用。本任务主要是了解电缆线路的结构，掌握电缆线路的敷设方法，学会对一般故障点的查找，训练借助查阅相关资料判断线路种类，协助工程人员完成对工厂电缆线路的敷设。

【任务目标】

技能目标：
1. 能协助完成电缆线路的敷设。
2. 能进行电缆线路的日常维护。
3. 能对一般故障点进行初步判断。

知识目标：
1. 能说出架空线路的结构和敷设原则。
2. 能说出电缆型号中各符号的含义。

【知识准备】

1. 电缆线路的结构与敷设

（1）电缆线路的结构

电缆线路的结构主要由电缆、电缆接头和终端头、电缆支架和电缆夹等组成。具有运行可靠、不易受外界影响，美观等优点。

1）电缆

① 电缆的结构　电缆是一种特殊的导线，由线芯、绝缘层、铅包（或铝包）和保护层几个部分构成。

线芯导体一般由多股铜线或铝线绞合而成，便于弯曲同时又具有很好的导电性，线芯多采用扇形，以便减小电缆的外径。绝缘层要能将线芯导体间或线芯与大地之间良好地绝缘。保护层又分内保护层和外保护层，内保护层用来直接保护绝缘层，而外保护层用来承受在运输和敷设时的机械力，防止内保护层遭受机械损伤和外部潮气腐蚀，外保护层通常为钢丝或钢带构成的钢缆，外覆沥青、麻被或塑料护套。电缆的剖面示意图如图 3-10 所示。

② 电缆的种类　电缆的种类众多，工厂供配电线路中，常用的 1～35kV 电力电缆，主要有铠装电缆和软电缆两类。铠装电缆具有高的机械强度，但不易弯曲，主要用于向固定及半固定设备供电。软电缆轻便易弯曲，主要用于向移动设备供电。

a. 铠装电缆　铠装电缆多采用油浸纸绝缘铅（铝）包电缆和全塑铠装电力电缆两种。其中油浸纸绝缘铅（铝）包电缆时目前应用最为广泛的一种电缆。其主芯线有铜、铝之分，内保护层也有铅包和铝包的区别。铠装也分为钢带与钢丝（粗、细钢丝）铠装两种。有的还包有黄麻外保护层。塑料铠装电力电缆分为聚氯乙烯绝缘型、交联聚乙烯绝缘型、聚乙烯绝缘型等。塑料铠装电缆的优点在于绝缘电阻性能良好，并有耐水、抗腐、不延燃、制造工艺简单、重量轻、运输方便、敷设高差不受限制等，因此塑料电缆具有广泛的发展前途。

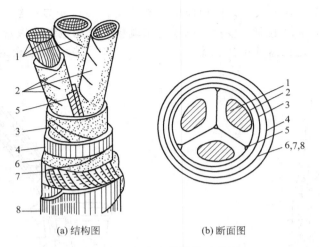

(a) 结构图　　　(b) 断面图

图 3-10　电力电缆结构示意图

1—芯线；2—芯线绝缘层；3—统包绝缘层；4—密封护套；
5—填充物；6—纸带；7—钢带内衬；8—钢带铠装

b. 软电缆　软电缆分为橡胶电缆和（无铠装）塑料电缆两种。

c. 电缆的型号　电缆的型号由 8 个部分组成。拼音字母表明电缆的用途、绝缘材料及线芯材料；数字表明电缆外保护层材料及铠装包层方式。电缆型号的字母、数字含义详见下表 3-3。

表 3-3　电力电缆型号中各符号的含义

项目	型号	含义	旧型号	项目	型号	含义	旧型号
类别	Z	油浸纸绝缘	Z	外护套	02	聚氯乙烯套	—
	V	聚氯乙烯绝缘	V		03	聚乙烯套	1,11
	YJ	交联聚乙烯绝缘	YJ		22	双刚带铠装聚氯乙烯外套	22,29
	X	橡胶绝缘	X		23	双钢带铠装聚乙烯外套	30,130
导体	L	铝芯	L		32	单细圆钢丝铠装聚氯乙烯外套	50,150
	T	铜芯（一般不注）	T		33	单细圆钢丝铠装聚乙烯外套	5,15
内护套	Q	铅包	Q		41	单粗圆钢丝铠装	
	L	铝包	L		42	单粗圆钢丝铠装聚氯乙烯外套	59,25
	V	聚氯乙烯护套	V		43	粗圆钢丝铠装纤维外被	
特征	P	滴流式	P		441	双粗圆钢丝铠装纤维外被	
	D	不滴流式	D		241	双钢第一单粗圆钢丝铠装	
	F	分相铅包式	F				
电力电缆全型号表示试图	\multicolumn{7}{l	}{ZLQ20-100-3×120　铝芯纸绝缘铅包裸钢带铠装电力电缆　额定电压(V)　线芯额定截面积(mm²)　三芯}
备注	\multicolumn{7}{l	}{表中"外护层"型号，系按国家标准 GB/T 2952—1989 规定}

2）电缆接头

电缆接头包括电缆中间的接头和电缆的终端头。

电缆终端头分户外型和户内型两种。户内型电缆终端头形式较多，常用的是铁皮漏斗型、塑料干封型和环氧树脂终端头。其中环氧树脂终端头具有工艺简单、绝缘和密封性能好、体积小、重量轻、成本低等优点，目前在施工中被广泛采用。

从工程实践中总结经验发现，电缆的接头是电力电缆线路中最为薄弱的环节，线路中的很多部分故障都是发生在接头处，因而应给予特别关注，以免发生短路故障。为确保绝缘，两段电缆的连接处应采用电缆连接盒。电缆的末端也应采用电缆终端盒与电气设备连接。图 3-11 为环氧树脂中间连接盒的结构示意图。图 3-12 为环氧树脂终端盒的结构示意图。

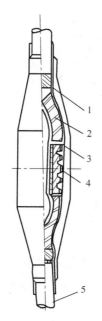

图 3-11　环氧树脂中间连接盒的结构示意图
1—统包绝缘层；2—缆芯绝缘；
3—扎锁管（管内两线芯对接）；
4—扎锁管涂包层；5—铅包

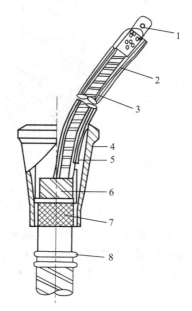

图 3-12　环氧树脂终端盒的结构示意图
1—引线接卡；2—缆芯绝缘；3—电缆线芯（外包绝缘层）；
4—预制环氧化壳（可代以铁皮模具）；5—环氧化树脂胶
（现场浇注）；6—统包绝缘；7—铅包；8—接地线卡

3）电缆支架和电缆夹

电缆支架用于支持电缆，使其相互之间保持一定的距离，便于散热、修理及维护，在短路时，避免波及邻近的电缆。

在地面电缆支架中多用钢制作，将电缆排放在支架上，并加以固定。在永久性电缆隧道中，采用电缆钩悬挂电缆。对于非永久性电缆隧道，可采用木楔或帆布袋吊挂，以便在电缆承受意外重力时，吊挂物首先损坏，电缆自由坠落免遭破坏。

在需要对电缆进行固定或承担电缆自重的地方敷设电缆时，应采用电缆夹固定，但应防止电缆被夹伤。电缆夹的形式可按敷设要求进行选择。

（2）电缆线路的敷设

1）电缆线路的敷设原则

① 电缆类型要符合所选敷设方式的要求。如选择直埋式敷设，电缆是否有铠装和防腐层保护。

② 电缆敷设前必须检查电缆表面有无损伤，并测量电缆绝缘电阻，检查是否受潮。低压电缆用 1000V 兆欧表测试绝缘电阻，合格后方可使用。检查潮气的方法，可将电缆绝缘纸点燃，如若纸的表面有泡沫并发出"嘶嘶"声，则表明此时有潮气存在，此方法即火燃法。

③ 电缆敷设的路径要严防电缆扭伤或过度弯曲，电缆的弯曲半径与电缆外径的比值不得小于表 3-4 中的倍数。

表 3-4 电缆弯曲半径与电缆外径比的规定

名　称	倍数	名　称	倍数
油浸纸绝缘多芯电缆（铝包铠装）	15	干绝缘油质铅包多芯电缆	25
油浸纸绝缘多芯电缆（铝包铠装）	30	塑料、橡胶绝缘电缆（有铠装、无铠装）	15,10
油浸纸绝缘多芯电缆（裸铅包或铝包）	20	油浸纸绝缘多芯控制电缆	10

④ 垂直或延陡坡敷设的电缆，在最高与最低点之间的最大允许高差不应超出表 3-5 中的规定值。

表 3-5 电缆最大允许高差

电压等级		铅护套/m	铝护套/m
35kV 及以下	铠装或无铠装	25	25
		20	25
干绝缘统铅包		100	—

⑤ 有黄麻保护层的电缆，敷设时在电缆沟、隧道、竖井内应将麻护层剥掉，然后涂抹防腐漆。敷设时还应避免破坏电缆沟、隧道的防水层。

⑥ 电缆通过下列地段时，应采用一定机械强度的保护措施，以防电缆受到损伤，一般用钢管保护。

a. 引入、引出建筑物、隧道，穿过楼板及墙壁处。

b. 通过道路、铁路及可能受到机械损伤的地段。

c. 从沟道或地面引至电杆、设备，墙外表面或室内人容易碰触处，从地面起，保护高度不低于 2m。

⑦ 日平均气温低于相关操作规程最低数值时，敷设前应采用提供周围温度或通过电流法使其预热，但严禁用各种明火直接烘烤，否则不易敷设。特别是在冬季施工时，电缆安装敷设的时间最好选择在无风或小风的天气里，敷设时间应尽量选择在 11：00～15：00 时进行。

⑧ 严禁在煤气管道、天然气管道及液体燃料管道的沟道中敷设电缆。

⑨ 一般不允许在热力管道的明沟或隧道中敷设电缆，特殊情况时可允许少数电缆放置于热力管道沟道的另一侧或热力管道的下面，但必须保证不致使电缆过热。

⑩ 允许在水管或通风管的明沟或隧道中敷设少量电缆，或电缆与之交叉。

⑪ 户外电缆沟的盖板应高出地面（厂区户外电缆沟盖板应低于地面 0.3m，上面铺以沙子或碎土），户内电缆沟的盖板应与地板平齐。

⑫ 电缆的金属外皮、金属电缆头及保护钢管和金属支架，均应可靠接地。

⑬ 直埋地电缆的埋地深度不得小于 0.7m，并列埋地电缆相互间的距离 10kV 电缆间不应小于 0.1m。电缆沟距建筑物基础应大于 0.6m，距电杆基础应大于 1m。

2）电缆线路的敷设方式

① 直接埋地敷设　直接埋地敷设方式通常是沿敷设路径事先挖好壕沟，在沟底辅以软土或沙层，然后把电缆埋在里面，在电缆上面再铺软土或沙层，加盖混凝土保护板，在回填土。这种方式施工简单且施工进度快，散热效果好、投资少，但后期检修维护不方便，易受机械损伤或酸性土壤的腐蚀。为防止某一段电缆受到机械损伤或土壤中酸性物质的腐蚀，常用的做法是在电缆外套一根镀锌钢管或塑料管。直接埋地敷设方式适用于电缆数量少，敷设途径较长的场合。图 3-13 为电缆直接埋地敷设示意图。

② 电缆沟敷设　电缆沟敷设是将电缆敷设在电缆沟的电缆支架上。电缆沟由砖砌成或混凝土浇筑而成，上面加盖板，内侧有电缆架。此种敷设方式投资略高，电缆沟内易产生积

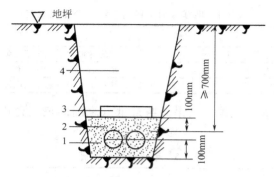

图 3-13　电缆直接埋地敷设示意图
1—电力电缆；2—沙；3—保护盖板；4—填土

水，但维护检修方便，占地面积小，因此在工程实践中采用比较广泛。图 3-14 为电缆在电缆沟内敷设示意图。

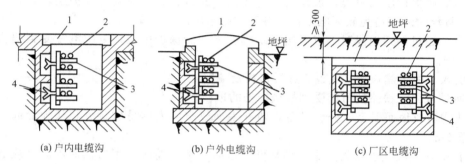

(a) 户内电缆沟　　　　(b) 户外电缆沟　　　　(c) 厂区电缆沟

图 3-14　电缆在电缆沟内敷设示意图
1—盖板；2—电缆；3—电缆支架；4—预埋铁牛

③ 电缆悬挂（吊）式敷设　电缆悬挂（吊）式敷设是用挂架悬吊，是电力电缆在室内外明敷设中以及在地下室、地下管道敷设中的常用方式之一。有架空悬吊和延墙挂架悬挂两种。电缆悬挂敷设具有结构简单、装置周期短、维护更换方便等优点。但易积累灰尘，易受周围环节影响并影响环境美观。

④ 排管敷设　排管敷设方式适用于电缆数量不多（一般不超过 12 根），与其他建筑物、公路或铁路交叉较多、路径拥挤，又不宜采用直埋或电缆沟敷设的地段。此种方式的优点是易排除故障，检修方便迅速；利用备用的管孔随时可以增设电缆而无需挖开路面。但缺点是工程费用高，散热不良且施工复杂。排管一般采用陶土管、石棉水泥管或混凝土管等，管子内部必须光滑。图 3-15 为电缆排管敷设示意图。

⑤ 电缆桥架敷设　电力电缆采用金属桥架敷设是一种新的电缆敷设方式。通常做法是电缆敷设在电缆桥架内，电缆桥架装置是由支架、盖板、支臂和线槽等组成。图 3-16 为电缆桥架敷设示意图。

电缆桥架的采用，克服了电缆沟敷设电缆时存在积水、积灰、易损坏电缆等多种不利因素，具有结构简单、安装灵活、占地空间少、投资省、建设周期短、可任意走向、便于采用全塑电缆和工厂系列化生产等等诸多优点，因此目前在国外已被广泛使用，近年来也开始在国内逐步推广。

2. 电缆线路的维护

电力电缆同架空线路一样，主要用于传输和分配电能。它具有受外界因素（如雷害、风灾等）影响小，供电可靠率高，对市容环境影响小，发生事故不易影响人身安全等优点，同

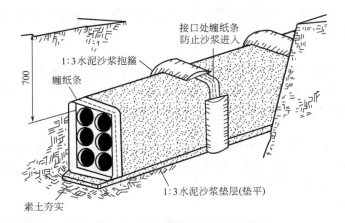

图 3-15 电缆排管敷设示意图

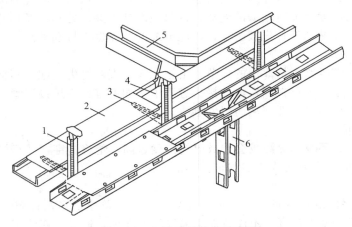

图 3-16 电缆桥架敷设示意图
1—支架；2—盖板；3—支臂；4—线槽；
5—水平分支线槽；6—垂直分支线槽

时线路对无功平衡也有一定好处。主要缺点是成本高、故障点查找困难等。

(1) 电缆线路的故障原因

电缆故障的最直接原因是绝缘降低而被击穿。导致绝缘降低的因素很多，根据实际运行经验，归纳起来有以下几种情况。

1) 外力损伤

① 外力损伤主要表现 外力事故造成的损伤危害是比较严重的，例如：直接危及现场施工人员的人身安全；给电缆系统留下隐患；降低设备的整体健康水平，危及整个供电网络的安全供电，主要表现如下。

a. 外力破坏直接导致大面积停电，引起无法估计的严重后果。

b. 外力破坏所造成的危害从时间上看，每年的用电高峰期和施工的黄金季节，正是外力事故最多的时期。外力事故的增加对这一期间的安全供电危害最为强烈，严重扰乱了电网的正常供电秩序。

② 外力事故损伤的主要原因

a. 电缆敷设安装时不规范施工，容易造成机械损伤。

b. 在直埋电缆上搞土建施工也极易将运行中的电缆损伤等。有时如果外力损伤不严重，要几个月甚至几年才会导致损伤部位彻底击穿形成故障，有时破坏严重的可能发生短路故障，直接影响用电单位的安全生产。

2）绝缘受潮

绝缘材料受潮现象很常见，一般发生在直埋或排管里的电缆接头处。比如：电缆接头制作不合格和在潮湿的气候条件下做接头，会使接头进水或混入水蒸气，时间久了在电场作用下形成水树枝，逐渐损害电缆的绝缘强度而造成故障。

3）化学腐蚀

电缆直接埋在有酸碱作用的地区，往往会造成电缆的铠装、铅皮或外护层被腐蚀，保护层因长期遭受化学腐蚀或电解腐蚀，致使保护层失效，绝缘降低，也会导致电缆故障。化工单位的电缆腐蚀情况就相当严重。

4）长期超负荷运行

长期超负荷运行，由于电流的热效应，负载电流通过电缆时必然导致导体发热，同时电缆钢铠外皮的涡流损耗、绝缘介质损耗也会产生附加热量，从而使电缆温度升高。长期超负荷运行时，过高的温度会加速绝缘的老化，以致绝缘被击穿。尤其在炎热的夏季，电缆的温升常常导致电缆绝缘薄弱处首先被击穿，因此电缆的故障也就特别多。

5）电缆接头故障

电缆接头是电缆线路中最薄弱的环节，由施工人员直接过失（施工不良）引发的电缆接头故障时常发生。施工人员在制作电缆接头过程中，如果有接头压接不紧、加热不充分等原因，都会导致电缆头绝缘降低，从而引发事故。

6）环境和温度

电缆所处的外界环境和热源也会造成电缆温度过高、绝缘击穿，甚至爆炸引发火灾。

7）电缆本身的正常老化或自然灾害等其他原因。

8）人为因素

① 电力设施保护条例不完善，施工环境复杂，施工单位众多，且施工人员素质低，水平参差不齐，施工态度不认真，不注意对电缆线路的保护，造成野蛮施工，挖坏电力电缆。

② 电缆线路运行部门运行力量不足，部分运行人员业务责任心不强，不能坚持对电力设施的巡视检查，或巡视检查不到位、遗漏现象比较普遍，根本保证不了巡视周期，才导致某些事故的发生。

③ 近年来市政改造项目多，大量的架空线路也进行入地改造工程，由于施工现场电缆改迁不够及时，各施工单位之间的配合不够密切，协调不得力，工作重点各不相同，不能很好地协调，加上改迁现场施工图纸不清、不准、不符实际情况屡屡发生，加剧了电缆的人为损坏。

④ 缺乏严厉而有效的保护措施和管理手段。目前对外力事故的处罚依然依照1998年1月7日国务院修改后的《电力设施保护条例》和1996年4月1日起开始实施的《中华人民共和国电力法》中的文件标准，对肇事单位只是收取少量的人工、材料成本费，没有其他任何有效的制裁手段。由于缺乏严厉的保护措施，无法做到对外力破坏者的事后惩罚，因而对外力事故难以控制。

（2）电缆线路故障点的查找

近年来，随着城市的发展和市政改造的需要，电缆线路越来越多地被广泛应用，因此，如何保证电缆线路的安全运行和电缆线路发生故障时，快速精确地查找到故障点，顺利排除故障，对现代供电系统的安全稳定运行起着非常重要的作用。

1）确定电缆线路故障的性质

电缆线路的故障一般为以下几类。

① 电缆芯线与芯线之间绝缘外皮破损，发生短路。
② 电缆芯线的绝缘外皮破损，发生接地。
③ 电缆的芯线发生断裂，形成断路。

2) 电缆线路查找故障点的方法

① 粗测法 粗测法是查找电缆线路故障点的过程中最重要的一个环节，分为脉冲法和闪络法。

脉冲法：脉冲法用来检测线路的低阻、开路故障。在故障电缆线路上施加一个较低的脉冲电压波，当遇到故障点或开路点时，电压波发生反射，沿原电缆路径返回到发射端，如果测出从发出波至接收到发射波的时间，就可以粗略估算出从施加电压端到发生故障点的距离。相当于发送脉冲或前次的发射脉冲，开路故障发射脉冲为同极性反射，低阻故障发射脉冲为反极性反射。

目前电力维修部门根据脉冲法的原理，常用一些脉冲测试仪器来检测发生故障的区段，如电力电缆故障测试系统、电缆故障定点仪、电缆测试高压信号发生器和电缆测试音频信号发生器等。这些仪器都是运用当前较先进的二次脉冲测试法，融合现代最新的电缆故障测距技术，运用行波理论和电弧理论，初步判断电缆的断线，低阻、高阻和闪络性故障的距离。

② 分割法 将发生故障的电缆线路分段进行故障点的查找。这种方法通常用于电缆线路敷设距离较长，中间有串联设备解除方便或电缆接头采用高压插头连接方式的场合。电缆线路分段或分区域后，可以通过分段试送电，逐一查找故障点，有利于缩小查找范围，快速锁定故障点，及时排除故障，恢复线路供电。

③ 精测法 电缆线路发生短路是出现最多的一种故障形式。一般是由于施工误碰故障造成接地短路；由于雷击引起的单相短路；或是线路负荷过重且存在导线接头接触不良的情况，引发接头发热烧断故障。

目前实际应用中常采用电缆线路接地短路故障指示器。该指示器安装在电缆线路的配电线路、箱式变压器、环网柜和分支箱等处，用于显示电缆线路中的故障电流的流经情况。一旦发生短路事故，指示器在故障区域发出红色报警，帮助维修人员迅速确定故障点和进行故障排除。

3) 合理地巡视

合理地巡视是故障查找的重点，故障的查找归根结底还要通过人来完成，必须召集足够合适的人员，应将故障数据、分析定性结果、现场情况及巡视重点向全体人员进行详细的交代，做到每个人都心中有数。要求巡视人员必须到位到责，不能因为难于到位而漏过任何一个可疑点。巡线时除了注意线路本身各部件及重点故障相外，还应注意附近环境。如交跨、树木、建筑物和临时的障碍物；杆塔下有无线头木棍、烧伤的鸟兽以及损坏了的绝缘子等物。发现与故障有关的物件和可疑物时，均应收集起来，并将故障点周围情况作好记录，作为事故分析的依据。

如果排除了全部的可疑点后，在重点地段没有发现故障点，应扩大巡视范围或全线巡视，也可以进行内部交叉巡视。如果还是没有发现故障点，可适当组织重点杆段或全线的登杆检查巡视。登杆检查巡视由于距离较近，可以发现杆塔周围不明显的异常或导线上方。

(3) 电缆线路的运行管理

① 为电力电缆的运行创造良好的运行环境是预防外力事故的第一步也是比较重要和关键的一步，是一项比较复杂且有一定难度的工作，它需要有关部门给予高度的重视和全社会的共同努力。在政府部门的支持下，制定保护电力电缆相应的规章管理制度，提高电力电缆在市政各种管线中的地位。要加大保护电力电缆的宣传工作，通过电视、广播、报刊、宣传条幅等各种渠道达到加强宣传的目的，对保护电力电缆会起到效果。

② 为电力电缆的运行创造一个良好的施工环境。根据《电力法》及《电力设施保护条例》制定出一套针对破坏电力电缆（设施）行为的惩罚措施，对外力事故加大经济处罚力度，迫使各施工单位对电力电缆的保护给予足够的重视。加强施工队伍内部的管理、减少野蛮施工，从而达到减少外力事故、保护电力电缆的目的；同时，加强与市政各部门、各施工单位及园林绿化部门的联系，以便及时准确地掌握各种施工的长期规划及工程进度，有利于对电力电缆采取可靠的保护措施，提前消除产生外力事故的可能性。

③ 对电力电缆的运行探索行之有效的管理方法。各供电公司要明确岗位责任、加强资料图纸的管理工作，加大考核力度，严格规定运行巡视计划，并严格督促执行；加强对现有运行人员的技术培训，提高运行人员的业务水平；培养一批高素质的后备人员队伍，以适应电力电缆的日新月异的发展；加强施工现场管理；加强施工单位内部各部门之间的协调配合，减少由于各部门之间协调不畅，对电缆保护、迁改不及时等间接造成的外力事故。

④ 特殊情况特殊处理，树立超前预防外力事故的思想。对重点施工工地成立反外力领导小组，加强现场防外力破坏管理，对电力电缆的反外力工作起到了很好的效果，可大幅度降低外力故障的发生。

(4) 电缆线路的运行维护

1) 一般要求

电缆线路大多是敷设在地下的，要作好电缆的运行维护工作，必须全面了解电缆的敷设方式、结构布置、走线方向及电缆头位置等。对电缆线路，一般要求每季度进行一次巡视检查，并应经常监视其负荷大小和发热情况。如遇大雨、洪水及地震等特殊情况及发生故障时，应临时增加巡视次数。

2) 巡视检查项目

① 电缆头及瓷套管有无破损和放电痕迹，对填充有电缆胶（油）的电缆头还应检查有无漏油溢胶情况。

② 对明敷电缆，还须检查电缆外皮有无锈蚀、损伤，沿线挂钩或支架有无脱落，线路上及线路附近有无堆放易燃、易爆及强腐蚀性物品。

③ 对暗敷及埋地电缆，应检查沿线的盖板和其他覆盖物是否完好，有无挖掘痕迹，沿线标桩是否完整无缺。

④ 电缆沟内有无积水或渗水现象，是否堆有杂物及易燃易爆物品。

⑤ 线路上各种接地是否良好，有无松脱、断股和腐蚀现象。

⑥ 其他危及电缆安全运行的异常情况。

在巡视中发现的异常情况，应记入专用记录簿内，重要情况应及时汇报上级，请示处理。

【任务实施】

(1) 实施地点

教室、专业实训室。

(2) 实施所需器材

① 多媒体设备；

② 常用电缆等。

(3) 实施内容与步骤

① 学生分组。3～4人一组，指定组长。工作始终各组人员尽量固定。

② 教师布置工作任务。学生阅读工作任务书，了解工作内容，明确工作目标，制定实

施方案。

③ 教师通过图片、实物或多媒体分析演示。让学生识别各种电缆的型号规格。

④ 实际观察常用电缆,填写电缆的型号规格。

a. 分组观察常用电缆填写型号规格,将观察结果记录在表 3-6 中。

表 3-6 电缆观察结果记录表

序号	电缆	型号规格	主要用途	敷设方式	备注
1					
2					
3					
4					

b. 注意事项

ⓐ 认真观察填写,注意记录相关数据;

ⓑ 注意安全。

学习小结

本任务的核心是电缆线路的结构、敷设及维护,通过本任务的学习,学生应能理会以下要点。

1. 电缆线路的结构:主要由电缆、电缆接头和终端头、电缆支架和电缆夹等组成。具有运行可靠、不易受外界影响、美观等优点。

电缆是一种特殊的导线,由线芯、绝缘层、铅包(或铝包)和保护层几个部分构成。

电缆接头包括电缆中间的接头和电缆的终端头。

电缆终端头分户外型和户内型两种。户内型电缆终端头形式较多,常用的是铁皮漏斗型、塑料干封型和环氧树脂终端头。

2. 电缆的接头是电力电缆线路中最为薄弱的环节,线路中的很多部分故障都是发生在接头处,因而应给予特别关注,以免发生短路故障。为确保绝缘,两段电缆的连接处应采用电缆连接盒。电缆的末端也应采用电缆终端盒与电气设备连接。

3. 电缆线路的敷设原则包括电缆线路的敷设和电缆线路的敷设方式,电缆线路的敷设方式主要有直接埋地敷设、电缆沟敷设、电缆悬挂(吊)式敷设、排管敷设、电缆桥架敷设等。

4. 电缆线路的故障原因是绝缘降低而被击穿。归纳起来有以下几种情况,外力损伤、绝缘受潮、化学腐蚀、长期超负荷运行、电缆接头故障、环境和温度、电缆本身的正常老化或自然灾害等其他原因以及人为因素等。

5. 电缆线路的故障点查找首先确定电缆线路故障的性质,其次电缆线路查找故障点,合理的巡视是故障查找的重点。

6. 加强电缆线路的运行管理,创造良好的运行环境是预防外力事故的第一步也是比较重要和关键的一步。树立超前预防外力事故的思想,可大幅度降低外力故障的发生。

7. 电缆线路大多是敷设在地下的,要作好电缆的运行维护工作,必须全面了解电缆的敷设方式、结构布置、走线方向及电缆头位置等。对电缆线路,一般要求每季度进行一次巡视检查,并应经常监视其负荷大小和发热情况。如遇特殊情况及发生故障时,应临时增加巡视次数。

自我评估

一、填空题

1. 电缆是一种特殊的导线,由线芯、（　　）、铅包或铝包和（　　）几个部分构成。
2. 电缆接头包括电缆（　　）接头和电缆（　　）接头。
3. 电缆敷设前必须检查电缆表面有无损伤,并测量电缆绝缘电阻,检查是否受潮。低压电缆用（　　）兆欧表测试绝缘电阻,合格后方可使用。
4. 电缆的金属外皮、金属电缆头及保护钢管和金属支架,均应（　　）。
5. 直接埋地敷设,为防止某一段电缆受到机械损伤或土壤中酸性物质的腐蚀,常用的做法是在电缆外（　　）。
6. 绝缘材料受潮现象很常见,一般发生在（　　）处。

二、简答题

1. 电缆线路由哪几部分组成?电缆线路适用的场合有哪些?
2. 简要说明电缆线路敷设的一般要求和敷设方式。
3. 电缆线路常见故障有哪些?查找电缆线路故障点的方法有哪几种?

评价标准

教师根据学生观察记录结果及提问,按表 3-7 给予评价。

表 3-7 任务 3.2 综合评价表

项目	内容	配分	考核要求	扣分标准	得分
实训态度	1. 实训的积极性 2. 安全操作规程地遵守情况 3. 纪律遵守情况 4. 完成自我评估、技能训练报告	30	积极参加实训,遵守安全操作规程和劳动纪律,有良好的职业道德和敬业精神;技能训练报告符合要求	违反操作规程扣 20 分;不遵守劳动纪律扣 10 分;自我评估、技能训练报告不符合要求扣 10 分	
观察电缆并记录	记录电缆观察结果	20	观察认真,记录完整	观察不认真扣 15 分 记录不完整扣 15 分	
正确理解电缆的型号规格、主要用途和敷设方式	根据给定电缆判定	40	根据给定电缆说出型号规格、主要用途、敷设方式	不正确理解电缆的型号规格扣 15 分 不正确理解电缆主要用途扣 15 分 不正确理解电缆敷设方式扣 10 分	
环境清洁	环境清洁情况	10	工作台周围无杂物	有杂物 1 件扣 1 分	
合计		100			

注:各项配分扣完为止。

任务 3.3　车间配电线路的敷设与导线电缆截面的选择

【任务描述】

为保证工厂供电系统安全、可靠、优质、经济地运行,必须对导线和电缆截面进行合理的选择。本任务主要是了解车间配电线路的导线类型和敷设方法,完成对车间配电线路的日常维护。能根据工厂的设备情况正确选择导线截面。

【任务目标】

技能目标：
1. 能协助完成车间配电线路的敷设。
2. 能完成对车间配电线路的日常维护。
3. 能查阅相关资料选择正确的导线截面。
4. 能完成导线截面的相关计算。

知识目标：
1. 能说出车间配电线路的导线类型。
2. 能掌握车间配电线路的敷设方法。
3. 能说出按发热条件选择导线截面的方法。
4. 能说出按经济电流密度选择导线截面的方法。
5. 能说出按电压损耗选择导线电缆截面的发法。

【知识准备】

1. 车间配电线路的导线敷设

车间供配电线路一般均采用220/380V中性点直接接地的三相四线制供电系统。车间配电线路的敷设方式分明配线和暗配线两种，所以使用的导线也多为绝缘线和电缆，也可用母线排或裸导线。车间供电线路的敷设要求线路布局合理，整齐美观，安装牢固，操作维修方便，最重要的是能够安全可靠地输送电能。

（1）常用导线类型

① 绝缘导线　绝缘导线按线芯材料分为铜芯和铝芯两种。在易燃、易爆或对铝有严重腐蚀的场所应采用铜芯导线，其他场所则优先采用铝芯导线。

绝缘导线按其外皮的绝缘材料分橡皮绝缘和塑料绝缘两类。塑料绝缘导线绝缘性能良好，而且价格低廉，在用户内明敷或穿管敷设时可取代橡皮绝缘导线。但塑料绝缘在高温时易软化，在低温时又易变硬变脆，故不宜在户外使用。按规定，裸导线A、B、C三相涂漆的颜色分别对应黄、绿、红三色。

② 裸导线　车间内的配电干线或分支线通常采用硬母线的结构，截面形状有圆形、矩形和管形等。在35kV以上的户外配电装置中为防止产生电晕，通常采用圆形截面母线。工厂内最常用的裸导线为矩形截面的硬铝母线。对容量较大的母线，因其工作电流较大，每相单条矩形母线可改用多条矩形母线并列运行。

采用裸导线的原因是安装简单，投资少，容许电流大，并且节省绝缘材料。

③ 低压电缆　在一些不适宜使用绝缘导线的车间可考虑使用电缆，车间内临时拉接电源以及机器上的电源线也可采用电缆。

（2）车间线路的敷设方式及要求

① 常用的敷设方式　绝缘导线的敷设方式有明敷和暗敷两种。明敷是指导线直接穿在管子、线槽等保护体内，敷设于墙壁、顶棚的表面以及桁架、支架等处。暗敷是指在建筑物内预埋穿线管，再在管内穿线。但穿管的绝缘导线在管内不允许有接头，接头必须设在专门的接线盒内。根据建设部的标准，穿管暗敷设的导线必须时铜芯线。

② 安全要求　车间电力线路敷设应满足下列安全要求。

a. 离地面3.5m及以下的电力线路应采用绝缘导线，离地面3.5m以上的允许采用裸导线。

b. 离地面 2m 及以下的导线必须加以机械保护，如穿钢管或穿塑料管保护。钢管的力学性能高，散热好，可当保护线用，故应用广泛。穿钢管的交流回路应将同一回路的三相导线或单相的两根导线穿于同一钢管内，否则导线的合成磁场不为零，管壁上存在交变磁场，从而产生铁损耗，使钢管发热。硬塑料管耐腐蚀，但力学性能低，散热差，一般应用于有腐蚀性物质的场所。

c. 要有足够的力学性能。

d. 树干式干线必须明敷，以便于分支。工作电流在 300A 以上的干线，在干燥、无腐蚀性气体的厂房内可采用硬裸导线。

2. 导线电缆截面的选择

为了保证供电系统安全、可靠、优质、经济地运行，选择导线和电缆截面时必须满足下列条件。

a. 发热条件　导线和电缆（包括母线）在通过正常最大负荷电流即线路计算电流时产生的发热温度不应超过其正常运行时的最高允许温度。

b. 电压损耗条件　导线和电缆在通过正常最大负荷电流即线路计算电流时产生的电压损耗，应不超过正常运行时允许的电压损耗。

c. 经济电流密度　35kV 及以上的高压线路一般按经济电流密度选择，以使线路的年度费用支出最小。

d. 机械强度　导线截面应不小于其最小允许截面（可查阅有关资料）。

(1) 按发热条件选择导线电缆截面

导线在电流通过的时候，由于存在导线电阻，势必会产生电能损耗，导线就会发热。裸导线如果温度过高，接头处会氧化加剧，从而使接触电阻增大，氧化进一步加剧，形成恶性循环，最终会发展到烧断导线，造成断路事故。当绝缘导线和电缆的温度过高时，可使绝缘损坏，甚至引起火灾。

为保证供电安全可靠，导线和电缆的正常发热温度不能超过其允许值，或者说通过导线的计算电流或正常运行方式下的最大负荷电流应当小于它的允许载流量，即

$$I_{al} \geqslant I_{30} \tag{3-1}$$

式中　I_{al}——导线允许载流量；

I_{30}——线路最大长期工作电流，即计算电流。

所谓导线允许载流量，是指在规定的环境温度条件下，导线能够连续承受而不致使其稳定温度超过规定值的最大电流。如果导线敷设地点的环节温度与导线允许载流量所采用的环境温度（通常取标准环境温度为 25℃）不一致时，则导线的实际载流量可用允许载流量乘以温度修正系数 K_θ。环境温度修正系数计算公式为

$$K_\theta = \sqrt{\frac{\theta_{al} - \theta_0'}{\theta_{al} - \theta_0}} \tag{3-2}$$

式中　θ_{al}——导线正常工作时的最高允许温度；

θ_0——导线允许载流量所采用的环境温度（通常取标准环境温度为 25℃）；

θ_0'——导线敷设地点实际的环境温度。

在实际工作中，所用的环境温度应是一年之中较高的温度。通常在室外，用当地最热月的每天最高温度的平均值作为环境温度。在室内，应在室外温度基础上在加 5℃；对土中直埋电缆，则取当地最热月地下 0.8~1m 的土壤平均温度。

【例 3-1】　有一条 380V 三相架空线路，长 100m，所带负荷 $P=60$kW，$\cos\varphi=0.8$，环

境温度为35℃，根据允许载流量选择铝导线的截面积。

解 首先计算最大负荷电流

$$I_{30}=\frac{P_{30}}{\sqrt{3}U_N\cos\varphi}=\frac{60\times10^3}{\sqrt{3}\times380\times0.8}=113.95\text{A}$$

其次，根据$I_{max}=113.95$A，计算I_{al}，由环境温度为35℃，通过公式（3-2）计算得出$K_\theta=0.88$，则

$$I_{al}\geqslant\frac{I_{30}}{K_\theta}=\frac{113.95}{0.88}\text{A}=129.5\text{A}$$

选择LJ-25型导线，由表3-8查得，LJ-25型导线在标准温度25℃下允许载流量$I_{al}=135\text{A}>129.5\text{A}$。所以选择的导线截面积满足发热条件要求。

表3-8 TJ、LJ、LGL的允许载流量　　　　　　　　　　　　　　　　　A

导线截面/mm²	TJ 环境温度				LJ 环境温度				LGJ 环境温度			
	25℃	30℃	35℃	40℃	25℃	30℃	35℃	40℃	25℃	30℃	35℃	40℃
4	50	47	44	41	—	—	—	—	—	—	—	—
6	70	66	62	57	—	—	—	—	—	—	—	—
10	95	89	84	77	75	70	66	61	—	—	—	—
16	130	122	114	105	105	99	92	85	105	98	92	85
25	180	169	158	146	135	127	119	109	135	127	119	109
35	220	207	194	178	170	160	150	138	170	159	149	137
50	270	254	238	219	215	202	189	174	220	207	193	178
70	340	320	300	276	265	249	233	215	275	259	228	222
95	415	390	365	336	325	305	286	247	335	315	295	272
120	485	456	426	393	375	352	330	304	380	357	335	307
150	570	536	501	461	440	414	387	356	445	418	391	360
185	645	606	567	522	500	470	440	405	515	484	453	416
240	770	724	678	624	610	574	536	494	610	274	536	494
300	890	835	783	720	680	640	597	550	700	658	615	566

注：1. 载流量按导线正常工作温度70℃计。

2. 载流量按室外架设考虑，无日照，海拔1000m及以下。如果海拔高度不同、环境温度不同时，载流量应另行计算。

实际上，不必进行温度换算，只要查35℃时LJ-25型导线的允许载流量为119A>113.95A，满足发热条件要求。

（2）中性线截面的选择

三相四线制系统中的中性线，要考虑不平衡电流和零序电流以及谐波电流的影响。

① 一般三相四线制线路中的中性线截面A_0，应不小于相线截面A_m的一半，即

$$A_0\geqslant0.5A_m \tag{3-3}$$

② 由三相四线制分出的两相三线线路和单相双线线路中的中性线，由于其中性线的电流与相线的电流完全相等，故其中性线截面应与相线的截面相等，即

$$A_0=A_m \tag{3-4}$$

③ 对于三次谐波电流相当突出的三相四线制线路，由于各相的三次谐波电流都要通过中性线，使得中性线电流可能接近于相电流，此时宜选中性线截面不小于相线截面，即

$$A_0\geqslant A_m \tag{3-5}$$

(3) 保护线（PE 线）截面的选择

保护线截面要满足短路热稳定度的要求，按 GB 50054——1995 低压配电设计规范的相关规定：

$$当 A_m \leqslant 16mm^2 时，A_{PE} \geqslant A_m \tag{3-6}$$

$$当 16mm^2 < A_m \leqslant 35mm^2 时，A_{PE} \geqslant 16mm^2 \tag{3-7}$$

$$当 A_m \geqslant 35mm^2 时，A_{PE} \geqslant 0.5A_m \tag{3-8}$$

(4) 保护中性线（PEN 线）截面的选择

保护中性线具有中性线和保护线的双重功能，因而保护中性线的截面选择应同时满足中性线和保护线截面选择的要求，取其中的最大值即可。

(5) 按经济电流密度选择导线电缆截面

经济电流密度就是能使线路的"年费用支出"接近于最小而又适当考虑节约金属材料的导线的电流密度值。

所选导线的截面积越大，电能损耗越小，但线路投资成本、维修费用和金属材料消耗量也会随之增加。因此从经济方面考虑，导线应选择一个比较经济合理的截面积，既能降低电能损耗，同时也不增加线路投资和维修管理费用和金属材料消耗量。

从全面经济效率考虑，使线路的年运行费用接近最小的导线截面，称为经济截面，用符号 A_{ec} 表示。

对应于经济截面的电流密度称为经济电流密度，用符号 j_{ec} 表示。我国现行的经济电流密度见表 3-9。

表 3-9 导线和电缆的经济电流密度 j_{ec} A/mm²

线路类型	导线材质	最大有功负荷利用小时		
		3000h 以下	3000~5000h	5000h 以上
架空线路	铜	3.00	2.25	1.75
	铝	1.65	1.15	0.90
电缆线路	铜	2.50	2.25	2.00
	铝	1.92	1.73	1.54

按经济电流密度计算经济截面的公式为

$$A_{ec} = \frac{I_{30}}{j_{ec}} \tag{3-9}$$

式中　A_{ec}——导线的经济截面；

　　　I_{30}——线路计算电流；

　　　j_{ec}——经济电流密度。

根据公式(3-9)计算得出的截面数值，从手册中选取一款与该值最接近的标准截面即可（通常应取值稍小的标准截面）。

【例 3-2】 有一条采用架空 LJ 型铝绞线的 6kV 专用线路，供电给某厂，其计算负荷为：846kW，$\cos\varphi = 0.9$，$T_{max} = 2000h$，试按经济电流密度法选择导线的截面。

解 ① 求计算电流：$I_{30} = \dfrac{P_{30}}{\sqrt{3} U_N \cos\varphi} = \dfrac{846}{\sqrt{3} \times 6 \times 0.9} = 90A$

② 导线的计算截面：查表 3-12 得，$j_{ec} = 1.65$

$$A_{ec} = \frac{I_{30}}{j_{ec}} = \frac{90}{1.65} = 55mm^2$$

③ 导线的截面选择：50mm²
④ 由于 50mm² 大于高压架空线最小截面（35mm²），因此满足机械强度要求。

(6) 按电压损耗选择导线电缆截面

电流通过导线时，除产生电能损耗外，由于电路上有电阻和电抗，在负荷电流通过线路时有一定的电压损失。电压损失愈大，则用电设备端子上所获得的电压越不足，当超过一定范围时，将会严重影响电气设备的正常运行。为了保证用电设备端子处电压偏移不超过其允许值，高压配电线路（6～10kV）的电压损耗，一般不超过线路额定电压的 5%，从变压器低压侧母线到用电设备受电端的低压线路的电压损耗，一般不超过用电设备额定电压的 5%，对视觉要求较高的照明线路，则为 2%～3%。如果线路电压损耗超出允许值，应适当加大导线的截面积，使之小于允许电压损耗。

对于输电距离较长或负荷电流较大的线路，以及对视觉要求高的照明线路，一般按允许电压损耗来选择或校验导线的截面。

① 集中负荷的三相线路电压损耗计算　集中负荷如图 3-17 所示。

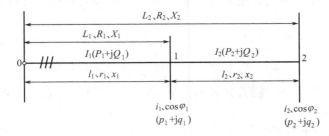

图 3-17　带有两个集中负荷的三相电路

a. 电压损耗

$$\Delta U = \frac{\sum (pR + qX)}{U_N} \tag{3-10}$$

式中　p——某一集中负荷的有功功率，kW；
　　　q——某一集中负荷的无功功率，kVar；
　　　R——某一集中负荷处到首端的电阻，$R = r_0 l$（r_0 为单位长度电阻值；l 为某一集中负荷处到首端线路的长度）；
　　　X——某一集中负荷处到首端的电抗，$X = x_0 l$（x_0 为单位长度电抗值；l 为某一集中负荷处到首端线路的长度）；
　　　U_N——线路的额定线电压。

b. 线路电压损耗的百分值

$$\Delta U\% = \frac{\Delta U}{U_N} \times 100 \tag{3-11}$$

若全线的导线型号规格一致且可不计感抗的线路（称"均一无感"）电压损耗百分值为

$$\Delta U\% = \frac{\sum pL}{CA} = \frac{\sum M}{CA} \tag{3-12}$$

式中　$\sum M$——线路所有功率矩之和，kW·m；
　　　L——负荷距首端的距离，m；
　　　A——导线的截面，mm²；
　　　C——计算系数。如表 3-10 所示

表 3-10 计算系数 C 的值

线路额定电压/V	线路类型	计算系数/kW·m·mm^{-2}	
		铜线	铝线
220/380	三相四线	76.5	46.2
	两相三线	34.0	20.5
220	单相及直流	12.8	7.74
110		3.21	1.94

② 均匀分布负荷的三相线路电压损耗计算

带均匀分布负荷的线路，在计算电压损耗时，可将分布负荷集中于分布线段的中点，按集中负荷来计算。

【例 3-3】 某 220/380V 线路，全长 100m，采用 BV-500-3×25+1×16 的四根导线明敷，在距线路首端 50m 处，接有电阻性负载 7kW，线路末端接有电阻性负载 28kW，试计算该线路的电压损耗百分值。

解 由于两处集中负荷均为电阻性负载，可根据式(3-12)进行计算。

查表 3-10 可知，$C=76.5$

线路电压损耗的百分值

$$\Delta U\% = \frac{\sum pL}{CA} = \frac{7\times 50 + 28\times 100}{76.5\times 25} = 1.65$$

当计算线路的实际电压损耗百分值 $\Delta U\%$ 不大于规定的允许电压百分值，即满足电压损耗条件。

3. 车间配电线路的维护

车间供配电线路在日常生产过程中，由于受不可抗拒的外力破坏，或者由于设备存在缺陷、继电保护误动作、运行人员误操作等原因，常常会发生设备事故或故障。若想及时有效地处理供电线路的事故或故障，则要求维修人员具有一定的相关电气维修技术知识和良好的检修技能，并熟悉电气事故处理规程，和供电系统运行的方式，以及电气设备的特点、结构组成和工作原理、运行参数等相关专业知识。为使车间配电线路安全可靠地运行，在发生故障事故时，现场维修人员能够迅速做出正确判断并能够及时处理各类事故或故障，一方面应重视对现场维修人员的岗位技术培训，使其全面掌握处理各种线路事故或故障的一般方法；另一方面，要对其加强责任心和维修技能训练；第三，应事先制定好安全预案，尽可能组织安全事故演习，使维修人员熟练掌握排除突发故障的方法和技术。具体做法如下。

（1）加强对车间配电线路的安全检查

在进行车间配电线路安全检查之前，维修人员应全面熟悉车间配电线路的布线情况、组成形式和各类电缆导线型号规格及配电箱与各种开关的位置等，并了解车间负荷大小及车间变电室的设置。有条件的前提下，最好由专门的维修电工，每周进行一次全面的安全检查，其检查内容概括如下。

① 检查车间配电线路中各导线的发热情况。

② 检查配电线路的负荷情况。

③ 检查线路中装备的配电箱、分线盒、开关、熔断器、母线槽及接地接零等运行情况，尤其是检查母线接头有无氧化、过热变色和腐蚀，接线有无松脱、放电和烧毛现象，螺栓是否紧固。

④ 检查配电线路上及线路周围有无影响线路安全运行的异常情况。绝对禁止在绝缘导线上悬挂物体，禁止在线路旁堆放易燃易爆物品。

⑤ 对敷设在潮湿、有腐蚀性场所的线路，要做定期的绝缘检查，绝缘电阻一般不得低

于 0.5Ω。

(2) 定期进行车间配电线路的停电清扫

为使车间配电线路长期安全稳定运行，应定期对线路进行停电清扫，具体内容如下。

① 清扫裸导线瓷绝缘子上的污垢。
② 检查绝缘是否残旧和老化，对于老化严重或绝缘破裂的导线应有计划地予以更换。
③ 紧固导线的所有连接点。
④ 更换或补充导线上损坏或缺少的支持物和绝缘子。
⑤ 铁管配线时，如果铁管有脱漆锈蚀现象，应除锈刷漆。
⑥ 建筑物伸缩、沉降缝处的接线箱有无异常。
⑦ 在多股导线的第一支持物弓子处是否做了倒人字形接线，雨后有无进水现象。

(3) 检查配电线路中的各种开关电器及熔断器

在对配电线路进行安全检查和定期清扫的同时，对线路中安装的各种开关电路及熔断器也要加强必要的检查和检修，具体内容如下。

① 检查胶盖闸和瓷插式熔断器的上盖是否短缺和损坏，熔体安装地点有无积炭。
② 检查各种密闭式控制开关的"拉"、"合"标志是否清楚。
③ 铁制控制开关的外皮接地是否良好。
④ 定期清除开关内部的灰尘以及熔体熔化时残留的炭质。
⑤ 检查每处的开关接点是否紧固，如有损坏立即以更换。
⑥ 检查刀闸开关和操作杆连接是否紧固，动作应灵活、可靠。

学习小结

本任务的核心是车间配电线路的敷设与维护，重点是车间配电线路的导线维护，通过本任务的学习，学生应能理会以下要点。

1. 常用导线的类型包括绝缘导线、裸导线和低压电缆。
2. 车间线路的敷设方式有明敷和暗敷两种。明敷是指导线直接穿在管子、线槽等保护体内，敷设于墙壁、顶棚的表面以及桁架、支架等处。暗敷是指在建筑物内预埋穿线管，再在管内穿线。
3. 选择导线和电缆截面时必须满足下列条件：(1) 发热条件；(2) 电压损耗条件；(3) 经济电流密度；(4) 机械强度。
4. 加强对车间配电线路的安全检查，在进行车间配电线路安全检查之前，维修人员应全面熟悉车间配电线路的布线情况、组成形式和各类电缆导线型号规格及配电箱与各种开关的位置等，并了解车间负荷大小及车间变电室的设置。应定期对线路进行停电清扫，同时对线路中安装的各种开关电路及熔断器也要加强必要的检查和检修。

【任务实施】

(1) 实施地点

教室、专业实训室。

(2) 实施所需器材

多媒体设备。

(3) 实施内容与步骤

① 学生分组。3~4人一组，指定组长。工作始终各组人员尽量固定。
② 教师布置工作任务。学生阅读工作任务书，了解工作内容，明确工作目标，制定实

施方案。

③ 教师通过图片、实物或多媒体分析演示。让学生识别各种常用导线或指导学生自学。

④ 根据假设条件选择导线截面。

a. 分组按假设条件选择导线截面，将结果记录在表 3-11 中。

表 3-11　选择导线截面结果记录表

序号	假设条件	明敷		暗敷		40℃		备注
		铜	铝	铜	铝	铜	铝	
1								
2								
3								
4								

b. 注意事项

ⓐ 认真观察填写，注意记录相关数据；

ⓑ 注意安全。

【知识拓展】　导线截面估算

根据负荷电流、敷设方式、敷设环境估算导线截面，按如下口诀：

十下五，百上二；二五、三五四、三界；

七零、九五两倍半；穿管温度八九折；

铜线升级算；裸线加一半。

十下五，百上二；二五、三五四、三界；七零、九五两倍半（这是导线的安全载流密度，即每 $1mm^2$ 导线的载流量。十下五，即 $10mm^2$ 及以下的绝缘铝线、明敷设、环境温度按 25℃ 时，载流量为 $5A/mm^2$；如 $4mm^2$ 的绝缘铝线、明敷设、环境温度按 25℃ 时，载流量为 $4mm^2 \times 5A/mm^2 = 20A$。同理，百上二，即 $100mm^2$ 及以上的绝缘铝线，载流量为 $2A/mm^2$。二五、三五四、三界，即 $25mm^2$ 的绝缘铝线，载流量为 $4A/mm^2$；$35mm^2$ 的绝缘铝线，载流量为 $3A/mm^2$。七零、九五两倍半，即 $70mm^2$、$95mm^2$ 的绝缘铝线，载流量为 $2.5A/mm^2$）。其适用条件为：绝缘铝线、明敷设、环境温度按 25℃。如不满足这些条件，可乘以如下的修正系数。

穿管、温度八、九折；铜线升级算；裸线加一半（即暗敷设时乘 0.8；环境温度按 35℃ 时乘 0.9；使用绝缘铜线时，按加大一挡截面的绝缘铝线计算；使用裸线时，按相同截面绝缘导线载流量乘 1.5）。

【例 3-4】　负荷电流 28A，要求铜线暗敷设，环境温度按 35℃。

试算：设采用 $6mm^2$ 塑铜线（如 BV-6），据口诀，可按 $10mm^2$ 绝缘铝线计算其载流量，为 $10 \times 5 = 50A$；暗敷设，$50 \times 0.8 = 40A$；环境温度按 35℃ 时，$40 \times 0.9 = 36 > 28A$；故可用。

【例 3-5】　负荷电流 58A，要求铝线暗敷设，环境温度按 35℃。

试算：设采用 $16mm^2$ 的塑铝线（如 BLV-16）。据口诀，$16 \times 4 = 64A$。暗敷设，$64 \times 0.8 = 51.2A < 66A$。改选 $25mm^2$ 的塑铝线（如 BLV-25）。据口诀，$25 \times 4 = 100A$。暗敷设，$100 \times 0.8 = 80A$。环境温度按 35℃ 时，$80 \times 0.9 = 72A > 58A$；故可用。

注意：按口诀选线仅适用于给设备做接线时使用。因为口诀所示的电流密度，仅保证导线自身的安全，至于导线末端有多大的电压降、有多大的线路损耗不在考虑之内（即未考虑线路末端电压损失值）。

附几种固定要求的导线截面如下。

① 穿管用绝缘导线，铜线最小截面为 $1mm^2$；铝线最小截面为 $2.5mm^2$。

② 各种电气设备的二次回路（电流互感器二次回路除外），虽然电流很小，但为了保证二次线的机械强度，常采用截面不小于 $1.5mm^2$ 的绝缘铜线。

③ 电流互感器二次回路用的导线，电压回路使用截面不小于 $2.5mm^2$ 的绝缘铜线；电流回路使用截面不小于 $4mm^2$ 的绝缘铜线。

自我评估

一、判断题

1. 绝缘导线按线芯材料分为铜芯和铝芯两种。（　　）
2. 车间电力线路敷设应满足安全要求，离地面 2m 及以上的导线必须加以机械保护，如穿钢管或穿塑料管保护。（　　）
3. 一般三相四线制线路中的中性线截面 A_0，应不小于相线截面 A_m 的一半。（　　）
4. 由三相四线制分出的两相三线线路和单相双线线路中的中性线，由于其中性线的电流与相线的电流完全相等，故其中性线截面应与相线的截面相等。（　　）
5. 所谓导线允许载流量，是指在规定的环境温度条件下，导线能够连续承受而不致使其稳定温度超过规定值的最大电流。（　　）
6. 电流通过导线时，除产生电能损耗外，由于电路上有电阻和电抗，在负荷电流通过线路时有一定的电压损失。（　　）

二、选择题

1. 按规定，裸导线 A、B、C 三相涂漆的颜色分别对应（　　）三色。
   A. 绿、黄、红　　B. 红、黄、绿　　C. 黄、绿、红　　D. 黄、红、绿
2. 为了保证用电设备端子处电压偏移不超过其允许值，在设计线路时，高压供配电线路的电压损耗一般不超过线路额定电压的（　　）。
   A. 0.2%　　B. 0.5%　　C. 1.0%　　D. 1.5%
3. 低压三相四线制线路中，电缆的中性线（N 线），在 3 次谐波电流突出的线路上，原则上按（　　）选择。
   A. 大于相线截面　　　　　　B. 不小于相线截面
   C. 小于相线截面　　　　　　D. 0.5 倍相线截面
4. 按经济截面选择导线（　　）。
   A. 年运行费用接近最小　　　B. 投资接近最小
   C. 电能损耗接近最小　　　　D. 金属耗用量
5. 对于工厂内较短的高压线路可以不进行（　　）校验。
   A. 发热条件　　　　　　　　B. 电压损耗
   C. 机械强度　　　　　　　　D. 动稳定

三、填空题

1. 车间电力线路敷设应满足安全要求，离地面（　　）m 及以下的电力线路应用绝缘导线。
2. 车间电力线路敷设应满足安全要求，离地面 3.5m 以上的允许采用（　　）。
3. 保护线截面 S_{PE} 要满足短路热稳定度的要求，按 GB 50054—1995《低压配电设计规范》的相关规定：当 $S_{PE} \leq 16mm^2$ 时，S_{PE}（　　）S_{ph}。
4. 保护线截面 S_{PE} 要满足短路热稳定度的要求，按 GB 50054—1995《低压配电设计规范》的相关规定：当 $16mm^2 < S_{ph} \leq 35mm^2$ 时，S_{PE}（　　）。
5. 保护线截面 S_{PE} 要满足短路热稳定度的要求，按 GB 50054—1995《低压配电设计规

范》的相关规定：当 $S_{ph}>35\text{mm}^2$ 时，S_{PE}（　　）S_{ph}。

四、简答题

1. 常用导线的类型有哪些？
2. 如何检查配电线路中的各种开关电器及熔断器？
3. 车间电力线路敷设应满足哪些安全要求？
4. 选择导线截面的技术条件有哪些？
5. 什么是经济电流密度？如何计算？

五、计算题

某 220kV 架空线路，最大输送功率为 30MW，$\cos\varphi=0.85$，最大负荷利用小时数 $T_{\max}=4500\text{h}$，如果线路采用长 3km 的钢芯铝绞线，试按经济电流密度选择导线的截面。

评价标准

教师根据学生观察记录结果及提问，按表 3-12 给予评价。

表 3-12　任务 3.3 综合评价表

项　目	内　容	配分	考核要求	扣分标准	得分
实训态度	1. 实训的积极性 2. 安全操作规程地遵守情况 3. 纪律遵守情况 4. 完成自我评估、技能训练报告	30	积极参加实训，遵守安全操作规程和劳动纪律，有良好的职业道德和敬业精神；技能训练报告符合要求	违反操作规程扣 20 分；不遵守劳动纪律扣 10 分；自我评估、技能训练报告不符合要求扣 10 分	
正确理解给定条件并记录	记录结果	10	观察认真，记录完整	观察不认真扣 5 分 记录不完整扣 5 分	
正确选择导线	根据给定条件选择导线截面	50	按给定要求选择导线截面	不能正确理解运行方式每处扣 20 分 不能正确选择导线每处扣 20 分	
环境清洁	环境清洁情况	10	工作台周围无杂物	有杂物 1 件扣 1 分	
合计		100			

注：各项配分扣完为止。

学习情境 4
工厂变配电所的二次回路的识读

学习目标

技能目标：
1. 能对高压断路器进行分合操作。
2. 能根据信号判断故障。
3. 能进行三相有功电度表的接线。

知识目标：
1. 掌握电磁操动机构的高压断路器的控制和信号回路的分析。
2. 掌握弹簧操动机构的高压断路器的控制和信号回路的分析。
3. 学会 6~10kV 母线的绝缘监视的分析。

任务 4.1 二次回路的安装与接线

【任务描述】

供配电系统的二次回路是指用来控制、指示、监测与保护一次电路运行的电路,它对一次电路的安全、可靠、优质及经济运行有着十分重要的作用。作为一名电工,首先应能识读二次回路图,然后才能到现场进行维修。因此本次任务主要是学会二次回路图的绘制方法,二次回路安装接线要求。

【任务目标】

技能目标: 1. 能根据二次回路图进行正确接线。
2. 会用中断线表示法来表示连接导线的二次回路接线图。

知识目标: 1. 了解二次回路的基本概念。
2. 掌握二次回路的安装接线要求。

【知识准备】

1. 二次回路概述

工厂供配电系统的二次回路是指用来控制、指示、监测与保护一次电路运行的电气回路,亦称为二次系统。描述二次回路的图纸,称为二次接线图或二次回路图。

二次回路包括控制回路、信号回路、监测回路及继电保护和自动化系统等。二次回路在工厂供电系统中虽然是其一次电路的辅助系统,但它对一次回路的可靠、优质、安全、经济地运行起着十分重要的作用,所以必须要充分的重视。

二次回路按电源性质分为直流回路与交流回路。交流回路又包括交流电流回路与交流电压回路。交流电流回路由电流互感器供电,交流电压回路由电压互感器供电。

二次回路按其用途分为断路器控制(操作)回路、信号回路、测量回路、继电保护回路和自动装置回路等。

2. 二次回路的安装接线要求

二次回路接线图是用来表示成套装置或者设备中各个元件之间连接关系的图。供电系统二次回路的接线图主要用来对二次回路进行安装接线、线路检查、线路维修等。在实际使用中,接线图常常要和电路图、位置图一起配合使用。有时接线图也和接线表配合使用。绘制接线图必须遵照国家标准《电气制图·接线图和接线表》(GB 6988.5—86)的有关规定,其图形符号应符合国家标准《电气图用图形符号》(GB 4728)的有关规定,其文字符号包括项目代号应符合国家标准《电气技术中的项目代号》(GB 5094—85)和《电气技术中的文字符号制定通则》(GB 7159—87)的有关规定。

(1) 二次回路的接线应符合下列要求

① 按图施工,接线正确。

② 导线与电气元件间采用螺栓连接、插接、焊接或压接等,均应牢固可靠。

③ 盘、柜内的导线不应有接头,导线芯线应无损伤。

④ 电缆芯线和导线的端部均应标明其回路编号,字迹清晰且不易脱色。

⑤ 配线应整齐、清晰、美观,导线绝缘应良好,无损伤。

⑥ 每个接线端子的每侧接线不得超过 2 根；对于插接式端子，不同截面的两根导线不得接在同一端子上；对于螺栓连接端子，当接两根导线时，中间应加平垫片。

⑦ 二次回路接地应设专用螺栓。

⑧ 盘、柜内的二次回路配线：电流回路应采用电压不低于 500V 的铜芯绝缘导线，其截面不应小于 2.5mm^2；其他回路截面不应小于 1.5mm^2；对电子元件回路、弱电回路采用锡焊连接时，在满足载流量和电压降及有足够机械强度的情况下，可采用不小于 0.5mm^2 截面的绝缘导线。

（2）用于连接门上的电器、控制台板等可动部位的导线还应符合下列要求

① 应采用多股软导线，敷设长度要留有合适裕度。线束应有外套塑料管等加强绝缘层。

② 与电器连接时，端部应绞紧，并应加终端附件或搪锡，不得松散、断股。在可动部位两端应用卡子固定。

（3）引入盘、柜内的电缆及其芯线应符合下列要求

① 引入盘、柜的电缆应排列整齐，编号清晰，避免交叉，并应固定牢固，不得使所接的端子排受到机械应力。

② 盘、柜内的电缆芯线，应按水平或垂直有规律地配置，不得任意歪斜交叉连接。备用芯长度应留有适当余量。

③ 使用于静态保护、控制等逻辑回路的控制电缆，应采用屏蔽电缆，其屏蔽层应按设计要求的接地方式给以接地。橡胶绝缘的芯线应外套绝缘管保护。

④ 铠装电缆在进入盘、柜后，应将钢带切断，切断处的端部应扎紧，并应将钢带接地。

⑤ 强、弱电回路不应使用同一根电缆，并应分别成束分开排列。

二次回路导线还必须注意：在油污环境，应采用耐油的绝缘导线（如塑料绝缘导线）。在日光直射环境，橡胶或塑料绝缘导线应采取防护措施（如穿金属管、蛇皮管保护）。

3. 二次回路接线图的基本绘制方法

（1）二次设备的表示方法

由于二次设备都是附属于一次设备或线路的，而其一次设备或线路又是附属于某一成套电气装置的，因此所有二次设备都必须按 GB 5094—85 的规定，在接线图上标明其项目、种类、代号。

例如某高压测量回路的测量仪表，本身种类代号为 P。现有有功电度表、无功电度表和电流表，因此它们的代号按 GB 7159—87 规定分别标为 PJ1、PJ2 和 PA。而这些仪表又附属于某一线路，而线路的种类代号 W。假设无功电能表 PJ2 是属于线路 W4 上使用的，则此项目种类代号应标为"＋W4－PJ2"，或简化为"－W4PJ2"。这里的"－"号称为"种类"的前缀符号，"＋"是位置的前缀符号。假设这线路 W4 又是 3 号开关柜内的线路，而开关柜的种类代号规定为 A，这时无功电度表的项目种类全称应为"＝A3－W4－PJ2"，或简称为"＝A3－W4PJ2"。这里的"＝"号称为"高层"的前缀符号。所谓"高层"项目，是指系统或设备中较高层次的项目。开关柜属于成套配电装置，是具有较高层次的项目，另外在不致引起混淆的情况下，作为高压开关柜二次回路的接线图，由于柜内通常只有一条线路，因此这无功电能表的项目种类代号可以只标为 PJ2。若要找 PJ2 的端子⑤，则为 PJ2：5。当电路较简单时，一般只用第三段作为项目代号。详见表 4-1。

表 4-1 项目代号的形式及符号

段别	名称	关缀符号	示例	段别	名称	关缀符号	示例
第一段	高层代码	＝	＝A3	第三段	种类代码	－	－PJ2
第二段	位置代码	＋	＋W4	第四段	端子代码	:	:5

（2）接线端子的表示方法

控制柜内的二次设备与控制柜外二次回路的连接，同一控制柜上各安装单位之间的连接，必须通过端子排。端子排由专门的接线端子排组合而成。接线端子排分为普通端子、连接端子、试验端子和终端端子等形式。

普通端子排用来连接由控制柜外引至控制柜上或由控制柜上引至控制柜外的导线。

连接端子排有横向连接片，可与临近端子排相连，用来连接有分支的导线。

试验端子排用来在不断开二次回路的情况下，对仪表、继电器进行试验。如图4-1所示两个试验端子，将工作电流表PA1与电流互感器TA连接起来。当需要换下工作电流表PA1进行试验时，可用另一备用电流表PA2分别接在试验端子的接线端子的螺钉2和7上，如图中虚线所示。然后拧开螺钉3和8，使工作电流表拆除，就可进行试验了。PA1校验完毕后，再接在螺钉3和8上就好了。最后拆下备用电流表PA2，整个电路又恢复原状运行。

终端端子排是用来固定或分隔不同安装项目的端子排。

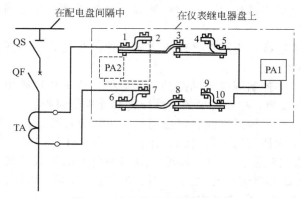

图4-1 试验端子的结构及应用

在接线图中，端子排中各种形式端子排的符号标志如图4-2所示，端子排的文字代号为X，端子的前缀符号为"："。

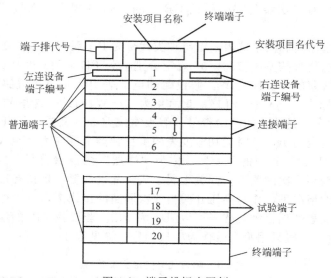

图4-2 端子排标志图例

（3）连接导线的表示方法

接线图中端子之间的导线连接有两种表示方法。

① 连续线表示法——端子之间的连接导线用连续线表示,如图4-3(a)所示。

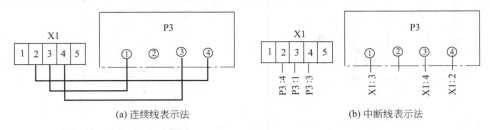

图 4-3　连接导线的表示方法

② 中断线表示法——端子之间的连接不连线条,只在需相连的两端子处标注对面端子的代号,即表示两端子之间需相互连接,故又称"对面标号法"或称"相对标号法",如图4-3(b)所示。

在接线图上控制柜内设备之间及设备与互感器或小母线之间的导线连接,如果用连续线来表示,当连线比较多时就会使接线图相当复杂,不易辨认。所以目前二次接线图中导线连接方法用的较多的是"对面标号法"。

（4）二次回路图示例

图4-4是高压配电线路的二次展开图。图4-5是用中断线表示法来表示连接导线的二次回路接线图。

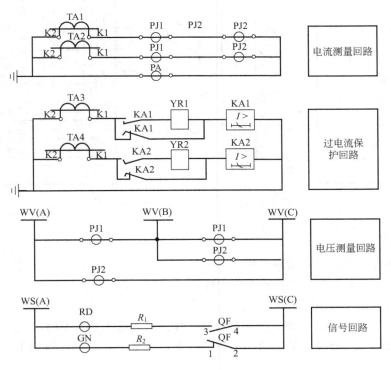

图 4-4　高压配电线路二次回路展开式原理电路图

【任务实施】

（1）实施地点

教室、专业实训室。

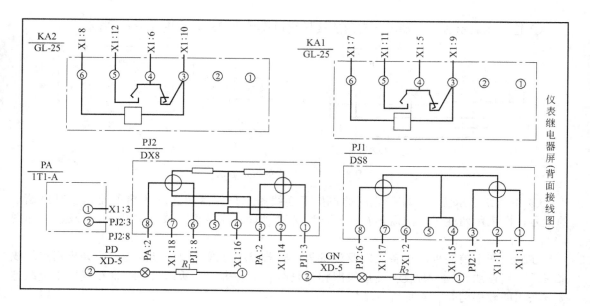
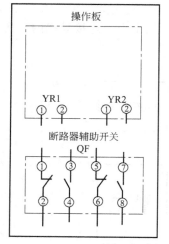
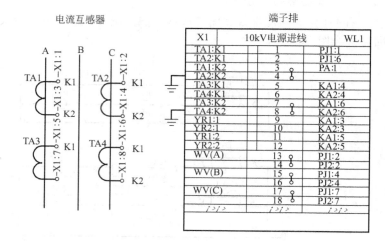

图 4-5　高压配电线路二次回路接线图

(2) 实施所需器材

① 多媒体设备。

② 练习用配电柜，二次回路图纸。

③ 常用电工工具，安装工具和常用配件等。

(3) 实施内容与步骤

① 学生分组。3～4 人一组，指定组长。工作始终各组人员尽量固定。

② 教师布置工作任务。学生阅读工作任务书，了解工作内容，明确工作目标，制定实施方案。

③ 教师通过图片、实物或多媒体分析演示让学生了解二次回路的接线、绘制，指导学生自学，老师并及时指导，指出问题。

④ 对给定二次回路进行接线。

a. 分组接线。

b. 注意事项：按接线要求进行，保证接线正确且美观；注意安全。

学习小结

本任务的核心是看懂二次回路图,并能按图进行正确接线。通过本任务的学习和实践,学生应能理解以下要点。

1. 二次回路是指用来控制、指示、监测与保护一次电路运行的电气回路,亦称为二次系统。二次回路包括控制回路、信号回路、监测回路及继电保护和自动化系统等。

2. 二次回路图的绘制应按照国家标准,绘制接线图必须遵照国家标准《电气制图·接线图和接线表》(GB 6988.5—86)的有关规定,其图形符号应符合国家标准《电气图用图形符号》(GB 4728)的有关规定,其文字符号包括项目代号应符合国家标准《电气技术中的项目代号》(GB 5094—85)和《电气技术中的文字符号制定通则》(GB 7159—87)的有关规定。

3. 接线图中端子之间的导线连接有两种表示方法,即连续线表示法和中断线表示法。

自我评估

1. 什么是二次回路?它包括哪几部分?
2. 二次回路的接线应符合哪些要求?
3. 图4-6(a)为装有三只电流表和一只无功电能表的原理图,试用中断表示法在图4-6

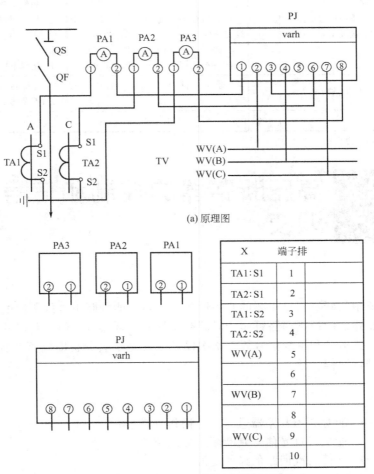

图 4-6 原理图和安装接线图

(b) 上仪表端子出线处和端子排上进行标号。

评价标准

教师根据学生观察记录结果及提问，按表 4-2 给予评价。

表 4-2 任务 4.1 综合评价表

项 目	内 容	配分	考核要求	扣分标准	得分
实训态度	1. 实训的积极性 2. 安全操作规程地遵守情况 3. 纪律遵守情况 4. 完成自我评估、技能训练报告	30	积极参加实训，遵守安全操作规程和劳动纪律，有良好的职业道德；有较好的团队合作精神，技能训练报告符合要求	违反操作规程扣 20 分；不遵守劳动纪律扣 10 分；自我评估、技能训练报告不符合要求扣 10 分	
仪器、仪表和电工工具的使用	正确选用工具和仪表	20	仪表选用正确 工具选用得当	1. 仪表使用不正确一次扣 5 分 2. 电工工具使用不正确一次扣 5 分	
电路安装接线	1. 按图连接电路 2. 接线工艺	40	1. 看懂电路图，并能够根据电路图连接 2. 走线横平竖直、布线整齐美观，走线交叉少 3. 接线正确，规范化操作 4. 导线选用合理，颜色区分正确	1. 不按图接线扣 2 分 2. 布线不整齐扣 2 分 3. 接错每根电线扣 2 分 4. 导线选择不合理扣 2 分 5. 接线不牢固扣 2 分	
工具的整理与环境卫生	环境清洁情况	10	要求工具排列整齐，工作台周围无杂物	工具排列不整齐 1 件扣 1 分；有杂物 1 件扣 1 分；	
合计		100			

注：各项配分扣完为止。

任务 4.2 高压断路器的控制和信号回路的识读

【任务描述】

供配电系统中的断路器是重要的开关设备。它不仅能分断正常的负荷电流，还能分断短路电流。高压断路器的控制回路可用于对断路器的分、合操作，而断路器的信号回路可用来指示断路器的位置信号和事故信号等。本次任务主要是学会分析断路器的控制和信号回路，并会对断路器进行操作。

【任务目标】

技能目标：1. 能对高压断路器进行分合操作（模拟）。
2. 能根据灯光信号判断断路器的位置。
知识目标：1. 掌握二次回路的操作电源。
2. 了解高压断路器控制和信号回路的要求。
3. 掌握采用不同操作机构断路器的控制回路。

【知识准备】

1. 二次回路的操作电源

二次回路操作电源是提供给高压断路器跳、合闸回路与继电保护装置、信号回路、监测系统及其他二次回路所需的电源。因此要求操作电源的安全可靠性很高，要求容量足够大，尽量不受供电系统运行的影响。

二次回路操作电源，包括直流和交流两大类。直流操作电源包括由蓄电池组供电的电源和由整流装置供电的电源两种。交流操作电源包括由变电所使用的变压器供电方式和由仪用互感器供电方式两种。

(1) 直流操作电源

1) 蓄电池组供电的直流操作电源

蓄电池组直流操作电源是一个独立的可靠电源，与系统运行情况无关，可以在完全停电的情况下保证操作、保护、信号等重要负荷的供电。蓄电池主要有铅酸蓄电池和镉镍蓄电池两种。

铅酸蓄电池充电时会逸出有害的硫酸气体，需要专用房间，维护工作量大。现在有一种新型免维护阀控密封铅酸蓄电池，克服了老式铅酸蓄电池的缺点，正在广泛应用于变配电所。镉镍蓄电池组具有大电流放电性能好，比功率大，机械强度高，使用寿命长，腐蚀性小，运行维护也较方便，在用户变配电系统中比较常用。

蓄电池组直流电源系统的运行方式有两种，充电-放电运行方式和浮充电运行方式。目前，大多数蓄电池组直流电源系统都采用浮充电运行方式。

在有些成套装置中（直流柜），蓄电池具有全密封免维护的运行特点；充电设备除了可以自动完成蓄电池组的充电、均衡充电和浮充，还可以实现从调度端发来的远方控制。当用户需要时，还可增设直流监控系统，采集直流系统的开关量和模拟量，和电流监控系统或远方实现数据通信，实现遥控、遥测和遥信。

2) 整流装置供电的直流操作电源

整流装置供电的直流操作电源主要有硅整流电容储能式和复式整流两种。

① 硅整流电容储能式直流操作电源　为保证交流电源的可靠性，一般装设补偿电容器的硅整流直流操作电源装设两台硅整流器，接至两个不同的交流电源，在整流器的直流侧并列供电。直流额定电压宜选用110V或220V。为了充分利用电容器的放电能量，电压运行值应比额定电压高10%～30%。两台硅整流器的容量选择有两种方案，一种是一组容量较小仅用于向操作控制母线供电，另一组容量较大供断路器合闸，兼向操作控制母线供电；另一种是两台硅整流器选得一样大，这样一组硅整流器可作另一组硅整流器的备用，或两台硅整流器并联运行以供给较大的合闸电流。

硅整流电容储能式直流操作电源在交流供电系统正常运行时，通过硅整流器供直流操作电源，同时电容器储能。在交流供电电源降低或消失时，由储能电容器对继电保护和跳闸回路放电，使其正常动作。图4-7为硅整流电容储能式直流操作电源的原理图。

② 复式整流直流操作电源　复式整流直流操作电源是用在变配电所内代替蓄电池的一种比较简单、可靠的直流电源。具有投资少，体积小及便于维护等优点。

复式整流直流操作电源，不仅由所用变压器或电压互感器的电压源供电，而且还有反映故障电流的电流互感器电流源供电，如图4-8所示。

由于复式整流装置有电压源和电流源，因此，在正常和短路故障情况下直流系统均能可靠供电。在正常运行时，由电压互感器供电，经铁磁谐振稳压器和硅整流器供电给二次回路；当主电路发生短路故障时，一次系统电压降低，此时由电流互感器供电经铁磁谐振稳压

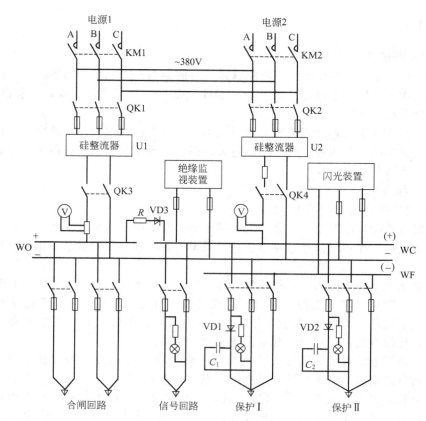

图 4-7 硅整流电容储能式直流操作电源的原理图

器获得稳定的直流操作电源，以满足变电所在正常和故障情况下的继电保护、信号和断路器跳闸要求。

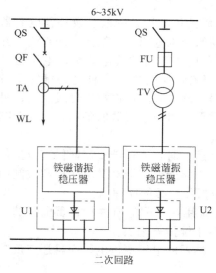

图 4-8 复式整流装置原理原理图
TA—电流互感器；TV—电压互感器；
U1、U2—硅整流器

③ 微机型高频开关直流电源 随着时代的发展，作为发电站、变电站的继电保护自动化配置的综合微机自动化保护的电源，微机型高频开关直流电源有着特有的重要功能：其一，提供可靠的合闸电源（主开关瞬间跳闸合闸电源）；其二，控制电源（为微机控制保护提供不间断直流电源）；其三，为事故状态下应急照明电源。

微机型直流电源由四个部分组成：充电模块、蓄电池组、微机监控装置、输出馈电部分。

充电器采用高频开关电源省去了整流变压器，轻便灵活，组件式模块互换性好，同时纹波系数≤0.01，稳压精度≤0.1，与原有整流器相比提高一个数量级。

蓄电池采用免维护阀控式，长期运行不要加液；采用微机总线制监控技术，减少了连线，提高精度可靠性；采用专用直流分断开关。

微机监控功能具有：对充电模块电压、电流、均流的监测；对电池智能监测，单只、整组电池电压；

对直流母线电压监测；对输出馈电支路监测；对上位机通信显示；对直流控母合母的绝缘监测。

（2）交流操作电源

交流操作电源比硅整流电源简单，它不需要设置直流回路，但只适用于直动式继电器和采用交流操作的断路器。交流操作电源可分电流源和电压源两种。电流源由电流互感器供电，主要供电给继电保护和跳闸回路。电压源由变配电所的所用变压器或电压互感器供电，通常前者作为正常工作电源，后者因其容量小，只作为保护油浸式变压器内部故障的瓦斯保护的交流操作电源。

采用交流操作电源，简化二次回路，减小投资成本，工作可靠，维护方便，但是交流操作电源不适用比较复杂的继电保护、自动装置及其他二次回路。交流操作电源广泛用于中小型变电所中断路器采用手动操作和继电保护采用交流操作的场合。

2. 高压断路器的控制和信号回路的要求

断路器的控制回路就是控制（操作）断路器分、合闸的回路。它由操作电源的类别和断路器操动机构的形式来决定。高压断路器的操动机构有手动式、电磁式和弹簧式等形式；操作电源有直流和交流两类。电磁操动机构只能采用直流操作电源，手动操动机构和弹簧操动机构可交直流两用。

信号回路是用来指示一次设备运行状态的二次回路。按用途分，有断路器位置信号、事故信号和预告信号等。

断路器的位置信号是用来显示断路器正常工作时的位置状态。一般采用灯光监视方式，用红灯亮表示断路器在合闸位置，用绿灯亮表示断路器在分闸位置。

事故信号是用来显示断路器在事故情况下的工作状态。一般用红灯闪光表示断路器自动合闸，用绿灯闪光表示断路器自动跳闸。此外还有事故音响信号（蜂鸣器）和光字牌等。

预告信号是在一次设备出现不正常工作状态时或故障初期发出报警信号，例如变压器油温过高或轻瓦斯动作时，就发出区别于事故音响信号的另一种预告音响（警铃）信号，同时光字牌亮，指示出故障的性质和地点，值班人员可根据预告信号及时处理。

对高压断路器的控制回路及其信号系统的主要要求如下。

① 应能监视控制回路保护装置（如熔断器）及其分、合闸回路的完好性，以保证断路器的正常工作，通常采用灯光监视的方式。

② 分闸或合闸完成后应能使其命令脉冲解除，即能切断分闸或合闸的电源。

③ 应能指示断路器正常分、合闸的位置状态，并在自动合闸和自动跳闸时有明显的指示信号。

④ 对有可能出现不正常工作状态的设备，应装设预告信号，预告信号应能使控制室或值班室的中央信号装置发出音响或灯光信号，并能指示故障地点和性质。一般预告音响信号用电铃（警铃），而事故音响信号用电笛（蜂鸣器），以示有所区别。

⑤ 各断路器应有事故跳闸信号。事故跳闸信号回路应按"不对应原理"接线。当断路器采用电磁操动机构或弹簧操动机构时，则利用控制开关的触点与断路器的辅助触点构成"不对应"关系，即控制开关在合闸位置而断路器已跳闸时，发出事故跳闸信号。当断路器采用手动操动机构时，利用手动操动机构的辅助触点与断路器的辅助触点构成"不对应"关系，即操动机构在合闸位置而断路器已跳闸时，发出事故跳闸信号。

3. 手动操动机构的高压断路器的控制和信号回路

图4-9为采用手动操动机构的控制回路及其信号系统。

合闸时，推上手动操动机构的操作手柄使断路器合闸。这时断路器的辅助触点QF3-4闭合，

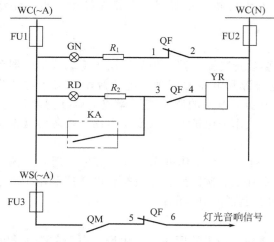

图 4-9 采用手动操动机构的
断路器控制和信号回路
WC—控制小母线；WS—信号小母线；
FU1-3—熔断器电器触点；
QF1-6—断路器辅助触点；
QM—手动操动机构辅助触点；
GN—绿色信号灯；RD—红色信号灯；
R_1，R_2—限流电阻；
YR—跳闸线圈（脱扣器）；
KA—继电保护装置出口继电器

红灯 RD 亮，指示断路器在合闸位置（注意：YR 虽通电，但由于 RD 和 R_2 的限流，不会动作）。红灯 RD 亮还表明跳闸线圈 YR 回路及控制回路的熔断器 FU1、FU2 是完好的，即红灯 RD 同时起着监视跳闸回路完好性的作用。在合闸同时 QF1-2 断开，绿灯 GN 灭。

分闸时，扳下操作手柄使断路器跳闸。断路器辅助触点 QF3-4 断开，红灯 RD 灭，并切除跳闸电源，同时辅助触点 QF1-2 闭合，绿灯 GN 亮，指示断路器在分闸位置。绿灯 GN 亮还表明控制回路的熔断器 FU1、FU2 是完好的，即绿灯 GN 也同时起着监视合闸回路完好性的作用。

在断路器正常操作分、合闸时，由于操动机构辅助触点 QM 与断路器辅助触点 QF5-6 总是同时切换的，因此事故信号回路总是不通，不会错误地发出事故信号。

当一次电路发生短路故障时，继电保护装置动作，其出口继电器 KA 闭合，接通跳闸线圈 YR 的回路（QF3-4 原已闭合），使路器跳闸。随后 QF3-4 断开，使红灯 RD 灭，并切断跳闸电源，同时 QF1-2 闭合，使绿灯 GN 亮。这时操动机构的手柄虽然还在合闸位置，但跳闸指示牌掉下，表示断路器自动跳闸。同时事故跳闸信号回路接通，此事故信号回路是按"不对应原理"接线的。由于操动机构仍在合闸位置，其辅助触点 QM 闭合，而断路器实际已跳闸，其辅助触点 QF5-6 也闭合，因此事故信号回路接通，发出灯光和音响信号。在值班员得知事故信号后，可将操作手柄扳向分闸位置。这时，跳闸信号牌返回，事故信号也立即消除。

控制回路中的电阻 R_1、R_2 是限流电阻，用来防止红、绿指示灯的灯座短路造成断路器误跳闸，或引起控制回路短路。此手动操作断路器的控制回路为交流操作电源。

4．电磁操动机构的高压断路器的控制和信号回路

在工厂供电系统中，在 6-10kV 系统中普遍采用电磁操动机构，它可以对断路器实现远距离控制。电磁操动机构与高压断路器安装在一起，其操作开关安装在控制主控制屏上。图 4-10 为采用电磁操动机构的断路器控制回路及其信号系统。控制开关采用 LW2-Z 型，触点图表见表 4-3。

表 4-3 LW2-Z-1a，4，6a，40，20，20/F8 开关触点表

手柄和触点盒形式	F8	1a		4		6a			40		20		20	
触点号	1-3	2-4	5-8	6-7	9-10	9-12	10-11	13-14	14-15	13-16	17-19	17-18	18-20	21-23	21-22	22-24
位置	跳闸后（TD） ←	—	·	—	·	—	·	·	—	·	—	—	·	—	·	—
	预备合闸（PC） ↑	·	—	—	·	·	—	—	—	·	—	·	—	—	·	—
	合闸（C） ↗			·	—	—	—	·	·	—	—	·	—	—	·	·	—
	合闸后（CD） ↑	—	·	—	·	·	—	—	·	—	—	·	—	—	·	—
	预备跳闸（PT） ←	·	—	—	·	—	·	—	·	—	—	·	—	·	—	—
	跳闸（T） ↙			—	·	—	·	—	·	·	—	—	·	—	·	—	·

注："·"表示接通，"—"表示断开。

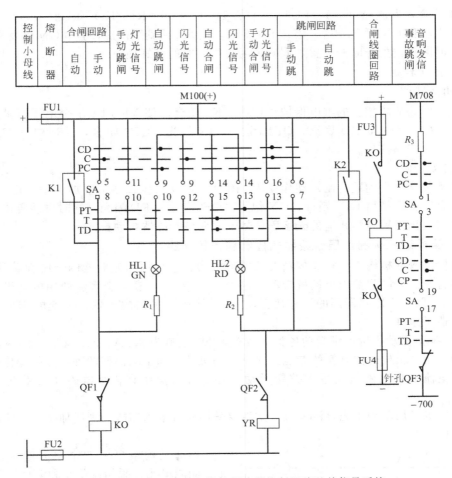

图 4-10 采用电磁操动机构的断路器控制回路及其信号系统
+，——直流电源小母线；M100（+）—闪光信号小母线；M708—事故信号小母线；
—700—信号电源小母线；SA—控制开关；KM—合闸接触器；
YO—电磁合闸线圈；YR—跳闸线圈；GN—绿色信号灯；
RD—红色信号灯；K1，K2—自动装置和继电保护装置的触点

（1）手动控制

1）合闸操作

合闸时，将控制开关 SA 手柄顺时针扳转 90°到预备合闸位置，此时，GN 经 SA 的 9-10 接至闪光小母线 M100（+）上，GN 闪光，核对无误。再将 SA 手柄顺时针扳转 45°到合闸位置，这时 SA 触点 5-8 接通，合闸接触器 KO 通电，其主触点闭合，使电磁合闸线圈 YO 通电，断路器合闸。QF1（QF 的辅助触点）断开，GN 熄灭，QF2（QF 的辅助触点）闭合，电流经（+）—FU1—SA 的 16-13—RD—R_2—YR—FU2—（—），RD 发平光。操作人员见 RD 发平光后，松开 SA 手柄，使 SA 回到合闸后位置，RD 仍发平光。RD 发平光表明断路器处于合闸位置，同时说明跳闸回路的完好性。

2）分闸操作

分闸时，将控制开关 SA 手柄反时针扳转 90°到预备跳闸位置，此时，RD 经 SA 的 13-14 接至闪光小母线 M100（+）上，RD 闪光，核对无误。再将 SA 手柄反时针扳转 45°到跳闸位置，这时 SA 触点 6-7 接通，跳闸线圈 YR 通电动作，断路器跳闸。QF2 断开，RD 熄

灭，QF1闭合，电流经（+）—FU1—SA 的 11-10—GN—R1—KO—FU2—（-），GN 发平光。操作人员见 GN 发平光后，松开 SA 手柄，使 SA 回到跳闸后位置，GN 仍发平光。GN 发平光表明断路器处于断开位置，同时说明合闸回路的完好性。

（2）自动控制

1）事故跳闸

当一次回路故障相应的继电保护动作后，K2 闭合，使 YR 加上了全电压而动作，使断路器跳闸。QF2 断开，RD 熄灭，QF1 闭合，GN 闪光，QF3 闭合，接通中央事故信号装置，发出事故音响信号。

2）自动合闸

当自动装置（自动重合闸）动作使 K1 闭合时，合闸接触器 KO 加上了全电压而动作，使断路器合闸。合闸后 QF1 断开，GN 熄灭，QF2 闭合，RD 闪光，同时自动装置将启动中央信号装置发出警铃声和相应的光字牌信号，表明该断路器自动投入。

5. 弹簧操动机构的高压断路器的控制和信号回路

弹簧储能操动机构是一种比较新型的操动机构。它利用预先储能的合闸弹簧释放能量，使断路器合闸。合闸弹簧由电动机带动（也可手动储能），多为交直流两用电动机，且功率很小（10kV 及以下断路器用的只有几百瓦），弹簧操动机构的出现，为变电所采用交流电动操作创造了条件。

CT19 弹簧操动机构可供操动各类 ZN28 型开断电流为 20kA、31.5kA、40kA 的高压真空断路器之用。机构合闸弹簧的储能方式有电动机储能和手动储能两种，分闸操作有分闸电磁铁、过电流脱扣电磁铁及手动按钮操动三种，合闸操作有合闸电磁铁及手动按钮操作两种。

储能电机采用单相永磁直流电机，如需要采用交流电源储能，则增加全波整流电源供给储能电动机工作。

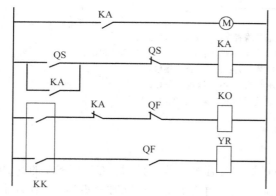

图 4-11 CT19 弹簧操作机构的控制回路电气原理图
M—机构的储能电机；YR—机构的由独立电源供电的分闸电磁铁；KA—中间继电器；QF—机构的辅助开关；KK—控制开关；SQ—机构的行程开关；QS—组合开关；KO—机构的合闸电磁铁

操动机构主要由四个单元组成：驱动单元、储能单元、脱扣器单元和电气控制单元。

驱动单元的受力合理，动作稳定可靠，抗冲击性能好。它的输出轴位于机构的最上端，结构开放，容易与断路器配接。

储能机构为一个两级齿轮减速机构，储能时可以电动或人力操动，具有防逆转和机构离合装置，其运动平稳、噪声小、效率高。两根合闸弹簧分别布置在机构两边外侧，受力均匀，稳定性好。

分合闸脱扣器及过电流脱扣器均采用水平布置，手动脱扣器按钮与脱扣器合为一体。所有脱扣器均为直接式脱扣，其结构简单，动作灵活可靠。

电气控制单元由辅助开关、行程开关、接线端子排、桥堆整流块等组成。如采用直流电源供电，则不需桥堆块整流。

CT19 弹簧操动机构的控制回路与保护系统电气原理图如图 4-11 所示。

在图 4-11 中当机构处于未储能状态时，行程开关 SQ 常闭接点接通，这时一旦组合开关 QS 闭合，中间继电器 KA 线圈接通 KA 的常开接点闭合，电机与电源接通，合闸弹簧开始储能，储能完成以后，行程开关 SQ 常闭接点打开，切断中间继电器 KA 的线圈从而切断了电机电源，使电机停转，行程开关还装有一对常开接点，可供储能信号指示用（图中未画出）。

合闸弹簧储能结束后，中间继电器 KA 的常闭接点接通，这时如果机构处于分闸位置，只要控制开关 KK 投向合的位置，合闸电磁铁线圈 KO 通电，机构进行合闸操作。而在合闸弹簧储能的过程中，中间继电器 KA 的常闭接点是打开的，这时即使控制开关 KK 投向合的位置，合闸电磁铁线圈 KO 也不能通电，以避免误操作。机构的辅助开关的另一组常开接点可供合闸信号指示用。

机构合闸后，辅助开关 QF 的常开接点闭合，这时如果控制开关 KK 投向分的位置，分闸电磁铁线圈 YR 通电，机构进行分闸操作。分闸完成后，辅助开关常开接点打开，切断分闸电磁铁线圈电源。机构的辅助开关的另一组常闭接点可供分闸信号指示用。

【任务实施】

（1）实施地点

教室、专业实训室。

（2）实施所需器材

① 多媒体设备。

② 断路器操动机构，高压断路器控制和信号回路图纸。

③ 常用电工工具、安装工具和常用配件等。

（3）实施内容与步骤

① 学生分组。3~4 人一组，指定组长。工作始终各组人员尽量固定。

② 教师布置工作任务。学生阅读工作任务书，了解工作内容，明确工作目标，制定实施方案。

③ 教师通过图片、实物或多媒体分析演示让学生了解高压断路器的操动机构、动作过程，教师讲解高压断路器的控制和信号回路，学生能根据具体情况分析各种操动机构的高压断路器的控制和信号回路。会根据断路器的控制和信号回路判断故障，指导学生自学，并及时指导，提出问题。

④ 发放断路器控制和信号回路图纸，学习阅读，将阅读结果填写表 4-4 中。

表 4-4 某断路器控制和信号回路读图记录表

操作电源	控制开关触点表	操动机构	合闸过程	自动分闸过程

【知识拓展】 信号回路

为了使值班人员及时掌握电气设备的运行状态，须用信号及时显示当时的工作情况，以便值班人员作出正确的处理。

信号按使用的电源可分为弱电信号系统和强电信号系统；按用途可分为位置信号、事故信号、预告信号、指挥信号和联系信号；按信号的表示方法可分为灯光信号和音响信号。而灯光信号又可分为平光信号、闪光信号以及不同颜色和不同频率的灯光信号，音响信号又可分为不同音调和语音的音响信号。

工厂变电所信号的信号系统应满足以下基本要求。

a. 断路器事故跳闸时，能及时发出音响信号（蜂鸣器），并使相应的位置指示灯闪光，信号继电器掉牌，点亮"掉牌未复归"光字牌。

b. 发生不正常情况时，能及时发出区别于事故信号的另一种信号（警铃），并使显示故障性质的光字牌点亮。

c. 对事故信号、预告信号能进行是否完好的试验。

d. 音响信号应能重复动作，并能手动或自动复归，而故障性质的显示灯仍保存。

（1）事故信号回路

① 就地复归事故信号装置　图 4-12 为一简单、不能重复动作的，能就地复归事故信号装置的电路图。

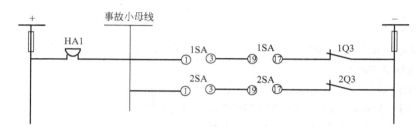

图 4-12　就地复归事故信号装置电路图
HA1—蜂鸣器；SA—控制开关

动作过程：当任何一台断路器跳闸时，利用不对应原理，使信号回路负电源与事故小母线接通，蜂鸣器发出音响。要解除音响，值班人员要找到指示灯发闪光的断路器，将其控制开关手柄扭转到相对对应的位置上，音响信号被解除。此种事故信号装置不能中央复归，也不能重复动作。一般用于电压不高，出线少的小型变电所。

② 中央复归能重复动作的事故信号装置　在发生故障时，通常希望音响信号能较快解除，以免干扰值班人员进行事故处理，而灯光信号则需要保留一定的时间，以便判断故障的性质和发生的地点。这就要求音响信号能有一个集中地（中央信号），中央信号装置全厂可单元控制室或网络控制室共用一套或两套。所谓重复动作，即当某一台断路器发生跳闸后，运行人员在处理的过程中（音响信号已切除，灯光信号仍保留，即断路器控制开关还在合闸位置），这时若再发生另一台断路器跳闸，事故音响信号仍能再次发出音响信号。

图 4-13 为中央复归能重复动作的事故信号启动回路。

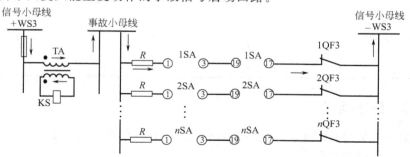

图 4-13　中央复归能重复动作的事故信号启动回路
TA—脉冲变流器；KS—冲击继电器；SA—控制开关

动作过程：当系统发生故障，断路器 QF1 跳闸时，－WS3 经 1QF3，1SA 触点 19-17、1-3，R 与事故小母线接通，在脉冲变流器的一次侧流过一直流电（矩形脉冲），在二次侧出现一个脉冲电流，使冲击继电器 KS（执行元件）动作，KS 动作后再启动中央事故信号电路。当变流器 TA 中的直流电流达到稳定时，二次侧电流消失，KS 复归，本次事故音响解除，但事故断路器的控制开关尚未复归，若此时断路器 QF2 跳闸，－WS3 经 2QF3，2SA 触点 19-17、1-3，R 与事故小母线接通，形成两条支路并联，使变流器的一次电流又发生了变化（每条支路均有一电阻 R），在二次侧又一次出现脉冲电流，使冲击继电器 KS 动作，再次启动中央事故信号电路，实现重复动作。

（2）预告信号回路

图 4-14 为预告信号启动回路。

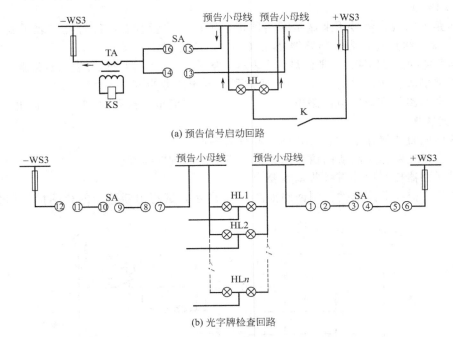

(a) 预告信号启动回路

(b) 光字牌检查回路

图 4-14　预告信号启动回路

HL—光字牌；SA—预告信号转换开关；KS—冲击继电器

　　SA 在"工作"位置，其触点 13-14、15-16 接通。当设备发生不正常运行时，相应保护装置的 K 闭合，经光字牌 HL，接至预告小母线，再经 SA 的触点 13-14、15-16、变流器 TA 至 ＋WS3，使 KS 动作，并点亮光字牌 HL。重复动作是通过启动回路并入光字牌来实现。

　　光字牌检查电路是用来检查光字牌内灯泡的好坏，可将转换开关 SA 由"工作"位置切换至"试验"位置，如图 4-14（b）所示。此时，通过 SA 触点 1-2、3-4、5-6、7-8、9-10、11-12 使光字牌为亮。任一光字牌不亮，则说明灯泡已损坏，就及时更换。

　　需要说明的是：在检查光字牌时，两只灯泡是串联的，灯光较暗，而在发出预告信号时，同一光字牌内的两个灯泡是并联的，因此发光明亮。

学习小结

　　本任务的核心是会分析高压断路器的控制回路和信号回路，理解"不对应原理"的含义。熟悉断路器的位置信号、事故信号、预告信号，并能对断路器进行分合操作。通过本任务的学习和实践，学生应能理解以下要点。

1. 二次回路操作电源，包括直流和交流两大类。直流操作电源包括由蓄电池组供电的电源和由整流装置供电的电源两种。交流操作电源包括由变电所使用的变压器供电方式和由仪用互感器供电方式两种。蓄电池组直流操作电源是一个独立的可靠电源。

2. 一般用红灯亮表示断路器在合闸位置，绿灯亮表示断路器在分闸位置。用红灯闪光表示断路器自动合闸，用绿灯闪光表示断路器自动跳闸。

3. 一般预告音响信号用电铃（警铃），而事故音响信号用电笛（蜂鸣器）。

4. 高压断路器常用的操动机构有：手动操动机构、电磁操动机构、弹簧操动机构等。

5. 断路器事故跳闸信号回路，应按"不对应原理"接线。

自我评估

一、填空题

1. 断路器的位置信号用来显示断路器正常工作的位置状态，红灯亮，表示断路器处在（　　）位置；绿灯亮，表示断路器处在（　　）位置。
2. 断路器的信号回路。一般红灯闪光表示断路器（　　），绿灯闪光表示断路器（　　）。
3. 通常事故音响信号为（　　）；通常预告音响信号为（　　）。
4. 二次回路的交流电流回路由（　　）供电，交流电压回路由（　　）供电。

二、简答题

1. 常用的直流操作电源有哪几种？各有何特点？
2. 什么是断路器事故跳闸信号回路的"不对应原理"接线？
3. 对断路器控制回路有哪些基本要求？
4. 某灯光监视断路器的控制回路如图 4-15 所示，试写出断路器的合闸操作和分闸操作过程。

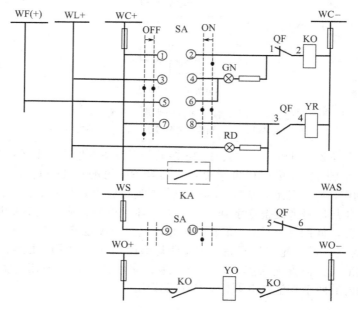

图 4-15　灯光监视断路器的控制回路

WC—控制小母线；WL—灯光指示小母线；WF—闪光信号小母线；WS—信号小母线；WAS—事故信号小母线；WO—合闸小母线；SA—控制开关；KO—合闸接触器；YO—电磁合闸线圈；YR—跳闸线圈；KA—保护装置出口继电器触点；QF1-6—断路器辅助触点；GN—绿色信号灯；RD—红色信号灯；ON—合闸操作方向；OFF—分闸操作方向

评价标准

教师根据学生阅读图纸结果及提问，按表 4-5 给予评价。

表 4-5　任务 4.2 综合评价表

项　目	内　容	配分	考核要求	扣分标准	得分
实训态度	1. 实训的积极性 2. 安全操作规程地遵守情况 3. 纪律遵守情况 4. 完成自我评估、技能训练报告	40	积极参加实训，遵守安全操作规程和劳动纪律，有良好的职业道德；有较好的团队合作精神，技能训练报告符合要求	违反操作规程扣 20 分；不遵守劳动纪律扣 10 分；自我评估、技能训练报告不符合要求扣 10 分	
读图	断路器控制回路和信号回路	40	读图方法 读图正确性	读图方法不正确扣 10 分 读图过程一个错误扣 5 分	
故障判断	事故，不正常运行	20	根据音响信号和灯光信号判断故障	判断中出现一次错误扣 5 分	
合计		100			

注：各项配分扣完为止

任务 4.3　测量回路电气测量仪表的配置与接线

【任务描述】

变配电所二次测量回路，主要供运行人员了解和掌握电气设备的工作情况，以及电能的输出和分配情况，以便及时调节、控制设备的运行状态，分析和处理事故。因此测量回路对于保证变配电所的安全运行具有重要的作用。因此本次任务主要是学会查阅电气测量规范，能根据要求进行正确配置电测量仪表，并学会对测量仪表进行安装接线。

【任务目标】

技能目标：1. 能独立查阅资料，对电气测量仪表进行配置和选择。
　　　　　2. 能对变电所的电气测量仪表进行安装接线和正确读数。
知识目标：1. 了解电气测量仪表的要求。
　　　　　2. 掌握变配电装置中测量仪表的配置。

【知识准备】

1. 测量仪表的配置

要保证变配电所电气设备安全经济运行必须要有电气测量仪表。通过电气测量仪表，值班人员可以了解运行参数（如电压、电流、功率等），监视各种电气设备的运行情况，及时察觉各种异常现象。同时在电气设备发生事故的情况下，还可以测量和记录事故范围和事故性质等。另外，运行值班人员还可以通过各种记录仪表的指示数据，进行电力负荷的统计、积累技术资料和分析生产技术指标，以便指导运行工作。

为了监视一次设备的运行状况和计量一次系统消耗的电能，保证系统安全可靠和优质经济合理地运行，在工厂供电系统的变配电装置中必须装设一定数量的电气测量仪表。

电气测量仪表的类型很多，根据各种仪表的结构、特点以及在供电系统的配置和用途，通常分成电气指示仪表和电能计量仪表。各种仪表的配置、选择应当符合国家标准 GBJ 63—90《电力装置的电测量仪表装置设计规范》的规定。

(1) 对电气指示仪表的要求

电气指示仪表，是指固定安装在变配电所仪表屏、控制屏或配电屏（柜）上的反映电力设备运行情况、监视系统绝缘状况以及在事故情况下测量和记录事故范围和事故性质的仪表。除了要求其测量范围和准确度能满足变配电装置运行监测的要求外，应力求外形美观、便于观测、经久耐用。具体要求如下：

① 1.5 级和 2.5 级的仪表，应配用准确度不低于 1.0 级的互感器。交流回路的仪表，其准确度不低于 2.5 级；直流回路的仪表，其准确度不低于 1.5 级。

② 仪表的测量范围和电流互感器变比的选择，要满足电力装置回路在额定条件运行时，仪表的指示在标度尺的 70%～100% 处。对有可能过负荷运行的电力装置回路，仪表的测量范围，宜留有适当的过负荷裕度。对重载启动的电动机和运行中有可能出现短时冲击电流的电力装置回路，宜采用具有过负荷标度尺的电流表。对有可能双向运行的电力装置回路，应采用具有双向标度尺的仪表。

(2) 对电能计量仪表的要求

电能计量仪表主要是指计费用有功电度表和用于技术分析用的有功、无功电度表，按照国家标准，应符合考核技术经济指标和按电价分类合理计费的要求。

① 月平均用电量在 1×10^6 kW·h 及以上的电力用户的电能计量点，应采用 0.5 级的有功电度表。而月平均用电量小于 1×10^6 kW·h、容量在 315kV·A 及以上的变压器高压侧计量的电力用户电能计量点，应采用 1.0 级有功电度表。容量在 315kV·A 及以下变压器低压侧计量的电力用户电能计量点、75kW 及以上的电动机以及仅作为工厂内部技术经济考核而不计费的线路和电力装置回路，均采用 2.0 级有功电度表。

② 315kV·A 及以上的变压器高压侧计费的电力用户电能计费点和并联电力电容器组，应采用 2.0 级的无功电度表。在 315kV·A 以下的变压器低压侧计费的电力用户电能计量点以及仅作为工厂内部技术经济考核而不计费的线路和电力装置回路，均采用 3.0 级无功电度表。

③ 0.5 级的有功电度表，应配用 0.2 级的互感器。1.0 级的有功电度表、2.0 级计费用的有功电度表及 2.0 级的无功电度表，应配用不低于 0.5 级的互感器。仅作为工厂内部技术经济考核而不计费的有功和无功电度表，均宜配用 1.0 级的互感器。

(3) 变配电装置中各部分仪表的配置

根据国家标准的有关规定，仪表配置要求如下：

① 在工厂的电源进线上，必须装设计费用的有功电度表和无功电度表，而且要采用全国统一标准的电能计量柜，配用专用的互感器，连接计费用电度表的互感器，不得接用其他仪表和继电器。

② 降压变压器的两侧，均应装设电流表以了解负荷情况；低压侧如为三相四线制，应各相都装电流表。高压侧还应装设有功电度表和无功电度表。

③ 6～10kV 高压配电线路，应装设一只电流表，了解其负荷情况。如需计量电能，还需装设有功电度表和无功电度表。

④ 并联电力电容器电路，应装设三只电流表，以检查三相负荷是否平衡。如需计量无功电能，则需装设无功电度表。每段母线上都必须装设电压表测量电压，并装设绝缘监察装置（对小电流接地系统）。

⑤ 低压配电线路（三相四线制），一般应装设三只电流表或一只电流表加电流转换开关，以测量各相电流，特别是照明线路。如为三相负荷平衡的动力线路，可只装一只电流表。如需计量电能，一般应装设三相四线制有功电度表。对负荷平衡线路，可只装一只单相有功电度表，实际电能为其计度的3倍。

⑥ 变配电所的每段母线上，一定要装设电压表测量电压，在中性点小接地系统中，各段母线上还要装设绝缘监视装置。如出线少可以不装绝缘监视电压表。

2. 测量回路图

测量回路图通常采用展开式原理接线图，并以交流电压回路和交流电流回路分别表示。

（1）测量仪表的交流电流回路

测量仪表一般由单独的电流互感器或单独的二次线圈供电。当测量仪表与保护装置共用一组电流互感器时，可将它们的电流线圈相串联，但应防止测量回路开路引起继电保护的误动作。图4-16所示为某6~10kV线路交流电流回路，此交流回路为电流继电器KA和有功电能表、无功电能表及电流表串联的情况。

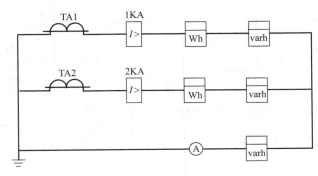

图4-16 6~10kV线路交流电流回路

当几种仪表接于同一组电流互感器时，其接线顺序一般为指示仪表、积算仪表、记录仪表、变送仪表。

（2）测量仪表的交流电压回路

在供配电系统中，电压互感器是按母线数量设置，即每一组主母线装设一组电压互感器。接在同一母线上的所有元件的测量仪表、继电保护和自动装置都有同一组电压互感器的二次侧获得电压。为减少电缆之间的联系，通常采用电压小母线。图4-17为某些6~10kV高压线路测量仪表接线原理图。

【任务实施】

（1）实施地点

教室、专业实训室。

（2）实施所需器材

① 多媒体设备。

② 测量仪表，6~10kV高压线路测量仪表接线原理图。

③ 常用电工工具、安装工具和常用配件等。

（3）实施内容与步骤

① 学生分组。3~4人一组，指定组长。工作始终各组人员尽量固定。

② 教师布置工作任务。学生阅读工作任务书，了解工作内容，明确工作目标，制定实

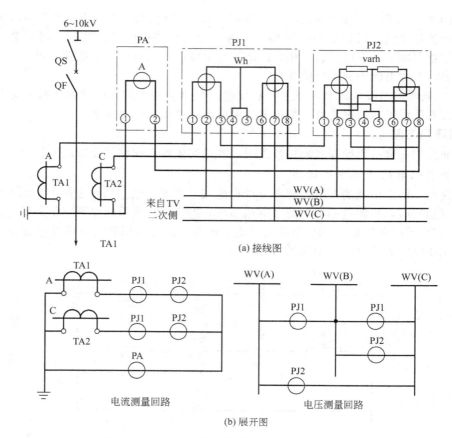

图 4-17 6～10kV 高压线路测量仪表接线原理图
PA—电流表；PJ1—三相有功电能表；PJ2—三相无功电能表；WV—电压小母线

施方案。

③ 教师通过图片、实物或多媒体分析演示。

④ 学生设计：220/380V 照明线路测量仪表回路，然后根据所设计的电路图进行接线。并填写表 4-6。

表 4-6 220/380V 照明线路测量仪表操作记录表

画出 220/380V 照明线路测量仪表电路	
所选仪表的量程	
所选仪表的精度等级	
最大负载（功率）	

学习小结

本任务的核心是根据测量仪表电路图进行正确接线。通过本任务的学习和实践，学生应能理解以下要点。

1. 测量仪表的配置应当符合国家标准 GBJ 63—90《电力装置的电测量仪表装置设计规范》的规定。

2. 互感器与测量仪表之间配合时，其互感器的精度等级应比测量仪表的精度等级高一级。

3. 测量仪表的展开式原理图的识读。

自我评估

1. 一般 6~10kV 线路上需装设哪些仪表？
2. 220/380V 的动力线路和照明线路上需装设哪些仪表？
3. 并联电容器组的进线上需装设哪些仪表？
4. 试画出 220/380V 照明线路测量仪表电路图。

评价标准

教师根据学生接线情况及提问，按表 4-7 给予评价。

表 4-7 任务 4.3 综合评价表

项 目	内 容	配分	考核要求	扣分标准	得分
实训态度	1. 实训的积极性 2. 安全操作规程地遵守情况 3. 纪律遵守情况 4. 完成自我评估、技能训练报告	30	积极参加实训,遵守安全操作规程和劳动纪律,有良好的职业道德;有较好的团队合作精神,技能训练报告符合要求	违反操作规程扣20分;不遵守劳动纪律扣10分;自我评估、技能训练报告不符合要求扣10分	
电工工具的使用	正确选用电工工具	10	工具选用得当	电工工具使用不正确一次扣5分	
测量回路接线	1. 按图连接电路 2. 接线工艺	40	1. 看懂电路图,并能够根据电路图连接 2. 走线横平竖直、布线整齐美观,走线交叉少 3. 接线正确,规范化操作 4. 导线选用合理,颜色区分正确	1. 不按图接线扣2分 2. 布线不整齐扣2分 3. 接错每根电线扣2分 4. 导线选择不合理扣2分 5. 接线不牢固扣2分	
工具的整理与环境卫生	环境清洁情况	10	要求工具排列整齐,工作台周围无杂物	工具排列不整齐1件扣1分;有杂物1件扣1分	
合计		100			

注：各项配分扣完为止

任务 4.4 6~10kV 母线的绝缘监视

【任务描述】

在发电厂、变电所中，为了监视交直流系统的绝缘状况，通常都设有绝缘监视装置。因此本次任务主要是了解绝缘监视的目的，读懂绝缘监视装置的电路图，能进行绝缘监视装置的接线，并会判断接地故障。

【任务目标】

技能目标：1. 能理解绝缘监视的目的。
　　　　　2. 能根据绝缘监视原理图进行正确接线。
　　　　　3. 能根据故障信号和仪表读数判断故障。
知识目标：1. 掌握电力系统运行方式。
　　　　　2. 掌握绝缘监视的构成原理。

【知识准备】

1. 电力系统中性点运行方式

电力系统的中性点是指发电机和变压器的中性点。考虑到电力系统运行的可靠性、安全性等因素，在电力系统中，作为供电电源的发电机和变压器的运行方式有：中性点不接地、中性点经消弧线圈接地和中性点直接接地三种。通常将中性点不接地和中性点经消弧线圈接地称为小电流接地系统，而中性点直接接地称为大电流接地系统。

（1）中性点不接地的电力系统

图 4-18（a）是电源中性点不接地的电力系统的电路图。电容 C 是每相线路对地电容（分布电容），而相线与相线之间的分布电容与所讨论的问题无影响而予以忽略。

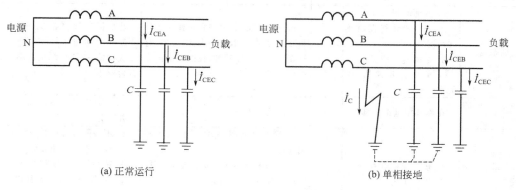

图 4-18　中性点不接地的电力系统

当系统正常运行时，相电压 $\dot{U}_A$、$\dot{U}_B$、$\dot{U}_C$ 对称，三相对地电容电流 $\dot{I}_{CE}$ 也对称，因此，$\dot{I}_{CEA}+\dot{I}_{CEB}+\dot{I}_{CEC}=0$，流入大地中的电流为零。

当系统发生单相接地故障时，假设 C 相接地，如图 4-18（b），则 C 相对地电压等于零，$\dot{U}_A=\dot{U}_{AC}$，$\dot{U}_B=\dot{U}_{BC}$，即非故障相对地电压升高为线电压。此时接地电流 $\dot{I}_C=\dot{I}_{CEA}+\dot{I}_{CEB}$。经推导可得

$$I_C=3I_{CE}$$

即单相接地电流数值上等于系统正常运行时每相对地电容电流的 3 倍。

必须指出，中性点不接地的电力系统发生单相接地时，由于三相线电压不发生改变，三相用电设备能正常工作，但是，由于发生单相接地时，非故障相对地电位升高为线电压，容易引起绝缘损坏，从而引起两相或三相短路，造成事故。为此，电力系统规定：单相接地故障运行时间一般不超过 2h。当发生单相接地故障时，应发出报警信号，提醒值班人员注意，并及时处理。

我国 10kV、6kV 电网，为提高供电的可靠性，一般采用中性点不接地的运行方式。

（2）中性点经消弧线圈接地的电力系统

在中性点不接地系统中，当发生单相接地故障时，流入大地的电流若过大，就会在接地故障点出现断续电弧而引起过电压。因此，在单相接地电流大于一定值，如 3～10kV 系统中接地电流大于 30A，20kV 及以上系统接地电流大于 10A 时，电源中性点就必须采用经消弧线圈接地方式，如图 4-19 所示。电源中性点经消弧线圈接地方式，其目的是减小接地电流。

消弧线圈实际上就是一个铁芯线圈，其电阻很小，电抗很大。当系统发生单相接地时，流过接地点的电流等于接地电容电流 i_C 与消弧线圈的电流 i_L 之和。由于 i_C 与 i_L 相位互差 180°，即方向相反。因此在接地点相互补偿，使接地电流减小。如果消弧线圈选择得当，可使接地点电流小于生弧电流，而不会产生断续电弧和过电压现象。

在中性点经消弧线圈接地系统中，当发生单相接地故障时，其分析过程与中性点不接地系统相同，同样允许运行 2h，须发出报警信号。

（3）中性点直接接地的电力系统

图 4-20 是电源中性点直接接地的电力系统的电路图。此系统若发生单相接地故障时，故障相直接通过接地中性点形成单相短路（用符号 $I_k^{(1)}$ 表示单相短路电流），由于单相短路电流 $I_k^{(1)}$ 比线路正常负荷电流大得多，因此继电保护装置立即动作于跳闸，切除短路故障。

从电源中性点直接接地系统的电路图可以看出：系统发生单相接地故障时，其他两相对地电压不会升高。因此，各相对地绝缘水平取决于相电压，这就大大降低了电网的建设和维护成本。我国 110kV 及以上的电力系统，都采用中性点直接接地的运行方式，以降低线路的绝缘水平。而在低压配电系统中广泛采用的 TN 系统和 TT 系统，均为中性点直接接地运行方式，其目的是保障人身设备安全。

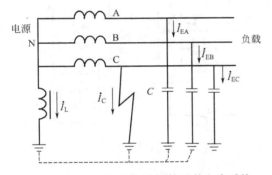

图 4-19 中性点经消弧线圈接地的电力系统

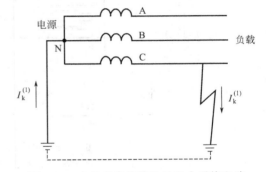

图 4-20 中性点直接接地的电力系统电路

2. 交流绝缘监视

在中性点非直接接地系统中（小电流接地系统），若发生一相接地，由于线电压不变，所以可以继续运行。但是，由于故障相对地电压升高，可能使某些绝缘薄弱的地方造成击穿，形成相间短路，所以在发电厂、变电所通常都设有交流绝缘监视装置。当发生一相接地时，立即发出报警信号，通知维修人员及时处理。

（1）绝缘监视装置

绝缘监察装置主要用来监视小电流接地系统相对地的绝缘状况。绝缘监察装置可采用三个单相三线圈电压互感器或一个三相五芯柱三线圈电压互感器接成 $Y_0/Y_0/\triangle$（开口三角形）形接线，如图 4-21 所示。

此电压互感器二次侧有两组线圈，一组接成星形，在它的引出线上接三只电压表，系统

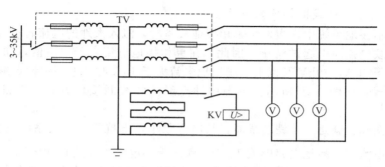

图 4-21 交流绝缘监视装置

正常运行时，反映各个相电压；在系统发生一相接地时，则对应相的电压表指零，而另两只电压表读数升高到线电压。另一组接成开口三角形，用于供给绝缘监察的电压继电器。系统正常工作时，三相电压对称，开口三角形两端的电压接近于零，继电器不动作；在系统发生一相接地时，接地相电压为零，另两相电压相量叠加，则使开口处出现近 100V 的零序电压，使电压继电器动作，发出报警的灯光和音响信号。

(2) 应用实例

图 4-22 为装于 6～10kV 母线的绝缘监察装置及电压测量的原理电路。

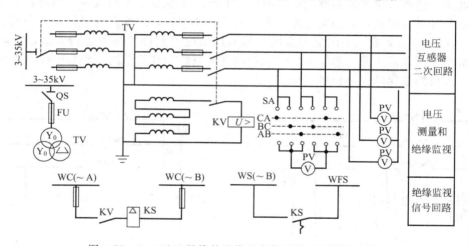

图 4-22　6～10kV 母线的绝缘监察装置及电压测量电路
TV—电压互感器（$Y_0/Y_0/\triangle$接线）；
QS—高压隔离开关及辅助触点；SA—电压转换开关；PV—电压表；
KV—电压继电器；KS—信号继电器；WC—控制小母线；
WS—信号小母线；WFS—事故信号小母线

上述绝缘监察装置能够监察小电流接地系统的对地绝缘，值班人员根据信号和电压表指示可以知道发生了接地故障且知道故障相别，但不能判别是哪一条线路发生了接地故障。如果高压线路较多时，采用这种绝缘监察装置还是不够的。由此可见，这种装置只适用于线路数目不多供配电系统。

【任务实施】

(1) 实施地点

教室、专业实训室。

(2) 实施所需器材
① 多媒体设备。
② 绝缘监视装置，电测量仪表。
③ 常用电工工具、安装工具和常用配件等。
(3) 实施内容与步骤
① 学生分组。3~4人一组，指定组长。工作始终各组人员尽量固定。
② 教师布置工作任务。学生阅读工作任务书，了解工作内容，明确工作目标，制定实施方案。
③ 教师通过图片、实物或多媒体分析演示让学生了解绝缘监视装置的结构、动作过程、仪表接线，指导学生自学，老师并及时指导，提出问题。
④ 以某一相高压系统接地为例（模拟），观察绝缘监视系统的仪表指示和继电器动作情况，并将观测结果填入表4-8中。

表4-8 交流绝缘监察装置动作情况记录表

运行状态	继电器KV的电压	各相电压表的读数	各线电压表的读数	信号继电器的动作情况
正常运行				
单相接地				

【知识拓展】 直流绝缘监视

在发电厂、变电所中除了在交流绝缘监视装置，还有直流绝缘监视装置。直流绝缘监视是用来监视直流系统的绝缘状况。

正常运行时直流系统的对地绝缘电阻很大，通常在0.2~0.5MΩ。但在实际运行时常发生绝缘降低甚至直接接地的现象。直流系统发生一点接地时，并不影响正常工作，但在一点接地后，又在同一极或另一极发生接地，可能造成直流电源短路使熔断器熔断，或使信号回路、控制回路、继电保护等拒动或误动，造成大的危害。

(1) 简单的直流绝缘监视（两表法）

图4-23为简单的直流监视（两表法）装置，利用直流电压表监视正、负极对地电压。如果绝缘良好，电压表指示应为零；如果对地电压表有指示，则说明直流系统对地绝缘下降。此方法不能发出信号，不能及时发现绝缘问题，只能通过人工操作，一般用于小型变电所。

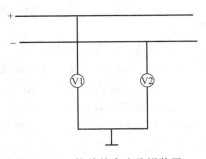

图4-23 简单的直流监视装置

(2) 直流绝缘监视装置

直流绝缘监视装置如图4-24所示。其电路利用电桥原理进行监测的。正负母线对地绝缘作为电桥的两个桥臂，如图4-24(a)所示。

母线电压转换开关ST有三个位置："母线"、"正对地"和"负对地"。
绝缘监视转换开关SL1也有三个位置："信号"、"测量1"和"测量2"。
两转换开关的位置与触点接通情况见表4-9。

正常运行时，ST置于"母线"位置，电压表PV1指示母线电压；SL1置于"信号"位置，构成4-24(a)电桥，由于正常运行时，两极对地绝缘电阻相等，$R_1=R_2$，所以电桥平衡，KSE中无电流，KSE不动作，其常开触点保持断开，光字牌HL不亮。

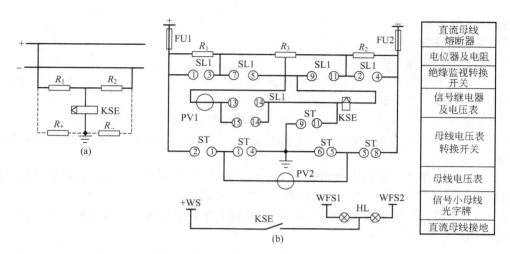

图 4-24 直流绝缘监视装置

表 4-9 转换开关的位置及触点接通情况

转换开关	开关位置	接触触点	转换开关	开关位置	接触触点
ST	母线	1-2、5-8、9-11	SL1	信号	5-7、9-11
	正对地	1-2、5-6		测量 1	1-3、13-14
	负对地	1-4、5-8		测量 2	2-4、14-15

当发生正极（或负极）或对地绝缘电阻严重下降时，电桥出现不平衡，KSE 中有电流流过而动作，其常开触点闭合，点亮光字牌并发出音响信号。

判断哪极接地或绝缘电阻下降，可通过转换 ST 观察电压表 PV2 的读数。若正对地电压大于负对地电压，说明负极绝缘电阻下降。具体绝缘电阻值测量可通过改变 SL1 的位置进行测量计算。具体方法可查阅有关书籍。

学习小结

本任务的核心是掌握母线的绝缘监视，通过本任务的学习和实践，学生应能理解以下要点。

1. 中性点非直接接地系统，当发生一相接地时，应立即发出报警信号，通知维修人员及时处理，因此需要装设绝缘监视。

2. 交流绝缘监视采用三相五柱式电压互感器接成 $Y_0/Y_0/\triangle$，对母线进行绝缘监视。

3. 根据绝缘监视装置中的音响信号和电压表的读数判断接地故障。发生单相接地时，接地相对地电位等于零，其他两相对地电位升高到线电压，而三相线电压不变，因此允许暂时运行 2h。但是需发出报警信号，以提醒值班人员进行处理。

自我评估

一、选择题

1. 在小电流接地系统中，发生单相接地故障时，因（　　），所以一般允许短时间运行。

  A. 不破坏系统电压的对称　　　　B. 接地电流较小造不成危害

  C. 因相电压低对系统造不成危害　D. 接地电流为电容电流

2. 小电流接地系统发生一相接地时，开口三角的开口处电压约为（　　）。

A. 0V　　　　B. 57.7V　　　C. 100V　　　　D. 33.3V
3. 在中性点不接地系统中，当系统中有一相发生金属性接地后（　　）。
   A. 其他两相对地电压升高到$\sqrt{3}$倍　　B. 三相线电压不变
   C. 三相相电压不变　　　　　　　　　D. 接地相对地电压为零
4. 交流绝缘监视装置不适用于（　　）。
   A. 中性点经消弧线圈接地系统　　　B. 中性点不接地系统
   C. 中性点直接接地系统　　　　　　D. 中性点经高阻接地
5. 交流绝缘监视装置可以判明（　　）发生了单相接地故障。
   A. 哪一相　　　B. 某个回路　　　C. 某条母线　　　D. 某根电缆

二、简答题

为什么小电流接地系统在发生单相接地时可允许短时继续运行，但又不允许长期运行？

评价标准

教师根据学生读图、接线、分析观察绝缘监视装置现象及提问，按表 4-10 给予评价。

表 4-10　任务 4.4 综合评价表

项目	内容	配分	考核要求	扣分标准	得分
实训态度	1. 实训的积极性 2. 安全操作规程地遵守情况 3. 纪律遵守情况 4. 完成自我评估、技能训练报告	40	积极参加实训，遵守安全操作规程和劳动纪律，有良好的职业道德；有较好的团队合作精神，技能训练报告符合要求	违反操作规程扣 20 分；不遵守劳动纪律扣 10 分；自我评估、技能训练报告不符合要求扣 10 分	
电工工具的使用	正确选用电工工具	10	工具选用得当	电工工具使用不正确一次扣 5 分	
绝缘监视回路接线	1. 仪表的连接 2. 故障分析	40	1. 接线正确，规范化操作 2. 故障判断正确	1. 接线不正确扣 20 分 2. 布线不整齐扣 5 分 3. 故障判断不正确扣 20 分	
工具的整理与环境卫生	环境清洁情况	10	要求工具排列整齐，工作台周围无杂物	工具排列不整齐 1 件扣 1 分；有杂物 1 件扣 1 分	
合计		100			

注：各项配分扣完为止。

学习情境 5
工厂变配电系统的保护

学习目标

技能目标：
1. 能根据工厂的图纸判断继电保护的类型。
2. 能对工厂电力线路的继电保护进行整定。
3. 能根据继电保护动作判断变压器的故障类型。

知识目标：
1. 了解常用保护继电器和继电保护的接线方式。
2. 电力变压器继电保护的分析。
3. 掌握工厂 6~10kV 线路的继电保护。

任务 5.1 电力线路继电保护及整定

【任务描述】

为了保证供配电的可靠性,在供配电系统发生故障时,必须有相应的保护装置将故障部分及时地从系统中切除,以保证非故障部分继续运行,或发出报警信号,以提醒运行人员检查并采取相应的措施。本次任务以工厂 6~10kV 线路保护为载体,首先熟悉工厂常用保护继电器,了解保护的要求,会对单端供电线路中的带时限过电流保护和速断保护进行整定。

【任务目标】

技能目标:1. 能对单端供电线路中的带时限过电流保护进行整定。
　　　　　2. 能对单端供电线路中的速断保护进行整定。
知识目标:1. 了解继电保护的任务及要求。
　　　　　2. 会分析线路保护的基本原理。

【知识准备】

1. 常用保护继电器

在工厂供电系统中,可能发生各种故障和不正常的工作状态。各种形式的短路是最常见和最危险的故障。很大的短路电流及短路点燃起的电弧,会损坏设备的绝缘甚至烧毁设备,同时引起供电电压的降低,使整个供电系统的正常运行受到影响,最常见的不正常工作情况是过负荷,长时间过负荷会使载流设备温度升高,造成绝缘加速老化甚至被击穿而造成事故。因此,需要对系统采取一系列措施及时地发现这些故障或不正常状态,并采取相应的保护措施,尽快地切除故障设备。而故障切除的时间很短,有时甚至要求短到百分之几秒。在这样短促的时间内,要由运行人员发现并切除故障设备是不可能的。因此,在供电系统中装有一定数量和不同类型的保护装置,将故障部分迅速地从系统中切除,以保证供电系统的安全运行。

(1) 保护装置的任务和基本要求

① 保护装置的任务

a. 当被保护线路或设备发生故障时,能自动迅速且有选择性地将故障元件从供电系统中切除,保证其他非故障线路迅速恢复正常运行,并且避免故障元件继续遭到破坏。

b. 当供电系统出现不正常运行状态时,根据保护装置的性能和运行维护条件,有的作用于信号(如变压器的过负荷保护轻瓦斯保护等),有的经过一段时间不正常状态不能自行消除时,作用于开关跳闸,将电路切断(如断路器、自动空气开关保护等)。

② 保护装置的基本要求

保护装置应满足以下四个基本要求:即选择性、速动性、灵敏性和可靠性。

a. 选择性　是指在有故障的情况下,距离故障点最近的保护装置首先动作,切断电路。而供电系统没有故障部分仍然保持正常运行,如失去选择性的保护装置动作,会造成不必要的停电范围的扩大。若后级保护因某些原因拒动,由前级保护动作,虽然会切除了部分没有故障的线路,但限制了故障的扩展。

b. 速动性　是指保护装置快速切除故障,以减轻短路电流对电气设备的损坏程度,加速恢复供电系统正常运行的过程，减少对用户的影响，并提高电力系统的运行稳定性。因此，在发生故障时，应力求保护装置能迅速动作切除故障。但是对于过负荷等不正常运行状态，一般不要求速动，因为电气设备允许短时间过负荷，而且多数过负荷是暂时的，可以自行消除。对于过负荷保护，通常都给予一定的时限，而不立即断开电路，或者仅发出警报信号，以引起值班人员注意。

在某些情况下，速动性与选择性会产生矛盾，这时应在保证选择性的前提下，力求保护装置的速动性。

c. 灵敏性　是指对被保护的电气设备可能发生的故障和不正常运行方式的反应能力。如果保护装置对其保护区内极其轻微的故障都能及时的反应动作，就说明这种保护装置的灵敏度高。

d. 可靠性　保护装置的动作可靠。即该动作时不应该拒动，不该动作时不应该误动。

保护装置的可靠程度与保护装置的接线方案、元件质量，以及选择整定、安装及运行维护等因素有关。为了提高保护装置的可靠性，对于熔断器保护，应合理地选择熔件；低压空气开关保护，应合理地整定动作电流；对于继电保护装置，则应力求接线方案简单，触点数量最少。

以上四项要求在一个具体保护装置中，不一定是同等重要的，可以有所侧重。例如变压器的保护装置，因为变压器是变电所的关键设备，所以对灵敏度要求就比较高；而对于一般线路的保护装置，因为供电范围比较广，所以对选择性的要求要高于灵敏性。如果在无法兼顾选择性和速动性的情况下，为了保护关键设备或为了尽快恢复系统正常运行，可牺牲选择性来保证速动性。

工厂变配电系统的继电保护装置中，常用的继电器有：电磁式的电流继电器、时间继电器、中间继电器、信号继电器和感应式电流继电器等。此外还有冲击继电器和反映非电量的瓦斯继电器。

（2）常用保护继电器

① 电磁式电流继电器和电压继电器　电磁式电流继电器和电压继电器在继电保护装置中均为启动元件。电流继电器的文字符号用KA，电压继电器的文字符号用KV。

现以DL-10系列电磁式电流继电器为例，说明其结构及工作原理。

DL系列电磁式电流继电器主要由线圈、电磁铁、钢舌片、静、动触点、反作用弹簧及调节转杆等组成，其内部结构如图5-1所示。

当线圈1通过电流时，电磁铁2中产生磁通，使Z形钢舌片3朝磁极下偏转，但反作用弹簧阻止其偏转。随着继电器线圈中的电流增大，钢舌片的偏转转矩大于弹簧阻力转矩时，钢舌片转动，继电器动作，其常开触点闭合、常闭触点断开。使继电器启动的最小电流，叫继电器的动作（或启动）电流，用I_{op}表示。DL-10系列磁式电流继电器的动作电流，可以拨转调节转杆9，改变反作用弹簧5的阻力矩，进行平滑的调节，还可以改变继电器的两个电流线圈的串、并联接法进行进级调节，若将线

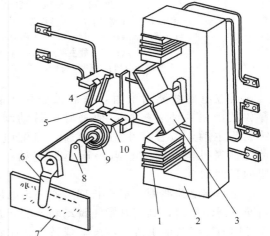

图5-1　DL-10系列电磁式电流
继电器的内部结构
1—线圈；2—电磁铁；3—钢舌片；
4—继电器轴；5—反作用弹簧；
6—轴承；7—静触点；8—动触点；
9—继电器启动电流调节杆；10—标度盘

圈由串联改为并联，继电器的安匝数减少一半，为了达到使继电器动作的安匝数，动作电流将增加一倍。若将继电器线圈由并联改为串联，则动作电流将减小一半。

继电器动作后，减小电流至一定值时，继电器返回起始位置。使继电器由动作状态返回起始位置时的最大电流，称继电器的返回电流，用 I_{re} 表示。继电器的返回电流与动作电流之比，称为继电器的返回系数，用 K_{re} 表示。即

$$K_{re}=I_{re}/I_{op} \tag{5-1}$$

对于过电流继电器，K_{re} 总小于1。继电器 K_{re} 越接近于1，则越灵敏。

② 电磁式时间继电器　电磁式时间继电器在继电保护装置中作为时限元件，使保护装置获得一定的延时。时间继电器的文字符号用 KT。

现以 DS-110 系列电磁式时间继电器为例，说明其结构及工作原理。

DS 系列时间继电器主要由线圈、电磁铁、动铁芯、钟表机构及动、静触点等组成。其结构和内部接线如图5-2所示。

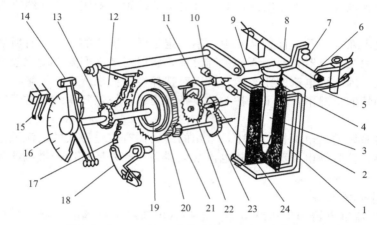

图5-2　DS-110/120系列时间继电器的内部结构

1—线圈；2—电磁铁；3—可动铁芯；4—返回弹簧，5，6—固定瞬时触点；7—绝缘件；
8—可动瞬时触点；9—压杆；10—平衡锤；11—摆动卡板；12—扇形齿轮；13—传动齿轮；
14—动主触点；15—静主触点；16—标度盘；17—拉引弹簧；18—弹簧拉力调节器；
19—摩擦离合器；20—主齿轮；21—小齿轮；22—掣轮；23，24—钟表机构转动齿轮

当继电器线圈通电时，铁芯被吸住，瞬时触点动作（常开闭合、常闭断开），同时释放被挡住的钟表机构，钟表机构带动动主触点匀速转动，经过整定时间，动主触点转到静主触点位置使主触点接通。当继电器线圈断电后，在返回弹簧作用下，动铁芯带动钟表机构及动主触点一同返回起始位置。改变静主触点位置，即可调节时间继电器的延时时间。

时间继电器线圈一般不长期接通额定电压。因此时间继电器若需长时间加电压，应在时间继电器动作后，利用其常闭瞬动触点的断开，将启动前被短路的电阻串接在线圈内，以减少长期通过线圈的电流（继电器保持在动作状态的电流小于启动电流）。

③ 电磁式中间继电器　电磁式中间继电器在继电保护装置是为了扩大触点的数量和容量。中间继电器的文字符号用 KM。

现以 DZ-10 系列电磁式时间继电器为例，说明其结构及工作原理。

中间继电器主要由线圈、铁芯、衔铁、弹簧和触点系统组成，其内部结构如图5-3所示。

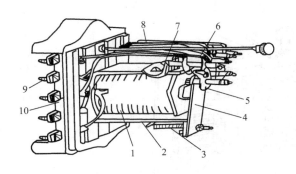
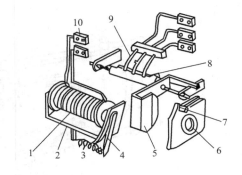

图 5-3　DZ-10 系列中间继电器的内部结构
1—线圈；2—电磁铁；3—弹簧；4—衔铁；5—动触点；
6，7—静触点；8—接线；9—接线端；10—底座

图 5-4　DX-11 系列信号继电器的内部结构
1—线圈；2—电磁铁；3—弹簧；4—衔铁；5—信号牌；
6—观察孔；7—复位按钮；8，9—动、静触点；10—接线端

线圈通电时，衔铁芯被吸合，常开触点闭合、常闭触点断开。当继电器线圈断电时，衔铁在弹簧力作用下返回，并使触点切换。

④ 电磁式信号继电器　电磁式信号继电器在继电保护装置中用来发出指示信号。信号继电器的文字符号用 KS。

现以 DX-11 系列电磁式信号继电器为例，说明其结构及工作原理。

DX 系列信号继电器主要由线圈、铁芯、弹簧，衔铁、信号牌等组成，其内部结构如图 5-4 所示。

正常运行时，继电器的信号牌被衔铁所支持，当线圈通电时，衔铁被吸合，使信号牌失去支持而落下，并带动转轴旋转 90°将固定在转轴上的动触点与静触点接通，从而接通信号回路。

⑤ 感应式电流继电器　在工厂供电系统中，感应式电流继电器应用于电机、变压器等主要设备以及输配电系统的继电器保护回路中。因为感应式电流继电器实际上由带反时限特性的感应部分和瞬时动作的电磁部分构成，兼有上述电流继电器、时间继电器、中间继电器、信号继电器的功能，使继电保护装置大为简化。

感应式电流继电器它由两组元件构成：一组是延时动作元件，主要包括：线圈、带短路环的电磁铁及装在可偏转框架上的铝盘；另一组是瞬动元件，主要包括线圈、电磁铁和衔铁，另外还有动作指示的信号牌。其中线圈和电磁铁是两组线圈共用。

常用的感应式继电器有 GL-10、GL-20 系列，图 5-5 为一感应式继电器的内部结构。其动作原理是：当线圈通过电流 I 时，由于电磁铁 2 的极面分为两部分，其中一部分套有短路环 3，因此电磁铁将产生有一定相位差的两个磁通 Φ_1、Φ_2，穿过铝盘 4，铝盘上产生一个与电流平方成正比的转矩使铝盘旋转。正常运行时，通过线圈的电流较小，转矩较小，铝盘只能空转；当通过继电器线圈的电流增大到继电器的动作电流时，转矩增大，铝盘转速加快，作用在框架上的力克服弹簧拉力使框架偏转，扇形齿轮与蜗杆啮合，这就是"继电器动作"。由于铝盘的旋转带动扇形齿轮上升，最后使触点切换，同时作用于信号牌（图中未画出），使其落下（掉牌）。通过线圈的电流 I 越大，铝盘的转速越快，继电器的动作时间越短，构成"反时限特性"。当继电器线圈电流进一步增大到整定的速断电流时，电磁铁 2 瞬时将衔铁 15 吸下，使触点瞬间切换，构成"电流速断特性"。其速断动作电流可借助调节速断电流螺钉 14，改变衔铁与铁芯间的空气隙的大小来实现。

通过调节时限的螺钉 13，改变扇形齿轮顶杆行程的起始位置，可调节感应部分的动作

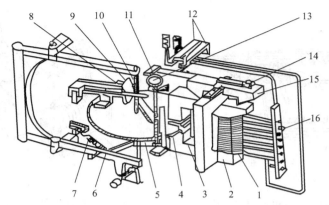

图 5-5　GL-10、20 系列感应式电流继电器的内部结构

1—线圈；2—电磁铁；3—短路环；4—铝盘；5—钢片；6—框架；7—调节弹；
8—制动永久磁铁；9—扇形齿轮；10—蜗杆；11—扁杆；12—触点；13—调节时限螺钉；
14—调节速断电流螺钉；15—衔铁；16—调节动作电流插销

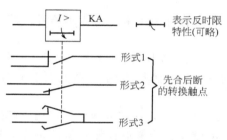

图 5-6　感应式电流继电器触点表示方法

时限。但必须注意，继电器时限调整螺杆的标度尺，是以 10 倍整定电流的动作时限来刻度的，若实际电流不等于 10 倍整定电流，其动作时限应从对应的特性曲线中查取。GL 型电流继电器的结构较复杂，精度不高，

感应式电流继电器机械结构复杂，精度不高，瞬动时限误差大，电磁部分的返回系数低，但触点容量大，可用于交流操作。随着微机保护及综合保护的广泛应用，感应式电流继电器将逐渐淘汰。

图 5-6 为感应式电流继电器触点表示方法。

2. 继电保护的接线方式

（1）接线方式

电流保护的接线方式是指电流继电器与电流互感器的连接方式。继电保护装置可靠动作的前提是电流互感器能否正确反映外部情况，这与电流保护的接线方式有很大的关系。接线方式不同，流入继电器线圈中的电流也不一样。分析正常及各种故障时，继电器线圈中的电流与电流互感器二次电流的关系，可以判断不同接线方式时继电器对各种故障的灵敏度，工厂变配电系统的继电保护中，常用的接线方式有以下几种。

① 三相三继电器式接线（又称完全星形）　接线如图 5-7 所示。在被保护线路的每一相上都装有电流互感器和电流继电器，分别反映每相电流的变化。这种接线方式，对各种形式的短路故障都有反映。当发生任何形式的相间短路时，最少有两个电流互感器二次侧的继电器中流过故障相对应的二次故障电流，故至少有两个继电器动作。

在中性点直接接地系统中，若发生单相接地时，有一相流过短路电流，只流过接在故障相电流互感器二次侧的继电器动作。

由上述讨论可见，三相三继电器式接线，任何形式的短路时，都有相应的二次故障电流流入继电器，因此可以

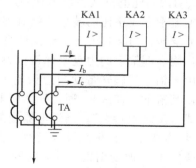

图 5-7　三相三继电器式接线

保护各种形式的相间短路和单相接地短路故障。但所用设备较多接线较复杂。主要用于大接地电流系统中的保护。

② 两相两继电器式接线（又称不完全星形） 接线如图5-8所示。电流互感器通常接在A相和C相，反映A、C相电流的变化。这种接线方式，对各种相间短路故障都有反映。当发生任何形式的相间短路时，最少有一个电流互感器二次侧的继电器中流过故障相对应的二次故障电流，故至少有一个继电器动作。

对于单相短路，若故障发生在未装电流互感器的一相时，故障电流反映不到继电器线圈，所以保护装置不能动作。

由上述讨论可见，两相两继电器式接线，能保护各种相间短路，但不能保护某些两相接地短路和未装电流互感器那一相的单相接地短路故障。这种接线方式所用设备较少、接线较简单。多用于中性点不接地或经消弧线圈接地的系统中。

③ 两相一继电器式接线（又称两相电流差） 接线如图5-9所示。电流互感器通常接在A相和C相，继电器中流过的电流为两相电流差（相量差）。

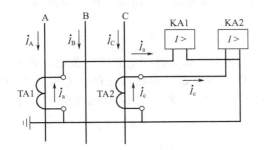

图5-8 两只电流互感器不完全星形接线

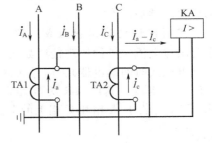

图5-9 两只单相电流互感器电流差式接线

三相短路时，流入继电器的电流为二次侧故障电流的$\sqrt{3}$倍，即

$$I_k^{(3)} = |\dot{I}_a - \dot{I}_c| = \sqrt{3} I_a$$

装有电流互感器的A、C两相短路时，流过继电器的电流等于反映到电流互感器二次侧的故障电流的2倍。即

$$I_k^{(3)} = |\dot{I}_a - \dot{I}_c| = 2 I_a$$

若只有一相装有电流互感器的两相短路时，故障电流只有一相反映到电流互感器二次侧。流过继电器线圈的电流等于相应的二次故障电流。因此继电器保护装置动作。

若单相短路发生在未装电流互感器的那相，故障电流反映不到继电器线圈，保护装置不能动作。

此接线方式在发生不同的短路时，其保护装置的灵敏度不同，但所用的设备少，简单经济，用于工厂高压线路、小容量电动机的保护中。

（2）接线系数

不同的接线方式在不同的短路类型下，实际流过继电器的电流与电流互感器的二次电流不定相同。为了表明流过继电器的电流I_{KA}与电流互感器二次电流I_2之间的关系，引入一个叫接线系数的参量，其表达式为

$$K_w = I_{KA} / I_2 \tag{5-2}$$

在三相三继电器式接线和两相两继电器接线中，$K_w=1$；对于两相一继电器式接线：三相短路时，$K_w=\sqrt{3}$；只有一相装电流互感器的两相短路时，$K_w=1$；对于两相都装有电流互感器的两相短路时，$K_w=2$。

3. 带时限的过电流保护

（1）保护的基本原理

供配电系统中具有各种各样的保护装置，但基本上都是由测量部分、逻辑部分和执行部分组成。其组成框图如 5-10 所示。

图 5-10　保护装置组成框图

测量部分反映保护对象的各种电气参数，经过变换，送给逻辑部分，与整定值比较，作出判断，若判断有故障，则启动执行部分，发出操作指令，使断路器跳闸。

带时限的过电流保护，按其动作时间特性分，有定时限过电流保护和反时限过电流保护两种。所谓定时限，就是指保护装置的动作时间与短路电流的大小无关，即保护装置的动作时间是固定的。所谓反时限，就是指保护装置的动作时间与短路电流成反比，即短路电流越大，动作时间越短。

（2）定时限过电流保护组成原理

定时限过电流保护的原理接线如图 5-11 所示。它由启动元件（电磁式电流继电器）、时限元件（电磁式时间继电器）、信号元件（电磁式信号继电器）和出口元件（电磁式中间继电器）四部分组成。其中 YR 为断路器的跳闸线圈，QF 为断路器操动机构的辅助触点，TA1 和 TA2 为装于 A 相和 C 相上的电流互感器。

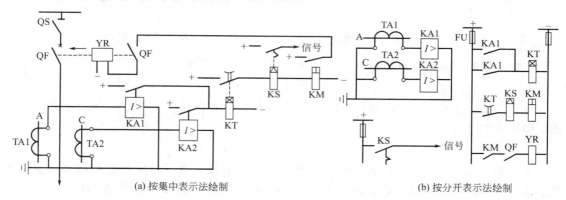

(a) 按集中表示法绘制　　　　　　　　　(b) 按分开表示法绘制

图 5-11　定时限过电流保护原理接线

QF—高压断路器；TA1，TA2—电流互感器；KA1，KA2—DL 型电流继电器；KT—DS 型时间继电器；
KS—DX 型信号继电器；KM—DZ 型中间继电器；YR—跳闸线圈

保护装置的动作原理：当一次电路发生相间短路时，电流继电器 KA1、KA2 中至少有一个瞬时动作，闭合其常开触点，使时间继电器 KT 得电。KT 经过整定的时限后，其延时触点闭合，使串联的信号继电器（电流型）KS 和中间继电器 KM 动作。KM 动作后，其触点接通断路器的跳闸线圈 YR 的回路，使得断路器 QF 跳闸，切除短路故障。同时 KS 动作，其信号指示牌掉下，并接通信号回路，给出灯光和音响信号。在断路器跳闸时，QF 的辅助触点随之断开跳闸回路，以减轻中间继电器触点的工作，在短路故障被切除后，继电保护装置除 KS 外的其他所有继电器均自动返回起始状态，KS 手动复位。

（3）反时限过电流保护组成原理

反时限过电流保护由 GL 型电流继电器组成。图 5-12 为两相两继电器式接线的去分流跳闸的反时限过电流保护原理电路图。当一次电路发生相间短路时，电流继电器 KA1、KA2 至少有一个动作，经过一定时限后（时限长短与短路电流大小成反比关系），闭合其常开触点，紧接着其常闭触点断开，这时断路器跳闸线圈 YR 因"去分流"而通电，从而使断路器跳闸，短路故障部分被切除。在继电器去分流跳闸的同时，其信号牌自动掉下，指示保护装置已经动作。在短路故障被切除后，继电器自动返回，信号牌则需手动复位。

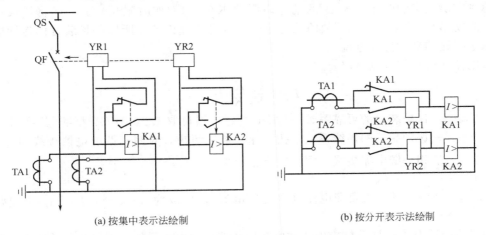

图 5-12　反时限过电流保护的原理电路图
TA1，TA2—电流互感器；KA1，KA2—GL-15/25 型电流继电器；
YR1，YR2—断路器跳闸线圈

图 5-12 的电流继电器增加了一对常开触点，和跳闸线圈 YR 串联，GL 继电器的常开、常闭触点，动作时间的先后顺序是：常开触点先闭合，常闭触点后断开。这里采用具有特殊结构的先合后断的转换触点，不仅保证了继电器的可靠动作，而且还保证了在继电器触点转换时电流互感器二次侧不会造成带负荷开路。

主要是用来防止继电器常闭触点在一次电路正常时因为外界振动等偶然因素使之意外断开而导致断路器误跳闸的事故。增加这对常开触点后，即使常闭触点偶然断开，也不会造成断路器误跳闸。

（4）动作电流整定

动作电流 I_{op} 是指继电器动作的最小电流。

过电流保护的动作电流整定，必须满足下面两个条件。

① 应该躲过线路的最大负荷电流（包括正常过负荷电流和尖峰电流）$I_{L\cdot max}$，以免在最大负荷电流通过时误动作。

② 保护装置的返回电流 I_{re} 也应该躲过线路的最大负荷电流 $I_{L\cdot max}$，以保证保护装置在外部故障切除后，能可靠地返回到原始位置，防止发生误动作。为说明这一点，现以图 5-13 为例来说明。

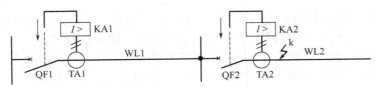

图 5-13　线路过电流保护整定说明图

当线路 WL2 的首端 k 点发生短路时，由于短路电流远远大于正常最大负荷电流，所以沿线路的过电流保护装置如 KA1、KA2 等都要启动。在正确动作情况下，应该是靠近故障点 k 的保护装置 KA2 首先断开 QF2，切除故障线路 WL2。这时线路 WL1 恢复正常运行，其保护装置 KA1 应该返回起始位置。若 KA1 在整定时其返回电流未躲过线路 WL1 的最大负荷电流，即 KA1 的返回系数过低时，则 KA2 切除 WL2 后，WL1 虽然恢复正常运行，但 KA1 继续保持启动状态（由于 WL1 在 WL2 切除后，还有其他出线，因此还有负荷电流），从而达到它所整定的时限（KA1 的动作时限比 KA2 的动作时限长）后，必将错误地断开 QF1，造成 WL1 停电，扩大了故障停电范围，这是不允许的。所以保护装置的返回电流也必须躲过线路的最大负荷电流。

过电流保护动作电流整定公式

$$I_{op} = \frac{K_{rel}K_w}{K_{re}K_i} I_{L \cdot max} \tag{5-3}$$

式中　K_{rel}——保护装置的可靠系数，对 DL 型继电器可取 1.2，对 GL 型继电器可取 1.3；

K_w——保护装置的接线系数，按三相短路来考虑，对两相两继电器接线为 1，对两相一继电器接线（两相电流差接线）为 $\sqrt{3}$；

K_{re}——返回系数；

$I_{L \cdot max}$——线路的最大负荷电流（含尖峰电流），可取为 $(1.5 \sim 3)I_{30}$，I_{30} 为线路的计算电流。

如果用断路器手动操动机构中的过电流脱扣器作过电流保护，则脱扣器动作电流应按下式整定

$$I_{op} = \frac{K_{rel}K_w}{K_i} I_{L \cdot max} \tag{5-4}$$

式中　K_{rel}——可靠系数，可取 $2 \sim 2.5$，这里已考虑了脱扣器的返回系数。

【例 5-1】　某高压线路的计算电流为 100A，线路末端的三相短路电流为 1200A。现采用 GL-15/10 型电流继电器，组成两相一继电流差接线的相间短路保护，电流互感器变流比为 320/5。试整定此继电器的动作电流。

解　取 $K_{re} = 0.8$；而 $K_w = \sqrt{3}$。取 $K_{rel} = 1.3$，$I_{L \cdot max} = 2I_{30} = 2 \times 100A = 200A$。故由式 (5-4) 得此继电器的动作电流

$$I_{op} = \frac{1.3 \times \sqrt{3}}{0.8 \times (320/5)} \times 200 = 8.795A$$

取为整数 9A，即动作电流整定为 9A。

(5) 过电流保护的动作时间整定

为了保证前后级保护装置动作时间的选择性，过电流保护装置的动作时间（也称动作时限），应按"阶梯原则"进行整定，也就是在后一级保护装置所保护的线路首端（如图 5-14(a) 中的 k 点）发生三相短路时，前一级保护的动作时间 t_1 应比后一级保护中最长的动作时间 t_2 都要大一个时间级差 Δt，如图 5-14(b)、(c) 所示，即

$$t_1 > t_2 + \Delta t \tag{5-5}$$

这一时间级差 Δt，应考虑到前一级保护动作时间 t_1 可能发生负偏差，即可能提前动作一个时间 Δt_1；而后一级保护动作时间 t_2 又可能发生正偏差，即可能延后动作一个时间 Δt_2。此外应考虑到保护的动作（特别是采用 GL 型电流继电器时）还有一定的惯性误差 Δt_3。为了确保前后级保护的动作选择性，还应再加上一个保险时间 Δt_4（一般取 $0.1 \sim 0.15s$）。因此 $\Delta t = \Delta t_1 + \Delta t_2 + \Delta t_3 + \Delta t_4 = (0.5 \sim 0.7)s$。

对于定时限过电流保护，可取 $\Delta t = 0.5s$；对反时限过电流保护，可取 $\Delta t = 0.7s$。

定时限过电流保护的动作时间，利用时间继电器来整定。

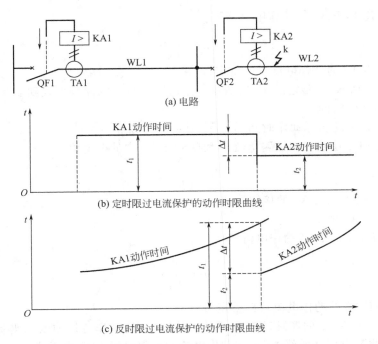

图 5-14 线路过电流保护动作时间整定说明图

反时限过电流保护的动作时间，由于 GL 型继电器的时限调节机构是按 10 倍动作电流的动作时间来标度的，而实际通过继电器的电流一般不会恰恰为动作电流的 10 倍，因此必须根据继电器的动作特性曲线图 5-15 来整定。

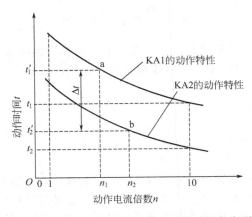

图 5-15 GL 型继电器动作电流、动作时间整定说明

假设图 5-14(a) 所示线路中，前一级保护 KA1 的 10 倍动作电流动作时间已经整定为 t_1，现在要求整定后一级保护 KA2 的 10 倍动作电流的动作时间。整定计算的步骤如下（图 5-15）。

(1) 计算 WL2 首端（WL1 末端）三相短路电流 I_k 反映到 KA1 中的电流值

$$I'_{k1} = \frac{K_{w1}}{K_{i1}} I_k$$

式中　K_{w1}——KA1 与 TA1 的接线系数；
　　　K_{i1}——TA1 的变流比。

(2) 计算 I'_{k1} 对 KA1 的动作电流倍数

$$n_1 = \frac{I'_{k1}}{I_{op1}}$$

式中 I_{op1}——KA1 的动作电流（已整定）。

(3) 根据 n_1 从 KA1 整定的 10 倍动作电流动作时间 t_1 的曲线上找到 a 点，则其纵坐标 t'_1 即 KA1 的实际动作时间。

(4) 计算 KA2 的实际动作时间 $t'_2 = t'_1 - \Delta t = t'_1 - 0.7\text{s}$。

(5) 计算 WL2 首端三相短路电流 I_k 反映到 KA2 中的电流值

$$I'_{k2} = \frac{K_{w2}}{K_{i2}} I_k$$

式中 K_{w2}——KA2 与 TA2 的接线系数；
K_{i2}——TA2 的变流比。

(6) 计算 I'_{k2} 对 KA2 的动作电流倍数

$$n_2 = \frac{I'_{k2}}{I_{op2}}$$

式中 I_{op2}——KA2 的动作电流（已整定）。

(7) 根据 n_2 与 KA2 的实际动作时间 t'_2，从 KA2 的动作特性曲线的坐标图上找到其坐标点 b 点，则此 b 点所在曲线的 10 倍动作电流的动作时间 t_2 即为所求。

(6) 过电流保护的灵敏度

过电流保护的灵敏度，按规定应按线路末端的最小短路电流（可用两相短路电流来代替）来校验。

$$S_p = \frac{K_W I_{k \cdot min}^{(2)}}{K_i I_{op}} \geqslant 1.5 \tag{5-6}$$

式中 $I_{k \cdot min}^{(2)}$——线路末端在系统最小运行方式下的两相短路电流。

【例 5-2】 试对［例 5-1］中的过电流保护进行灵敏度校验。

解 $S_p = \dfrac{K_W I_{k \cdot min}^{(2)}}{K_i I_{op}} = \dfrac{1 \times 0.866 \times 1200}{\frac{320}{5} \times 9} = 1.8 > 1.5$

满足保护灵敏度的要求。

4. 速断保护

在带时限的过电流保护装置中，为了保证动作的选择性，其整定时限必须逐级增加，因而越靠近电源处，短路电流越大，而保护动作时限越长。这种情况对于切除靠近电源处的故障是不允许的。因此一般规定，当过电流保护的动作时限超过 1s 时，应该装设电流速断保护。

(1) 速断保护的组成和原理

电流速断保护实际上就是一种瞬时动作的过电流保护。其动作时限仅仅为继电器本身的固有动作时间，它的选择性不是依靠时限，而是依靠选择适当的动作电流来解决。

如果采用 DL 型电流继电器，则其电流速断保护的组成，就相当于定时限过电流保护中抽去时间继电器。图 5-16 是线路上同时装有定时限过电流保护和电流速断保护的电路图。图中 KA1、KA2、KT、KS1 与 KM 组成定时限过电流保护，KA3、KA4、KS2 与 KM 组成电流速断保护。比较可知，电流速断保护装置只是比定时限过电流保护装置少了时间继电器。

如果采用 GL 型电流继电器，则直接利用继电器的电磁元件来实现电流速断保护，其感应元件用来作反时限过电流保护，因此不用额外增加设备，非常简单经济。

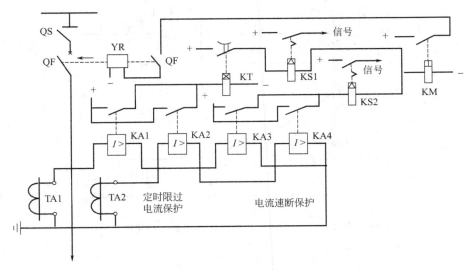

图 5-16　线路的定时限过电流保护和电流速断保护电路图

（2）电流速断保护速断电流的整定

电流速断保护的动作电流（即速断电流）I_{qb}，应按躲过它所保护线路末端的最大短路电流（即三相短路电流）$I_{k\cdot max}^{(3)}$ 来整定。只有这样才能避免在后一级速断保护所保护线路的首端发生三相短路时，它可能的误跳闸。如图 5-17 所示电路中，WL1 末端 k-1 点的三相短路电流，实际上与其后一段 WL2 首端 k-2 点的三相短路电流是近乎相等的，因为这两点间的距离很近，阻抗很小。

因此可得电流速断保护动作电流（速断电流）的整定计算公式为

$$I_{qb}=\frac{K_{rel}K_w}{K_i}I_{k\cdot max} \tag{5-7}$$

式中　K_{rel}——可靠系数，对 DL 型继电器，取 1.2～1.3；对 GL 型继电器，取 1.4～1.5；对过电流脱扣器，取 1.8～2。

（3）电流速断保护的"死区"及其弥补

由于电流速断保护的动作电流是按躲过线路末端的最大短路电流来整定的，因此在靠近线路末端的一段线路上发生的不一定是最大的短路电流（例如两相短路电流）时，电流速断保护装置就不可能动作，也就是说电流速断保护实际上不能保护线路的全长。这种保护装不能保护的区域，就称为"死区"，如图 5-17 所示。

为了弥补速断保护存在死区的缺陷，一般规定，凡装设电流速断保护的线路，都必须装设带时限的过电流保护。且过电流保护的动作时间比电流速断保护至少长一个时间级差 $\Delta t=0.5\sim0.7s$，而且前后级过电流保护的动作时间符合前面所说的"阶梯原则"，以保证选择性。

在速断保护区内，速断保护作为主保护，过电流保护作为后备保护；而在速断保护的"死区"内，则过电流保护为基本保护。

（4）电流速断保护的灵敏度

电流速断保护的灵敏度，按规定，应按其保护装置安装处（即线路首端）的最小短路电流（可用两相短路电流来代替）来校验

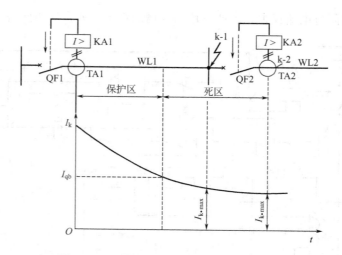

图 5-17 线路电流速断保护的保护区和死区

$$S_p = \frac{K_w I_k^{(2)}}{K_i I_{qb}} \geq 2 \tag{5-8}$$

式中 $I_k^{(2)}$——线路首端在系统最小运行方式下的两相短路电流。

【例 5-3】 某 10kV 电力线路,装设电流速断保护。已知电流互感器的电流比为 100/5,采用两相两继式接接线方式,继电器为 DL 型,线路的计算电流为 65A,线路首端的短路电流为 1.4A,线路末端的短路电流为 500A,试对该速断保护进行动作电流的整定,并校验其灵敏度。

解 速断动作电流的整定:$I_{qb} = \frac{K_{rel} K_w}{K_i} I_{k \cdot max} = \frac{1.2 \times 1}{100/5} \times 500 = 30A$

灵敏度校验:$S_p = \frac{K_w I_k^{(2)}}{K_i I_{qb}} = \frac{1 \times 0.866 \times 1400}{20 \times 30} = 2.02 > 2$

满足保护灵敏度的要求。

【任务实施】

(1) 实施地点

教室、专业实训室。

(2) 实施所需器材

① 多媒体设备。

② 练习用继电器及保护装置。

③ 常用电工工具、安装工具和常用配件等。

(3) 实施内容与步骤

① 学生分组。3~4 人一组,指定组长。工作始终各组人员尽量固定。

② 教师布置工作任务。学生阅读工作任务书,了解工作内容,明确工作目标,制定实施方案。

③ 教师通过图片、实物或多媒体分析演示让学生了解线路保护的原理和接线,并根据线路电流进行动作电流整定,并观察保护动作现象。老师及时指导,指出问题。

④ 对电流继电器的特性进行测试

a. 分组测试电流继电器的动作电流、返回电流,并计算返回系数。将结果记录在表 5-1、表 5-2 中。

表 5-1　DL 型电流继电器特性测试

顺序	线圈连接	整定值	动作电流/A				返回电流/A				返回系数 K_f
			1	2	3	平均	1	2	3	平均	
1	串联										
2											
3											
1	并联										
2											
3											

表 5-2　GL 型电流继电器特性测试

顺序	动作电流整定值	动作电流/A				返回电流/A				返回系数 K_f
		1	2	3	平均	1	2	3	平均	
1										
2										
3										

b. 注意事项

① 认真观察，注意特点，记录完整。

② 注意安全。

【知识拓展】　过电流保护提高灵敏度的措施——低电压闭锁保护

过电流保护的灵敏度 $S_p = \dfrac{K_w I_{k \cdot \min}^{(2)}}{K_i I_{op}} \geqslant 1.5$，当过电流保护灵敏系数达不到上述要求时，可采用低电压闭锁保护来提高灵敏度。

低电压闭锁的过电流保护电路如图 5-18 所示，低电压继电器 KV 通过电压互感器 TV 接于母线上，而 KV 的常闭触点则串入电流继电器 KA 的常开触点与中间继电器 KM 的线圈回路中。

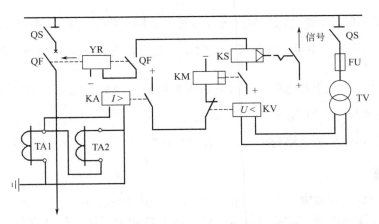

图 5-18　低电压闭锁的过电流保护电路

QF—高压断路器；TA—电流互感器；TV—电压互感器；KA—电流继电器；
KM—中间继电器；KS—信号继电器；KV—电压继电器；YR—断路器跳闸线圈

在供电系统正常运行时，母线电压接近于额定电压，因此 KV 的常闭触点是断开的。由于 KV 的常闭触点与 KA 的常开触点串联，所以这时 KA 即使由于线路过负荷而误动作，其常开触点闭合，也不致造成断路器误跳闸。正因为如此，凡有低电压闭锁的这种过电流保护装置的动作电流就不必按躲过线路最大负荷电流 $I_{L \cdot max}$ 来整定，而只需按躲过线路的计算电流 I_{30} 来整定，当然保护装置的返回电流也应躲过计算电流 I_{30}。故此时过电流保护的动作电流的整定计算公式为

$$I_{op} = \frac{K_{rel} K_w}{K_{re} K_i} I_{30} \tag{5-9}$$

式中各系数的取值与式(5-3)相同。

由于其 I_{op} 减小，所以能提高保护的灵敏度 S_P。

上述低电压继电器的动作电压按躲过母线正常最低工作电压 U_{min} 来整定，当然，其返回电压也应躲过 U_{min}，也就是说，低电压继电器在 U_{min} 时不动作，只有在母线电压低于 U_{min} 时才动作。因此低电压继电器动作电压的整定计算公式为

$$U_{op} = \frac{U_{min}}{K_{rel} K_{re} K_u} \approx 0.6 \frac{U_N}{K_u} \tag{5-10}$$

式中　U_{min}——母线最低工作电压，取（0.85～0.95）U_N；

$\quad\quad\quad U_N$——线路额定电压；

$\quad\quad\quad K_{rel}$——保护装置的可靠系数，可取 1.2；

$\quad\quad\quad K_{re}$——低电压继电器的返回系数，可取 1.25；

$\quad\quad\quad K_u$——电压互感器的变压比。

学习小结

本任务的核心是能对线路的过电流保护和速断保护进行动作电流和动作时间的整定，并能绘制出保护电路图，能按图进行正确接线和动作电流的整定。通过本任务的学习和实践，学生应能理解以下要点。

1. 保护装置的任务和基本要求是：选择性、速动性、灵敏性和可靠性。
2. 常用继电保护接线方式：三相三继电器式接线、两相两继电器式接线、两相一两继电流差接线。
3. 线路过电流保护动作电流应躲过线路的最大负荷电流进行整定：即 $I_{op} = \frac{K_{rel} K_w}{K_{re} K_i} I_{L \cdot max}$，动作时间按阶梯原则进行整定，时间级差，对于定时限过电流保护，$\Delta t = 0.5s$；对反时限过电流保护，$\Delta t = 0.7s$。
4. 线路速断保护动作电流应按躲过它所保护线路末端的最大短路电流（即三相短路电流）$I_{k \cdot max}^{(3)}$ 进行来整定，即 $I_{qb} = \frac{K_{rel} K_w}{K_i} I_{k \cdot max}$。
5. 速断保护不能保护线路的全长，存在"死区"。

自我评估

1. 对继电保护装置有哪些基本要求？什么叫做选择性动作？
2. 电磁式电流继电器、时间继电器、信号继电器和中间继电器各在保护装置中起什么作用？各采用什么文字符号和图形符号？
3. 什么叫继电器的动作电流、返回电流和返回系数？
4. 感应式电流继电器由哪两部分元件组成？各有何动作持性？
5. 什么叫保护装置的接线系数？三相短路时，两相两继电器式接线的接线系数为多少？两相一继电器式接线的接线系数又为多少？
6. 带时限的过电流保护的动作电流如何整定？动作时间整定的原则是什么？

7. 一般当过电流保护的动作时限超过多少时，应该装设电流速断保护？
8. 什么叫低电压闭锁的过电流保护？在什么情况下采用？
9. 电流速断保护的动作电流如何整定？电流速断保护为什么会出现"死区"？如何弥补？
10. 某高压线路如图 5-19 所示，WL1 和 WL2 线路保护均采用两相两继接线方式，继电器采用 DL 型。KA2 过电流保护已整定，其动作电流为 9A，动作时间为 0.5s。电流互感器 TA2 的变流比为 100/5，TA1 的变流比为 200/5，线路 WL1 计算电流为 100A，首端三相短路电流有效值为 3KA，末端三相短路电流有效值为 1KA。

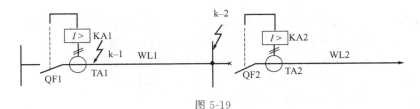

图 5-19

（1）试对 KA1 进行过电流保护动作电流、动作时间的整定，并校验其灵敏度。
（2）试对 KA1 进行速断保护动作电流的整定，并校验其灵敏度。

评价标准

教师根据学生整定值及操作结果，按表 5-3 给予评价。

表 5-3　任务 5.1 综合评价表

项目	内容	配分	考核要求	扣分标准	得分
实训态度	1. 实训的积极性 2. 安全操作规程地遵守情况 3. 纪律遵守情况 4. 完成自我评估、技能训练报告	30	积极参加实训,遵守安全操作规程和劳动纪律,有良好的职业道德;有较好的团队合作精神,技能训练报告符合要求	违反操作规程扣 20 分;不遵守劳动纪律扣 10 分;自我评估、技能训练报告不符合要求扣 10 分	
根据要求进行保护整定值的计算	1. 过电流保护（定时限）动作电流、动作时间的整定计算 2. 速断保护动作电流的整定计算	30	计算方法 整定值正确性	计算方法不正确扣 10 分 整定值不正确一个错误扣 10 分	
根据整定值进行操作训练	1. 电流继电器的特性进行测试 2. 定时限动作电流、动作时间的整定 3. 速断保护动作电流的整定	40	1. 继电器特性测试接线 2. 会进行定时限动作电流、动作时间的整定 3. 会进行速断保护动作电流的整定	操作中出现一次错误扣 5 分,扣完为止	
合计		100			

注：各项配分扣完为止。

任务 5.2　电力变压器继电保护的配置及整定

【任务描述】

电力变压器是企业供电系统中的重要电气设备，在运行中，可能会出现故障和不正常运行现象，这对企业的安全生产产生严重的影响。因此，必须根据变压器的容量和重要程度装设合适的保护装置。变压器的故障有：内部故障和外部故障。内部故障主要有绕组的相间短路、匝间短路和单相接地，外部故障主要是变压器引出线上绝缘套管的故障。变压器的不正常运行主要有：外部短路引起的过电流、长时间过负荷和油面降低及油温升高。因此本次任务主要是以工厂车间变电所主变压器保护为载体，了解变压器常用的保护及各保护的基本原理，根据给定电力变压器的容量、运行方式和使用环境确定电力变压器的保护方式，并会对变压器保护中的过电流保护和速断保护进行整定。

【任务目标】

技能目标：1. 能根据变压器的容量和重要程度确定所须装设的保护装置。
2. 能根据保护装置动作情况对变压器的故障进行判断。
3. 能对变压器的过电流保护和速断保护进行整定。

知识目标：1. 了解变压器常用保护及保护的基本原理。
2. 掌握变压器保护的配置原则。
3. 了解微机保护的基本原理。

【知识准备】

1. 变压器的瓦斯保护

变压器的瓦斯保护是保护油浸变压器内部故障的一种基本保护。瓦斯继电保护的主要元件是瓦斯继电器，它装在变压器的油箱和油枕之间的联通管上。图5-20为FJ-80型开口杯式瓦斯继电器的结构示意图。

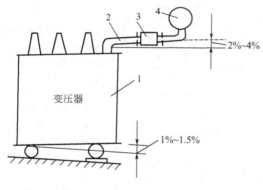 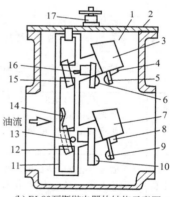

(a) 瓦斯继电器在变压器上的安装　　　　(b) FJ-80瓦斯继电器的结构示意图

1—变压器油箱；2—联通管；
3—瓦斯继电器；4—油枕

1—容器；2—盖；3—上油杯；4—永久磁铁；5—上动触点；6—上静触点；7—下油杯；8—永久磁铁；9—下动触点；10—下静触点；11—支架；12—下油杯平衡锤；13—下油杯转轴；14—挡板；15—上油杯平衡锤；16—上油杯转轴；17—放气阀

图 5-20　瓦斯继电器的安装及结构示意图

2. 干式变压器的保护

（1）瓦斯保护的作用与原理

在变压器正常工作时，气体（瓦斯）继电器的上下油杯中都是充满油的，油杯因其平衡锤的作用使其上下触点都是断开的。

当变压器油箱内部发生轻微故障时，由故障产生的气体致使油面下降，上油杯因其中盛有剩余的油使其力矩大于平衡锤的力矩而降落，从而使上触点接通，发出报警信号，这就是轻瓦斯动作。

当变压器油箱内部发生严重故障时，由于故障产生的气体很多，带动油流迅猛地由变压器油箱通过联通管进入油枕，在油流经过瓦斯继电器时，冲击挡板，使下油杯降落，从而使下触点接通，直接动作于跳闸。这就是重瓦斯动作。

如果变压器出现漏油，将会引起瓦斯继电器内的油也慢慢流尽。这时继电器的上油杯先降落，接通上触点，发出报警信号，当油面继续下降时，会使下油杯降落，下触点接通，从而使断路器跳闸。瓦斯保护只能保护油浸式变压器内部的故障，包括漏油、漏气、油内有气、匝间故障、绕组相间短路等。而对变压器外部端子上的故障情况则无法反映。因此，除设置瓦斯保护外，还需设置过流、速断或差动等保护。

（2）变压器瓦斯保护的接线

瓦斯保护的接线如图 5-21 所示。

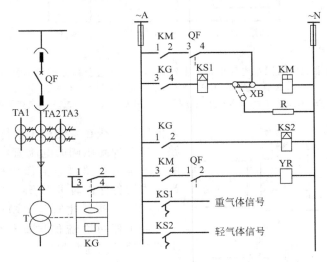

图 5-21　变压器瓦斯保护的接线图

瓦斯继电器 KG 的上触点 1-2 闭合，接通信号继电器 KS2，发出轻瓦斯信号；气体（瓦斯）继电器 KG 的上触点 3-4 为闭合，接通信号继电器 KS1，发出轻瓦斯信号，同时接通中间继电器 KM，KM 通电动作，KM3-4 闭合，接通跳闸线圈 YR，使断路器 QF 跳闸。KM1-2 作为 KM 的"自保持"触点，其作用是防止重瓦斯故障时可能出现的"抖动"现象，当重瓦斯动作时，通过中间继电器 KM1-2 保持 KM 通电，以确保断路器可靠跳闸。

3. 变压器的过电流保护、速断保护及过负荷保护

变压器的过电流保护装置一般都装设在变压器的电源侧。无论是定时限还是反时限，变压器过电流保护的组成和原理与电力线路的过电流保护完全相同。图 5-22 为变压器的定时限过电流保护、电流速断保护和过负荷保护的综合电路，全部继电器均为电磁式。图 5-23 是按分开表示法绘制。

（1）变压器过电流保护的动作电流、动作时间的整定

变压器过电流保护的动作电流整定计算公式，也与电力线路过电流保护基本相同，只是式(5-3)中的 $I_{L \cdot max}$ 应取为 $(1.5 \sim 3) I_{1N.T}$，$I_{1N.T}$ 为变压器的额定一次电流。变压器过电流保护的动作时间，也按"阶梯原则"整定。但对车间变电所来说，由于它属于电力系统的终端变电所，因此其动作时间可整定为最小值 0.5s。变压器过电流保护的灵敏度，按变压

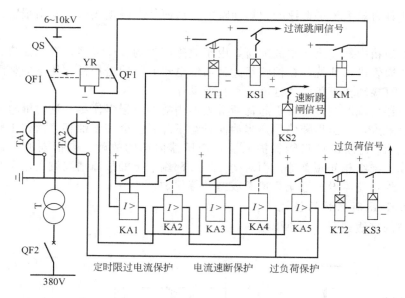

图 5-22 变压器的定时限过电流保护、电流速断保护和过负荷保护的综合电路（集中法）
KA1，KA2，KT1，KS，KM—定时限过电流保护；
KA3，KA4，KS2，KM—电流速断保护；KA5，KT2，KS3—过负荷保护

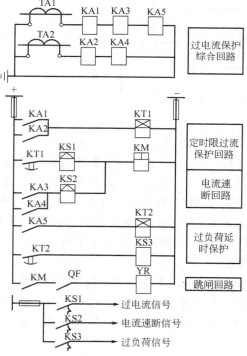

图 5-23 变压器的定时限过电流保护、电流速断保护和过负荷保护的综合电路（按分开表示法绘制）

器低压侧母线在系统最小运行方式时发生两相短路（换算到高压侧的电流值）来校验。其灵敏度的要求也与线路过电流保护相同，即 $S_P \geq 1.5$；当作为后备保护时可以 $S_P \geq 1.2$。

（2）变压器速断保护动作电流的整定

变压器过电流保护动作实现大于 0.5s 时，必须装设电流速断保护。

电流速断保护的组成、原理，也与电力线路的电流速断保护相同，变压器电流速断保护的动作电流整定计算公式，也与电力线路的电流速断保护基本相同，只是式（5-7）中的 $I_{k \cdot max}$ 应取低压母线三相短路电周期分量有效值换算到高压侧的电流值，即变压器电流速断保护的动作电流按躲过低压母线三相短路电流来整定。变压器速断保护的灵敏度，按变压器高压侧在系统最小运行方式时发生两相短路的短路电流来校验，要求 $S_P \geq 1.5$。

变压器的电流速断保护，与电力线路的电流速断保护一样，也有死区（不能保护变压器的全部绕组）。弥补死区的措施，也是配备带时限的过电流保护。变压器的过负荷保护是用来反映变压器正常运行时出现的过负荷情况，只在变压器确有过负荷可能的情况下才予以装设，一般动作于信号。变压器的过负荷在大多数情况下都是三相对称的，因此过负荷保护只需要在一相上

装一个电流继电器。在过负荷时，电流继电器动作，再经过时间继电器延时，最后接通信号继电器发出报警信号。过负荷保护的动作电流按躲过变压器额定一次电流 $I_{1N.T}$ 来整定，其计算公式为

$$I_{\text{op(OL)}} = \frac{1.2 \sim 1.3}{K_i} I_{1N.T} \tag{5-11}$$

动作时间一般取 $10 \sim 15 \text{s}$。

【例 5-4】 某降变压电所装有一台 $10/0.4\text{kV}$、1000kV·A 的电力变压器。已知变压器低压母线三相短路电流 $I_k^{(3)} = 13\text{KA}$，高压侧继电保护用电流互感器电流比为 $100/5$，继电器采用 GL-25 型，接成两相两继电器式。试整定该继电器的反时限过电流保护的动作电流、动作时间及电流速断保护的速断电流倍数。

解 （1）过电流保护的动作电流整定

$$I_{\text{op}} = \frac{1.3 \times 1}{0.8 \times 20} \times 115.5\text{A} = 9.38\text{A}$$

$$I_{L \cdot \max} = 2I_{1N.T} = 2 \times 1000\text{kV·A}/(\sqrt{3} \times 10\text{kV}) = 115.5\text{A}$$

取 $K_{\text{rel}} = 1.3$，而 $K_w = 1$，$K_{\text{re}} = 0.8$，$K_i = 100/5 = 20$ 动作电流整定为 9A。

（2）过电流保护动作时间的整定

考虑此为终端变电所的过电流保护，故其 10 倍动作电流的动作时间整定为最小值 0.5s。

（3）电流速断保护速断电流的整定

取 $K_{\text{rel}} = 1.5$，而 $K_w = 1$，$K_i = 100/5 = 20$，

$$I_{k \cdot \max} = 13\text{KA} \times \frac{0.4\text{kV}}{10\text{kV}} = 520\text{A}$$

因此速断电流倍数整定为

$$I_{\text{qb}} = \frac{1.5 \times 1}{20} \times 520\text{A} = 39\text{A}$$

$$n_{\text{qb}} = 39/9 \approx 4.3$$

4. 变压器的差动保护

差动保护分纵差和横差两种形式，纵差保护用于单回路，横差保护用于双回路。本节所介绍的差动保护是指纵差保护。

变压器差动保护，主要是用来保护变压器内部及引出线和绝缘套管的相间短路。

（1）变压器差动保护的基本原理

图 5-24 是变压器差动保护的单相原理图。将变压器两侧的电流互感器同极性串联起来，使继电器跨接在两连线之间，于是流入差动继电器的电流就是两侧电流互感器二次电流之差，即

$$I_{\text{KA}} = I_1'' - I_2'' \tag{5-12}$$

在变压器正常运行或差动保护的保护区外 k-2 点发生短路时，在变压器正常运行或差动保护的保护区外 k-2 点发生短路时，流入继电器 KA 的电流为 $I_1'' - I_2''$，通过合理选择 TA 的变比，使 $I_1'' \approx I_2''$，即流入继电器 KA 的电流近似等于零（有一定的不平衡电流），继电器 KA 不动作。

在变压器内部发生故障时（如差动保护的保护区内 k-1 点发生短路），对于单端供电的变压器来说，$I_2'' = 0$，所以 $I_{\text{KA}} = I_1''$，流过继电器的电流超过其整定的动作电流，使 KA 瞬时动作，断路器 QF1、QF2 同时跳闸，切除故障，保护了变压器。

综上所述，变压器差动保护的工作原理是：正常工作或外部故障时，流入差动继电器的

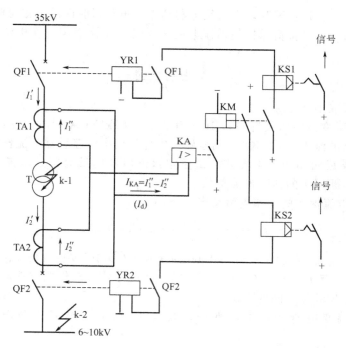

图 5-24 变压器差保护的单相原理图

电流为不平衡电流,在适当选择好两侧电流互感器的变比和接线方式的条件下,该不平衡电流值很小,并小于差动保护的动作电流,故保护不动作;在保护范围内发生故障,流入继电器的电流大于差动保护的动作电流,差动保护动作于跳闸。因此它不需要与相邻元件的保护在整定值和动作时间上进行配合,可以构成无延时速断保护。其保护区域为变压器一、二次侧所装电流互感器之间。

(2) 变压器纵差保护动作电流的整定

变压器纵差保护的动作电流 $I_{op(d)}$ 应满足以下三个条件。

① 应躲过变压器差动保护区外短路时出现的最大不平衡电流 $I_{dsq.max}$。即

$$I_{op(d)} = K_{rel} I_{dsq.max} \tag{5-13}$$

式中 K_{rel}——可靠系系数,取 1.3。

② 应躲过变压器励磁涌流,即

$$I_{op(d)} = K_{rel} I_{1N.T} \tag{5-14}$$

式中 K_{rel}——可靠系系数,取 1.3~1.5;

$I_{1N.T}$——变压器额定一次电流。

③ 动作电流应大于变压器最大负荷电流,防止在电流互感器二次回路断线且变压器处于最大负荷时,差动保护误动作,因此

$$I_{op(d)} = K_{rel} I_{L·max} \tag{5-15}$$

式中 $I_{L·max}$——最大负荷电流,取 1.2~1.3;

K_{rel}——可靠系数,取 1.3。

5. 变压器保护的配置

变压器是现代电力系统中的主要设备之一。因此,提高变压器工作的可靠性,对保证电力系统的安全运行具有十分重要的意义。现代生产的变压器在构造上是比较可靠的,故障机会较少,但在实际运行中,还要考虑发生各种故障和不正常情况的可能性。因此必须根据变

压器的容量和重要程度装设专用的保护装置。

变压器的故障可分为内部故障和外部故障两种。内部故障主要是：相间短路、绕组的匝间短路和单相接地短路。发生内部故障是很危险的，因为短路电流产生的电弧不仅会破坏绕组的绝缘，烧毁铁芯，而且由于绝缘材料和变压器油受热分解而产生的大量气体，还可能引起变压器油箱爆炸。变压器最常见的外部故障是引出线上绝缘套管的故障，这种故障可能导致引出线的相间短路和接地（对变压器外壳）短路。变压器的不正常工作情况主要有：由于外部短路和过负荷引起的过电流，油面的极度降低和电压升高等。根据上述故障情况，变压器一般应装设下列保护。

a. 防御变压器油箱内部故障和油面降低的瓦斯保护。

b. 防御变压器绕组和引线的多相短路、中性点直接接地电网侧绕组和引出线的接地短路以及绕组匝间短路的纵差动保护或电流速断保护。

c. 防御外部相间短路并作瓦斯保护和纵差动保护（或电流速断保护）后备的过电流保护（或复合电压启动的过电流保护或负序电流保护）。

d. 防御中性点直接接地电网中外部接地短路的零序电流保护。

e. 防御对称过负荷的过负荷保护。

以上第 b、c、d 项的保护及第 a 项中的重瓦斯保护都动作于跳闸；第 e 项及第 a 项中的轻瓦斯保护只动作于信号。

（1）电力变压器的主保护

电力变压器的主保护主要包括瓦斯保护、纵差保护及电流速断保护。

按 GB 50062—1992 规定，容量在 800kV·A 及以上的油浸式变压器 400kV·A 及以上的车间内油浸式变压器，均应装设瓦斯保护。

容量在 10000kV·A 及以上的单独运行的变压器和 6300kV·A 及以上的并列运行的变压器，应装设纵差保护。

（2）电力变压器的后备保护

电力变压器的后备保护主要是用来防止变压器的外部短路并作为主保护的后备保护。后备保护主要有过电流保护、复合电压启动的过电流保护、零序电流保护和过负荷保护等。

【任务实施】

（1）实施地点

教室、专业实训室。

（2）实施所需器材

① 多媒体设备。

② 训练用继电器及保护装置。

③ 常用电工工具、安装工具和常用配件等。

（3）实施内容与步骤

① 学生分组。3~4 人一组，指定组长。工作始终各组人员尽量固定。

② 教师布置工作任务。学生阅读工作任务书，了解工作内容，明确工作目标，制定实施方案。

③ 教师通过图片、实物或多媒体分析演示让学生了解电力变压器保护的原理和接线，并根据给定电力变压器的容量、运行方式和使用环境确定电力变压器保护的配置，并进行过电流保护、速断、过负荷动作电流整定，并观察动作现象。老师及时指导，指出

问题。

④ 对某 10/0.4kV 电力变压器的保护进行调查

a. 分组调查保护的配置，将结果记录在表 5-4 中。

表 5-4　某 10/0.4kV 电力变压器保护的配置

序号	变压器容量	瓦斯保护	过电流保护	速断保护	过负荷保护	零序保护	其他保护
1							
2							

b. 注意事项

ⓐ 认真观察，注意特点，记录完整。

ⓑ 注意安全。

【知识拓展】　1. 微机综合保护装置

微机综合保护装置是利用微型计算机或单片机来实现继电保护功能的一种自动装置，是用于测量、控制、保护、通信一体化的一种经济型保护，具有精度高，灵活性大，可靠性高，测试和维护方便，易于实现综合自动化等功能，在我国电力系统中得到了广泛地应用。

微机综合保护装置由硬件和软件两部分组成。

（1）微机综合保护装置硬件电路基本组成

微机综合保护装置硬件电路基本组成框图如图 5-25 所示。

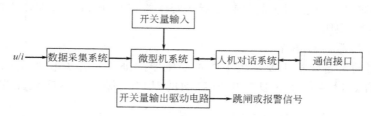

图 5-25　微机综合保护装置硬件电路基本组成框图

① 数据采集系统　数据采集系统的作用是将互感器二次侧的电流、电压经适当的处理后转换为所需要的数字量。

② 微型机系统　微型机系统的作用是完成算术和逻辑运算，实现继电保护功能。

③ 输入/输出回路　输入/输出回路是微机综合保护装置与外部设备的联系电路。其输入信号和输出信号是开关量（触点的通、断）。

④ 人机对话系统　人机对话系统的作用是建立微机综合保护装置与使用者之间的信息联系，以便对装置进行人工操作、调试和信息反馈。

⑤ 通信接口　通信接口的作用是提供计算机局域网通信网络以及远程通信网络的信息通道，以实现变电站综合自动化。

（2）微机综合保护装置软件模块的基本结构

微机综合保护装置软件模块通常可分为保护系统软件和人机对话系统软件两部分。其结构框图如图 5-26 所示。

① 人机对话系统软件　人机对话系统软件又称接口软件，是指人机接口部分的软件，其程序可分为监控程序和运行程序。调试运行方式下执行监控程序，运行方式下执行运行

程序。

监控程序主要是键盘命令处理程序,为接口插件及各 CPU 保护插件进行调节和整定而设置的程序;接口的运行程序由主程序和定时中断服务程序构成。主程序完成巡检、键盘扫描和处理、故障信息的排列和打印,定时中断服务程序。

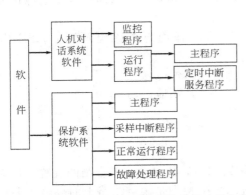

图 5-26 微机综合保护装置软件模块的基本结构框图

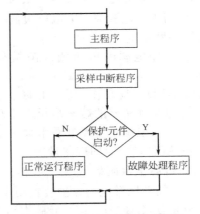

图 5-27 微机保护软件结构框图

② 保护系统软件 微机保护的主程序按固定采样周期接受采样中断,进入采样及计算程序。采样部分对电流、电压等进行采样,当保护启动元件动作时,进入故障处理程序,发出跳闸命令。当正常运行时,执行正常运行程序,如检查开关位置,检查电压互感器断线等,出现问题时发出告警信号。微机保护软件结构框图如图 5-27 所示。

2. 备用电源自动投入装置

在要求供电可靠性较高的工厂变配电所中,通常设有两路及以上的电源进线。在车间变电所低压侧,一般也设有与相邻车间变电所相连的低压联络线。如果在作为备用电源的线路上装设备用电源自动投入装置(简称 APD,汉语拼音缩写为 BZT),则在工作电源线路突然断电时,利用失压保护装置使该线路的断路器跳闸,而备用电源线路的断路器则在 APD 作用下迅速合闸,使备用电源投入运行,从而大大提高供电可靠性,保证对用户的不间断供电。

(1)备用电源自动投入的基本原理

备用电源自动投入的原理电路如图 5-28 所示。假设电源进线 WL1 在工作,WL2 为备用,其断路器 QF2 断开,但其两侧隔离开关是闭合的(图上未绘隔离开关)。当工作电源 WL1 断电引起失压保护动作使 QF1 跳闸时,其常开触点 QF1(3-4)断开,使原通电动作的时间继电器 KT 断电,但其延时断开触点尚未及断开。这时 QF1 的另一常闭触点 1-2 闭合,从而使合闸接触器 KO 通电动作,使断路器 QF2 的合闸线圈 YO 通电,使 QF2 合闸,投入备用电源 WL2,恢复对变配电所的供电。

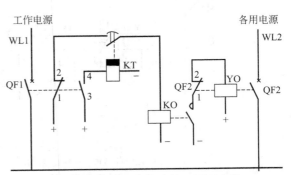

图 5-28 备用电源自动投入原理电路
QF1—工作电源进线;WL1 上的断路器;
QF2—备用电源进线;WL2 上的断路器;
KT—时间继电器;KO—合闸接触器;
YO—合闸线圈

WL2投入后，KT的延时断开触点断开，切断KO的回路，同时QF2的联锁触点1-2断开，防止YO长期通电（YO是按短时大功率设计的）。由此可见，双电源进线又配以APD时，供电可靠性是相当高。但当母线发生故障时，整个变配电所仍要停电，因此对某些重要负荷，可由两段母线同时供电。

(2) 对备用电源自动投入装置的基本要求

① 当工作电源失压或电压很低时，APD应将此电路切除，并随即将备用电源投入，以保证不间断供电。

② 工作电源因负荷侧故障被保护装置切除时或备用电源无电源时，APD均不应动作。

③ APD只应动作一次，以防止备用电源合闸到永久性故障上。

④ 电压互感器的熔丝熔断或其刀开关拉开时，APD不应误动。

⑤ 工作电源正常停电操作时，APD不能动作。

⑥ APD动作时间应尽量短。

3. 自动重合闸装置

当断路器因继电器保护装置动作或其他原因跳闸后，能自动重新合闸的装置，称为自动重合闸装置（ARD）。运行经验表明，电力系统的故障特别是架空线路上的故障大多是暂时性的。这些故障在断路器跳闸后，多数能很快地自行消除。例如雷击闪络或鸟兽造成的线路短路故障，往往在雷闪过后或鸟兽烧死以后，线路大多能恢复正常运行。因此，如采用自动重合闸装置使断路器自动重新合闸，迅速恢复供电，从而提高供电可靠性，避免因停电而给国民经济带来巨大的损失。

按重合次数分，有一次重合闸、二次重合闸和三次重合闸。工厂供电系统中采用的ARD，一般都是一次重合闸装置，因为一次重合闸装置，比较简单经济，而且基本上能满足供电可靠性的要求。对于架空线路来说，一次重合成功率可达$60\%\sim90\%$，而二次重合成功率只有15%左右，三次重合成功率仅3%左右。由此可以看出，重合闸成功率随着重合闸的次数的增加而明显的下降，因此工厂一般只采用一次自动重合闸装置。

(1) 电气一次自动重合闸的基本原理

图5-29是一次自动重合闸的原理电路图。

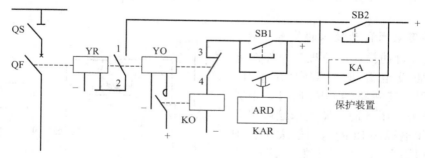

图5-29 电气一次ARD的原理电路

YR—跳闸线圈；YO—合闸线圈；KO—合闸接触器；KAR—重合闸继电器；
KA—保护装置出口触点；SB1—合闸按钮；SB2—跳闸按钮

手动合闸时，按下SB1，使合闸接触器KO通电动作，从而使合闸线圈YO动作，使断路器QF合闸。

手动跳闸时，按下SB2，使跳闸线圈YR通电动作，使断路器QF跳闸。

当一次线路上发生短路故障时，保护装置 KA 动作，接通跳闸线圈 YR 回路，使断路器 QF 自动跳闸。与此同时，断路器辅助触点 QF（3-4）闭合，而且重合闸继电器 KAR 启动，经整定的时限后其延时常开触点闭合，使合闸接触器 KO 通电动作，从而使断路器重合闸。如果一次线路上的短路故障是瞬时性的，已经消除，则重合成功。如果短路故障尚未消除，则保护装置又要动作，KA 的触点闭合又使断路器再次跳闸。由于一次 ARD 采取了防跳措施（图上未表示），因此不会再次重合闸。

（2）对自动重合闸装置的基本要求

① 线路正常工作时，ARD 应投入，当值班人员操作将断路器断开时，ARD 不应动作；当值班人员手动合闸于永久性故障线路而保护装置将断路器跳闸时，ARD 也不应动作。

② 除上述情况外，当断路器因保护装置或其他原因跳闸时，ARD 均应动作。

③ ARD 动作的次数应符合预先的规定（如一次重合闸只能动作一次）。

④ ARD 动作时限应大于故障点灭弧并使周围介质恢复绝缘强度所需要的时间和断路器及操动机构恢复原状，准备好再次动作的时间。一般为 0.5～1s。

⑤ ARD 动作后，应能自动复归，为下次动作作好准备。

⑥ ARD 应与保护装置配合。

学习小结

本任务的核心是能对电力变压器进行保护的配置，并能对电力变压器进行动作电流、动作时间的整定。通过本任务的学习和实践，学生应能理解以下要点。

1. 变压器的瓦斯保护是保护油浸变压器内部故障的一种基本保护。当变压器油箱内部发生轻微故障时，轻瓦斯动作，发出报警信号，当变压器油箱内部发生严重故障时，重瓦斯动作。直接动作于跳闸。容量在 800kV·A 及以上的油浸式变压器 400kV·A 及以上的车间内油浸式变压器，均应装设瓦斯保护。

2. 变压器过电流保护、速断保护的动作电流整定，与电力线路过电流保护基本相同。

3. 变压器差动保护，主要是用来保护变压器内部及引出线和绝缘套管的相间短路。容量在 10000kV·A 及以上的单独运行的变压器和 6300kV·A 及以上的并列运行的变压器，应装设纵差保护。

变压器差动保护的基本原理就是将变压器两侧的电流互感器同极性串联起来，使继电器的电流就是两侧电流互感器二次电流之差，即 $I_{KA}=I_1''-I_2''$，在变压器正常运行或差动保护的保护区外发生短路时，使 $I_1''\approx I_2''$，流入继电器 KA 的电流近似等于零；差动保护的保护区内发生故障时，继电器动作，将断路器跳闸，保护变压器。

4. 微机综合保护装置是利用微型计算机或单片机来实现继电保护功能的一种自动装置，微机综合保护装置由硬件和软件两部分组成。

5. 备用电源投入装置是在工作电源线路突然断电时，利用失压保护装置使该线路的断路器跳闸，而备用电源线路的断路器则在 APD 作用下迅速合闸，使备用电源投入运行，从而大大提高供电可靠性，保证对用户的不间断供电。

6. 自动重合闸装置是当一次线路上发生短路故障时，断路器跳闸，采用自动重合闸装置使断路器自动重新合闸，迅速恢复供电，从而提高供电可靠性。

自我评估

1. 判断下列说法是否正确

(1) 瓦斯保护装置的特点是动作迅速、灵敏度高，能反映变压器油箱内部的各种类型故障，也能反映外部的一些故障。（　　）

(2) 变压器瓦斯保护能反映其内部任何故障，但不能保护外部的绝缘套管和引线上的故障。（　　）

(3) 变压器瓦斯继电器的安装，要求导管沿油枕方向与水平面具有2%～4%升高坡度。（　　）

(4) 变压器的过负荷通常用来反映正常情况下过载情况，除了发信号外，有时还跳闸。（　　）

(5) 变压器差动保护的保护范围是变压器本身。（　　）

(6) 变压器套管外部发生短路，变压器差动、过流与瓦斯保护均要动作跳闸。（　　）

2. 选择题

(1) 瓦斯继电器动作时，下列说法正确的是（　　）。
  A. 轻瓦斯作用于信号　　　　　　　　B. 重瓦斯作用于跳闸
  C. 轻瓦斯作用于跳闸　　　　　　　　D. 重瓦斯作用于信号

(2) 容量在（　　）kV·A以上的油浸式变压器一般应装设瓦斯保护。
  A. 400　　　　B. 800　　　　C. 1000　　　　D. 1250

(3) 变压器过电流保护是按躲过（　　）整定的。
  A. 变压器二次额定电流　　　　　　　B. 可能出现的最大负荷电流
  C. 线路末端短路电流　　　　　　　　D. 电机的最大启动电流

(4) 变压器速断保护动作电流按躲过（　　）来整定。
  A. 二次侧母线短路的最大短路电流整定　　B. 二次侧最大负荷电流整定
  C. 保护安装处的最小两相金属性短路电流整定　　D. 保护安装侧的额定电流

(5) 容量在（　　）kV·A以上单独运行的变压器和（　　）kV·A以上的并联运行的变压器应该装设纵联差动保护。
  A. 15000，5000　　　　　　　　　　B. 10000，6300
  C. 15000，6300　　　　　　　　　　D. 10000，5000

(6) 变压器的结构和运行上的一些特殊性能够产生不平衡电流，下面（　　）能产生不平衡电流。
  A. 变压器各侧电流的大小及相位不同　　B. 空载合闸时在电源端出现的励磁涌流
  C. 电流互感器变比的不合适　　　　　　D. 差动继电器的选型不同

3. 问答题

(1) 变压器通常采用哪些保护装置？

(2) 变压器的过电流保护和速断保护的动作电流如何整定？

(3) 电力变压器主保护有哪些？

4. 某降压变电所装有一台10/0.4kV额定容量为800kV·A的电力变压器。已知变压器低压母线三相短路电流为11KA，高压侧继电保护用电流互感器变流比为100/5，采用GL-25型电流继电器，接成两相两继电器。试整定：

① 反时限过电流保护的动作电流和动作时间；

② 速断保护的动作电流和速断电流倍数。

评价标准

教师根据学生整定值及操作结果，按表5-5给予评价。

表 5-5　任务 5.2 综合评价表

项　目	内　容	配分	考核要求	扣分标准	得分
实训态度	1. 实训的积极性 2. 安全操作规程地遵守情况 3. 纪律遵守情况 4. 完成自我评估、技能训练报告	30	积极参加实训,遵守安全操作规程和劳动纪律,有良好的职业道德;有较好的团队合作精神,技能训练报告符合要求	违反操作规程扣 20 分;不遵守劳动纪律扣 10 分;自我评估、技能训练报告不符合要求扣 10 分	
根据要求进行保护整定值的计算	10/0.4kV 电力变压器保护配置调查	40	调查中观察认真,记录完整	观察不认真扣 20 分；记录不完整扣 20 分	
根据整定值进行操作训练	差动保护动作电流的整定	30	1. 会进行动作电流的整定计算 2. 观察动作现象	操作中出现一次错误扣 5 分	
合计		100			

注：各项配分扣完为止

学习情境 6

变配电所防雷与接地

学习目标

技能目标：
1. 能正确选用避雷装置。
2. 能进行避雷针保护范围计算。
3. 能正确选择保护接地和保护接零的供配电方式。
4. 能对接地电阻进行测量。
5. 能对触电者进行急救处理。

知识目标：
1. 学会安装接地装置。
2. 了解等电位联接的原理。
3. 了解安全用电的基本知识。
4. 熟练掌握触电的急救方法。

任务 6.1　变配电所的防雷

【任务描述】

在现代企业供配电系统中,为了预防或减少雷电所形成的高电压和大电流对供电设备造成的危害,保护人民生命财产的安全,在设计变配电所供配电线路的时候,常常采用防雷保护装置来防治雷击。本任务主要是了解雷电形成的原因和造成的危害,掌握变配电所防雷的措施,能正确选用避雷装置,学习对避雷针保护范围的计算。

【任务目标】

技能目标: 1. 能正确选用避雷装置。
2. 能进行避雷针保护范围计算。

知识目标: 1. 了解雷电的形成原因和雷电的种类。
2. 掌握变电所对雷电防护的方法。

【知识准备】

1. 雷电的形成及危害

(1) 雷电的形成

① 雷电现象　雷云的放电过程就是雷电,雷电是自然界的一种静电现象。在带电云层(雷云)的形成过程中,某些云团带有正电荷,另些云团带有负电荷,它们对大地的静电感应使地面产生异性电荷。当这些云团电荷积聚到一定程度时,不同电荷的云团之间或云团与大地之间的电场强度就可击穿空气(一般为25~30kV/cm)开始发生"游离放电",形成导电性的通道,同时在这放电过程中,往往伴随着强烈耀眼的闪光和震耳欲聋的巨响。我们称这种现象为"雷电先导放电"。

雷云对大地的"先导放电"是带电云团向地面跳跃(梯级)式逐渐发展的,当它到达地面时(高出地面的建筑物、架空输电线等),便会产生由地面向云团的逆主放电,也叫"迎雷先导放电",向空中的雷电先导快速的接近。当迎雷先导和雷电先导两者在空中相碰时,地面上的异性电荷经过迎雷先导通道,与空中的雷电先导通道中的游离电荷发生剧烈中和,会产生出很大的电流(一般为几十千安至几百千安),随之发生强烈放电闪光,这就是闪电;强大的电流把闪电通道内的空气急剧加热到一万度以上,使空气骤然膨胀而发出巨大响声,这就是雷,这种既有闪光又有巨响的现象,就是雷电的主放电过程,也就是通常所说的雷电。

通常雷电放电时所释放出的能量大约在300kW以上,如果把这些能量全部利用起来,可供一个普通家庭使用2个月以上。由于雷电释放的能量相当大,它所产生的强大电流、灼热的高温、猛烈的冲击波、剧变的静电场和强烈的电磁辐射等物理效应给人们带来了多种危害。其中雷云对地放电(直击雷)对地表的供电网络和建筑物的破坏性最大。

② 雷电现象的多重性　雷云对地之间的电位是很高的,它与大地之间存在着静电感应,两者之间就好像一个巨大的空间电容器,聚集着大量的异号电荷。由于雷云中间或雷云对地之间,每点的电场强度都不相同,因此雷云中可能同时存在多个电荷聚集中心。

当雷电发生时，第一个电荷聚集中心对地放电结束后，紧接着还会有第二个、第三个电荷聚集中心再次发生中和放电现象。这就是我们通常观察到的雷电常常一个接着一个的原因，即雷电现象的多重性。每次放电的间隔时间从几百微秒到几百毫秒各不相同，常见的多重放电现象是2～3次，且放电电流都比第一次的放电电流要小很多，而且是逐次递减的。

③ 雷电统计的概念

a. 雷电次数　当雷电进行时，隆隆的雷声持续不断，若其间雷声的时间间隔小于15min时，不论雷声断续传播的时间有多长，均算作是一次雷暴；若其间雷声的停息时间在15min以上时，就把前后分作是两次雷电暴。

b. 雷电小时　是指在某一个小时内，只要曾经听到雷声就算作是一个雷暴小时，而不论雷暴持续时间的长短如何。某一地区的"年雷电小时数"也就是说该地区一年中有多少个天文小时发生过雷暴，而不管在某一小时内雷暴是足足继续了一小时之久，还是只延续了数分钟。

c. 雷暴日数　也叫做雷电日数。这是我们最熟悉也是最常采用的一种统计方法。所谓雷电日数，是指只要在这一天内曾经发生过雷暴，听到过雷声，而不论雷暴延续了多长时间，都算作一个雷电日。"年雷电日数"等于全年雷电日数的总和。

我国幅员辽阔，雷电日的多少与纬度有关。北回归线（北纬23.5°）以南是雷电活动最频繁的地区，平均雷电日在80～133个；北纬23.5°到长江流域大约为40～80个；长江以北大部分地区和东北地区多在20～40个之间；西北部地区最弱，约为10个左右甚至更少。我国规定平均雷电日少于15个的地区叫少雷区，超过40个的地区叫多雷区。在防雷设计上，要根据当地雷电日的数量来合理地选择相关的参数。

d. 雷暴月数　也叫做雷电月数，即指在这一个月内曾发生过雷暴。"年雷暴月数"也就是指一年中有多少个月发生过雷暴。

(2) 雷电的形式

雷电主要有四种形式：直击雷、感应雷、球形雷和雷电侵入波。

① 直击雷　直击雷是雷云与建筑物、其他物体、大地或防雷装置之间发生的迅猛放电现象，并由此伴随而产生的电效应、热效应或机械力等一系列的破坏作用。通常是指带电的云层与大地上某一点之间发生迅猛的放电现象，当直击雷现象发生时，往往对地面上的物体产生强烈的打击作用，破坏力是巨大的，主要危害建筑物、建筑物内电子设备和人。

直击雷的电压峰值通常可达几万伏甚至几百万伏，电流峰值可达几十千安乃至几百千安；它之所以破坏性很强，主要原因是雷云所蕴藏的能量在极短的时间（其持续时间通常只有几微秒到几百微秒）就释放出来，从瞬间功率来讲是巨大的。

防避直击雷通常都是采用避雷针、避雷带、避雷线、避雷网或金属物件作为接闪器，将雷电流接收下来，并通过作引下线的金属导体导引至埋于大地起散流作用的接地装置再泄散入地。

② 感应雷　感应雷的形成过程是雷电未直接击中电力系统中的任何部分但对用电设备、线路或其他物体的静电感应或电磁感应所产生的过电压。这种雷电过电压称为间接雷击，也称为感应雷。

其感应过程是由于雷云的作用，使地面上某一范围带上异种电荷。当"雷电"发生后，云层带电迅速消失，而地面某些范围内由于接地电阻或导体电阻的存在，当瞬间大电流流过时，就会导致小范围或局部的瞬间过电压。或者由于直击雷放电过程中，强大的脉冲电流周围的导线或金属物产生电磁感应而发生瞬间过电压，以致形成闪击的现象，即感应雷。感应雷造成的瞬间过电压，指在微秒到毫秒之内产生的尖峰冲击电压。该电压常高达 2～20kV。瞬间过电压损坏的常是电子设备和电器。

③ 球形雷　在雷电频繁的雷雨季节，偶然会发现殷红色、灰红色、紫色、蓝色的"火球"，直径一般十到几十厘米，甚至超过 1m；有时从天而降，然后又在空中或沿地面水平移动，有时平移有时滚动，通过烟囱、开着的门窗和其他缝隙进入室内，或无声地消失，或发出丝丝的声音，或发生剧烈的爆炸，因而人们习惯称之为"球形雷"，较为罕见。

防避球形雷最好在雷雨天不要打开门窗，并在烟囱、通风管道等空气流动处装上网眼不大于 $4cm^2$、粗约 2～2.5mm 的金属保护网，然后作良好接地。

④ 雷电侵入波　雷电侵入波又称为线路来波。当雷云之间或雷云对地放电时，在附近的金属管线上产生的感应过电压（包括静电感应和电磁感应两个分量，但对于长距离线路而言，静电感应过电压分量远大于电磁感应过电压分量）。该感应过电压也会以行波的方式窜入室内，造成电子设备的损坏。

(3) 雷电的危害

① 雷电的机械效应　雷电所产生的电动力，可摧毁电力设备、杆塔和建筑物，甚至伤害人和牲畜。

② 雷电的热效应　雷电在产生强大电流的同时，也产生很高的热量，可以烧断导线和烧毁其他电力设备。

③ 雷电的电磁效应　雷电可以产生很高的过电压，击穿电气绝缘，甚至引起火灾和爆炸，造成人身伤亡。

④ 雷电的闪络放电　雷电的闪络可以造成绝缘子损坏、断路器跳闸、线路停电或引起火灾等危害。

2. 变配电所对直击雷的防护

(1) 防雷保护装置

在现代企业供配电系统中，为了预防或减少雷电所形成的高电压和大电流对供电设备造成的危害，保护人民生命财产的安全，在设计变配电所供配电线路的时候，常常采用防雷保护装置来防治雷击。防雷保护装置主要包括避雷针、各种避雷器、避雷线等，它们的合理设计、组合可以避免变配电所与建筑物遭受雷击的伤害。

防雷装置一般都由接闪器、引下线及接地装置三部分组成。

① 接闪器　直接承受雷击的部件，称为接闪器。避雷针、避雷线、避雷网、避雷带、避雷器及一般建筑物的金属屋面或混凝土屋面，均可作为接闪器。

② 引下线　连接接闪器和接地装置的金属导体，称为引下线。引下线一般用圆钢或扁钢制作。

③ 接地装置　接地装置包括接地体和接地线。防雷接地装置与一般电气设备接地装置大体相同，所不同的只是所用材料规格比一般接地装置要大。

(2) 变电所对直击雷的防护

变电所对直击雷的防护方法主要是装设避雷针，将变电所的进线杆塔和室外电气设备全部置于避雷针的保护范围之内。

① 避雷针的构造　避雷针由接闪器、接地引下线和接地体三部分组成，是防直击雷最有效的防范措施。其作用是将雷电吸引到自身上来，并通过良好的接地装置把雷云放电产生的大量电荷导入地中，从而使其附近的电气设备或建筑物免受雷击。以前人们认为避雷针是利用它的尖端放电使大地和雷云所带的异性电荷中和而避免雷击，但在实践中逐渐发现，避雷针并不能阻止雷电的形成，其实质上是起到了"引雷针"的作用。

② 避雷针的保护范围及计算方法　避雷针的保护范围是指它能防护直击雷的空间大小而言的。在这个保护空间范围内遭受雷击的概率极小，不超过 0.1%，则被认为是保护可靠的。避雷针保护作用的好坏与避雷针设计的数目、高度和装设的位置都有关系，我国的行业标准中有关避雷针的保护范围，都是根据实验室的模拟实验和多年的实际运行经验得出的。

a. 单支避雷针的保护范围　避雷针的保护范围常用"折线法"来计算。如图 6-1 所示。

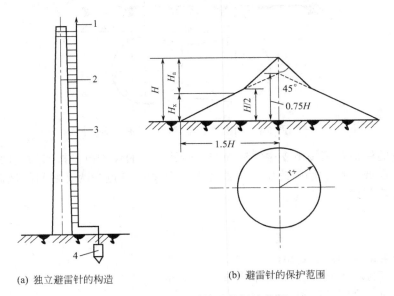

(a) 独立避雷针的构造　　　　　(b) 避雷针的保护范围

图 6-1　独立避雷针及其保护范围
1—接闪器（针尖）；2—杆塔；3—接地引下线；4—接地极

单支避雷针的保护范围形状如同雨伞一样向外张开。根据实验得出的数据，避雷针在地面上的保护半径约为 $1.5H$。从针顶向下作 $45°$ 的斜线，与从针底 $1.5H$ 处向针 $0.75H$ 处所作的斜线交于 $H/2$ 处，此交点将保护范围分为上、下两个空间 H_a 和 H_x。由图 6-1 可得每个空间内不同高度上的保护半径和避雷针高度的关系式为

$H_x \geqslant H/2$ 时

$$r_x = (H - H_x)K_h = H_a K_h \tag{6-1}$$

$H_x < H/2$ 时

$$r_x = (1.5H - 2H_x)K_h \tag{6-2}$$

式中　H_x——被保护物高度，m；
　　　r_x——H_x 水平面的保护半径，m；
　　　H_a——避雷针的有效高度，m；
　　　K_h——高度影响系数，由式中可见避雷针增高时 r_x 并不与针高 H 成正比增大。

当 $H \leqslant 30\text{m}$ 时，$K_h = 1$，当 $120\text{m} \geqslant H > 30\text{m}$ 时，$K_h = \dfrac{5.5}{\sqrt{H}}$。

根据高度影响系数计算式可知，H 越高，K_h 就越小。所以通过提高避雷针的高度增大保护范围并不合适，合理的解决方法是采用多支避雷针联合保护。

b. 两支等高避雷针的保护范围

两支等高避雷针的保护范围如图 6-2 所示。

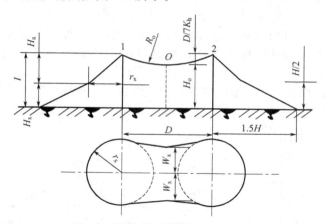

图 6-2 两支等高避雷针的保护范围

两针外侧的保护范围按单支避雷针确定，两针之间的保护范围按照通过两针顶点及保护范围上部边缘最低点 O 的圆弧确定。圆弧的半径为 R_o，O 点为两针之间的最低保护高度 H_o 的顶点，其计算公式为

$$H_o = H - \frac{D}{7K_h} \tag{6-3}$$

式中　H——避雷针的高度，m；

　　　H_o——（假设）两针之间的最低保护高度，m；

　　　D——两针之间的距离，m。

两针间 H_x 的水平面上保护范围的一侧最小宽度的计算公式如下

$$W_x = 1.5(H_o - H_x) \tag{6-4}$$

式中　W_x——保护范围的一侧最小宽度，m。

由图 6-2 可见，两针中间部分的保护范围要比单独两支避雷针的保护范围之和大得多，这是由于两针避雷针之间有相互屏蔽的效应。由公式(6-4) 得出，当 $D = 7H_a K_h$ 时，$W_x = 0$，因此要使两针在 H_x 高度上构成联合保护时，必须满足 $D < 7H_a K_h$，一般 D/H 不大于 5。

c. 两支不等高避雷针的保护范围　其保护范围确定如图 6-3 所示。

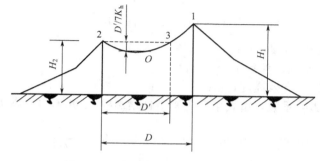

图 6-3 两支不等高避雷针的保护范围

首先按两支单针避雷针计算方法，分别计算出各自的保护范围，并从中确定较高避雷针 1 的保护范围，然后从低针 2 的顶点作一水平线，与高针 1 的保护范围边界交于 3 点，再取

3点为一假想的等高避雷针的顶点，求出等高避雷针2和3的联合保护范围，最后把避雷针1的内侧保护范围直线和避雷针2、3的保护范围弧线相加，即可得出避雷针1、2的内侧保护范围。

3. 变配电所对雷电波的防护

（1）避雷器的工作原理

变电所防护雷电入侵波的主要装置是避雷器。避雷器是用来防范雷云放电过程中在金属管线上产生的过电压波，沿管线侵入变电所或其他建筑物，从而避免危及电气设备绝缘的行波入侵。避雷器应与被保护设备并联，装在被保护设备的电源侧。在供配电系统正常工作的时候，避雷器并不导电，当有危及被保护设备绝缘的雷电入侵波来袭时，避雷器的火花间隙立即被击穿发生放电，自动将金属管线与大地接通，使入侵波对地放电，从而保护了电气设备的安全。放电结束后可以自行将管线与大地隔开绝缘，恢复供配电系统的正常工作。

（2）避雷器的种类和组成

① 阀型避雷器　目前变电所防护雷电入侵波的主要装置是阀型避雷器。阀型避雷器又称阀式避雷器，是保护发、变电设备最主要的基本元件，也是决定高压电气设备绝缘水平的基础。阀型避雷器分为普通阀式避雷器和磁吹阀式避雷器两大类。普通阀型避雷器有FS型和FZ型两个系列；磁吹阀型避雷器有FCD型和FCZ型两个系列。

普通阀型避雷器主要由平板放电间隙和碳化硅非线性电阻片两部分构成，装在密封的瓷套内，外壳有接线螺栓用于安装。如图6-4所示，平板放电间隙一般用铜片冲制而成，每对间隙之间用厚0.5~1mm的云母垫片隔开。在正常的工频电压下，放电间隙不会被击穿。避雷器中的碳化硅电阻片呈非线性，正常电压时阻值较大，有过电压发生时，碳化硅片阻值随即变小。当有高幅值的雷电入侵波攻击被保护装置时，避雷器的放电间隙就会被击穿先行放电，碳化硅片的阻值也随之变得很小，使雷电入侵波的巨大雷电流很顺利就通过碳化硅电阻片泄入大地之中，从而限制了绝缘上的过电压值，在泄放雷电流的过程中，由于非线性电阻的作用，又使避雷器的残压限制在设备的绝缘水平以下。雷电波过后，过电压消失、线路恢复正常工作时，碳化硅阀片再次呈现很大电阻，使放电间隙绝缘迅速恢复，自动将工频续流切断，保证线路恢复正常工作。由此可见，尽管侵入雷电波的陡度与幅值有所不同，但出现在设备上的过电压则基本上是一样的，由于放电火花间隙和碳化硅阀片的良好配合，使避雷器好像个阀门，对雷电流阀门打开，对工频电流则阀门关闭，这就是阀型避雷器的保护原理。

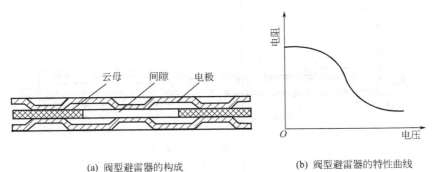

(a) 阀型避雷器的构成　　(b) 阀型避雷器的特性曲线

图6-4　阀型避雷器的组成及特性

值得注意的是，雷电流流过碳化硅阀片时会形成一定电压降，使线路在泄放雷电流时有一定的残压加在被保护设备上。残压值不能超过设备绝缘允许的耐压值，否则会导致被保护设备的绝缘被击穿。

阀型避雷器的放电火花间隙和电阻阀片的多少，与工作电压的高低呈正比。高压阀型避雷器需要串联许多单元的火花间隙，多间隙串联后，间隙各电极对地和对高压端有寄生电容，在多个串联间隙上电压分布不均匀，当避雷器工作后，每个间隙上的恢复电压分布也不均匀，可以将产生的长弧分割成多段短弧，从而加速电弧的熄灭。阀片电阻的限电流作用也是加速灭弧的主要因素。

为进一步提高避雷器的灭弧能力，将普通阀型避雷器加以改进，制成了磁吹型避雷器。磁吹型避雷器的内部附有磁吹装置来加速放电火花间隙中电弧的熄灭，专用于保护重要的或绝缘能力较弱的设备如高压旋转电机（发电机、电动机和变频机等）。

② 保护间隙　保护间隙是一种简单而有效的过电压保护元件，是最简单也是最原始的避雷器。它是由带电与接地的两个电极，中间间隔一定数值的间隙距离构成，就是我们常说的放电保护间隙。电网中常用羊角形保护间隙，如图 6-5 所示。保护间隙一般用镀锌圆钢制成，由主间隙和辅助间隙两部分组成。主间隙做成羊角形状，水平安装，便于灭弧。为防止主间隙被外来物体短路，产生误动作，在主间隙的下方串联辅助间隙。

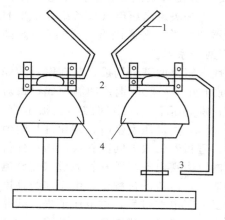

图 6-5　羊角形保护间隙
1—$\phi 6\sim 12mm$ 的圆钢；2—主间隙；
3—辅助间隙；4—绝缘支持绝缘子

保护间隙通常并联接在被保护的设备旁，当雷电波袭来时，间隙先行击穿，把雷电流引入大地，从而避免了被保护设备因高幅值的过电压而击毁。但是保护间隙基本上不具有熄弧能力，当它导泄大量雷电流入地之后，还会出现电网的工频短路电流流过间隙，从而引起断路器跳闸。所以为了改善系统供电的可靠性，凡采用保护间隙作为过电压保护装置时，一般在断路器上也要配备自动重合闸装置。当断路器跳开，工频续流消失，再次自动合闸后，系统即可恢复正常供电，其间只有零点几秒的时间。由于保护间隙灭弧能力差，一般仅用于 10kV 及以下的电网中，并尽量与自动重合闸装置配合使用，以便减少线路的停电事故发生。

③ 管型避雷器　管型避雷器也称为排气管式避雷器，由产气管、内部间隙和外部间隙三部分组成。如图 6-6 所示。产气管由在电弧高温下能产生大量气体的纤维、有机玻璃或塑料制成。内部间隙装在产气管内，一个电极为棒形，另一个电极为圆环形。

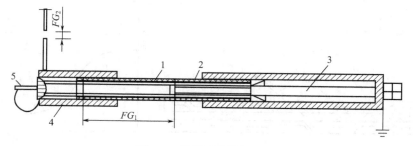

图 6-6　管型避雷器的组成
1—产气管；2—胶木管；3—棒电极；4—圆环形电极；
5—动作指示器；FG_1—内火花间隙；FG_2—外火花间隙

管型避雷器实质上是一个具有较强熄弧能力的保护间隙，它是一个装在产气管内的棒形间隙，在雷电过电压发生时，内、外火花间隙均发生火花放电，限制了过电压的幅值，同时当工频续流流过内部间隙时,电弧的高温会使管壁材料分解出大量气体,使管内压力增高,气体沿环形电极的喷气孔喷出,这种喷射气流能形成强烈的吹弧作用,将工频电弧很快吹灭,而不必靠断路器动作断弧,保证了供电的连续性。由于排气管避雷器具有与保护间隙相同的缺点,目前仅用于安装在输电线路上绝缘比较薄弱的地方和用于变电所的进线段保护中。

④ 金属氧化物避雷器　金属氧化物避雷器又称压敏避雷器,是一种没有火花间隙的新型避雷器。与传统的碳化硅阀型避雷器相比,金属氧化物避雷器的放电元件只有压敏电阻片。压敏电阻片是用氧化锌（ZnO）代替碳化硅（SiC）的多晶半导体陶瓷阀片叠装而成,具有理想的阀特性。在正常的工频电压下,它能呈现出极大的电阻值,能迅速有效地阻断工频电流,无需火花间隙来灭弧,但在雷电过电压作用下,其电阻值又呈现极小值,能很好地泄放雷电流。

金属氧化物避雷器目前已广泛应用到电气设备的防雷保护中。它具有保护性能好,通流能力强,体积小,安装方便等优点,随着其制造成本的降低,金属氧化物避雷器的应用会越来越广泛。

【任务实施】

(1) 实施地点

教室、专业实训室。

(2) 实施所需器材

① 多媒体设备。

② 常用避雷器等。

(3) 实施内容与步骤

① 学生分组。3～4人一组,指定组长。工作始终各组人员尽量固定。

② 教师布置工作任务。学生阅读工作任务书,了解工作内容,明确工作目标,制定实施方案。

③ 教师通过图片、实物或多媒体分析演示。让学生识别各种避雷器或指导学生自学。

④ 实际观察常用避雷器,按要求完成任务。

a. 分组观察常用避雷器,将观察结果记录在表6-1中。

表6-1　避雷器观察结果记录表

序号	型号规格	主要技术参数	适用范围	生产厂商	参考价格	备注
1						
2						
3						
4						

b. 注意事项

ⓐ 认真观察填写,注意记录相关数据。

ⓑ 注意安全。

学习小结

本任务的核心是变配电所的防雷与接地,通过本任务的学习,学生应能理会以下要点。

1. 雷云的放电过程就是雷电,雷电是自然界的一种静电现象。雷电主要有四种形式:直击雷、感应雷、球形雷和雷电侵入波。

2. 雷电的危害主要表现在雷电的机械效应、热效应、电磁效应和闪络放电等方面，可摧毁电力设备、杆塔、烧断导线和建筑物，造成绝缘子损坏、断路器跳闸、线路停电或引起火灾等危害，甚至伤害人和牲畜，造成人身伤亡。

3. 防雷保护装置主要包括避雷针、各种避雷器、避雷线等，它们的合理设计、组合可以避免变配电所与建筑物遭受雷击的伤害。防雷装置一般都由接闪器、引下线及接地装置三部分组成，是防直击雷最有效的防范措施。

4. 变电所对直击雷的防护方法主要是装设避雷针，将变电所的进线杆塔和室外电气设备全部置于避雷针的保护范围之内。

5. 单支避雷针的保护范围

每个空间内不同高度上的保护半径和避雷针的高度的关系式为

$H_x \geqslant H/2$ 时

$$r_x = (H - H_x)K_h = H_a K_h$$

$H_x < H/2$ 时

$$r_x = (1.5H - 2H_x)K_h$$

当 $H \leqslant 30\text{m}$ 时，$K_h = 1$，当 $120\text{m} \geqslant H > 30\text{m}$ 时，$K_h = \dfrac{5.5}{\sqrt{H}}$

两支等高避雷针的保护范围

$$H_o = H - \dfrac{D}{7K_h}$$

两针间 H_x 的水平面上保护范围的一侧最小宽度的计算公式如下

$$W_x = 1.5(H_o - H_x)$$

6. 避雷器是用来防范雷云放电过程中在金属管线上产生的过电压波，沿管线侵入变电所或其他建筑物，从而避免危及电气设备绝缘的行波入侵。

7. 避雷器的种类和组成：阀型避雷器（普通阀式避雷器和磁吹阀式避雷器）、保护间隙、管型避雷器（排气管式避雷器）和金属氧化物避雷器（压敏避雷器）。

自我评估

一、填空题

1. 雷电是自然界的一种（　　　）现象。

2. 当雷电进行时，隆隆的雷声持续不断，若其间雷声的时间间隔小于（　　　）min 时，不论雷声断续传播的时间有多长，均算作是一次雷暴。

3. 防避球形雷最好在雷雨天不要打开门窗，并在烟囱、通风管道等空气流动处装上网眼不大于（　　　）cm²，粗约（　　　）mm 的金属保护网，然后作良好接地。

4. 金属氧化物避雷器又称（压敏避雷器），是一种没有火花间隙的新型避雷器。

5. 避雷器应与被保护设备并联，装在被保护设备的（　　　）。

6. 阀型避雷器又称阀式避雷器，是保护发、变电设备最主要的（　　　），也是决定高压电气设备（　　　）的基础。

7. 保护间隙是一种简单而有效的（　　　），是最简单也是最原始的避雷器。

8. 保护间隙通常（　　　）接在被保护的设备旁，当雷电波袭来时，间隙先行击穿，把雷电流引入大地，从而避免了被保护设备因高幅值的过电压而击毁。

二、简答题

1. 什么叫直击雷？什么叫感应雷？什么叫雷电侵入波？其各自的特点是什么？
2. 雷暴日的概念？如何统计？
3. 试述雷电的危害及防雷保护装置的组成。
4. 避雷针的作用有哪些？为何说避雷针的实质就是引雷针？
5. 简述阀型避雷器和管型避雷器的主要构件和工作原理。
6. 一般工厂变电所需要有哪些防雷措施？

评价标准

教师根据学生观察记录结果及提问，按表 6-2 给予评价。

表 6-2 任务 6.1 综合评价表

项目	内容	配分	考核要求	扣分标准	得分
实训态度	1. 实训的积极性 2. 安全操作规程地遵守情况 3. 纪律遵守情况 4. 完成自我评估、技能训练报告	30	积极参加实训，遵守安全操作规程和劳动纪律，有良好的职业道德和敬业精神；技能训练报告符合要求	违反操作规程扣 20 分；不遵守劳动纪律扣 10 分；自我评估、技能训练报告不符合要求扣 10 分	
观察一避雷器并记录	记录避雷器观察结果	10	观察认真，记录完整	观察不认真扣 5 分；记录不完整扣 5 分	
正确理解避雷器的主要指标	记录避雷器的型号规格、主要技术参数等技术指标	50	能准确解释避雷器的型号规格、主要技术参数等技术指标，并能说明适用范围	不能正确理解型号规格每处扣 2 分；不能正确主要技术参数每处扣 20 分	
环境清洁	环境清洁情况	10	工作台周围无杂物	有杂物 1 件扣 1 分	
合计		100			

注：各项配分扣完为止

任务 6.2 电气设备的接地

【任务描述】

接地是保证人身安全和设备安全而采用的技术措施。本任务主要是了解电气设备的接地类型和敷设方式，能正确选择保护接地和保护接零的供电方式，能根据实际情况确定接地电阻的阻值，并能使用接地电阻测试仪进行接地电阻的测试。

【任务目标】

技能目标：1. 能正确选用保护接地和保护接零的供电方式。
     2. 能按实际需要正确选择接地电阻。
     3. 能设计接地装置的敷设方法。
     4. 能熟练使用接地电阻测试仪测量相关接地装置的接地电阻值。
知识目标：1. 了解接地的种类和类型。
     2. 了解保护接地和保护接零的原理。
     3. 了解等电位体连接的原理。
     4. 掌握等电位体的连接方法。
     5. 掌握接地电阻测试仪的选用和用前检查及接地装置接地电阻值的测量。

【知识准备】

1. 接地的基本概念

（1）"地"的概念

大地是一个电阻非常低、电容量非常大的物体，拥有吸收无限电荷的能力，而且在吸收大量电荷后仍能保持电位不变，因此适合作为电气系统中的参考电位体。这种"地"是"电气地"，并不等于"地理地"，但却包含在"地理地"之中。"电气地"的范围随着大地结构的组成和大地与带电体接触的情况而定。

（2）接地的概念

① 接地线和接地体（极）　与大地直接接触的金属物体称为接地体或接地极。连接接地体及设备接地部分的导线称为接地线。接地体和接地线合称为接地装置。由若干接地体在大地中互相连接而组成的总体，称为接地网。

② 接地　将电气设备的某金属部分经接地线连接到接地极，或是直接将电气设备与大地作良好的电气连接，称为接地。"电气设备"通常是指发电、变电、输电、配电或用电的任何设备，例如电机、变压器、电器、测量仪表、保护装置、布线材料等。电气设备中接地的一点一般是中性点，也可能是相线上某一点。电气装置的接地部分则为外露导电部分。"外露导电部分"为电气装置中能被触及的导电部分，它在正常时不带电，但在故障情况下可能带电，一般指金属外壳。有时为了安全保护的需要，将装置外导电部分与接地线相连进行接地。"装置外导电部分"也可称为外部导电部分或自然接地体，不属于电气装置，一般是水、暖、煤气、空调的金属管道以及建筑物的钢筋混凝土等金属结构。

2. 接地的类型

（1）接地的类型

① 保护接地　保护接地也叫安全接地，是指电气装置在正常工作时金属外壳不带电，但由于绝缘损坏，呈现金属外壳、配电装置的构架和线路杆塔等部位有可能带电，为防止其危及人身和设备的安全而设的接地。这种接地只有在故障发生条件下才能发挥保护作用。

② 工作接地　工作接地也叫系统接地，是根据电力系统正常运行方式的需要而将网络的某一点接地。例如三相系统的中性点直接接地和经消弧线圈的接地等。其中中性点直接接地的作用是稳定电网对地电位，从而可使对地绝缘降低，还可以使对地绝缘闪络或击穿时容易查出，以及有利于实施继电保护措施；电源中性点经消弧线圈接地，能在系统单相接地短路时消除接地点的断续电弧，防止系统出现过电压现象。

③ 防雷接地　电气设备的防雷接地，是为了实现对雷电流的泄放，让强大的雷电流安全导入大地中，以减少雷电流流过时引起的电位升高，例如避雷针、避雷线以及避雷器等接地。

④ 防静电接地　为了防止静电对易燃、易爆物物品如易燃油、天然气贮罐和管道的危险作用而设的接地。防静电接地的接地线通常是串联一个 $1M\Omega$ 的限流电阻，即通过限流电阻与接地装置相连。

（2）保护接地的形式

① 保护接地　保护接地的具体做法是将电气设备或电器装置的金属外壳通过接地装置同大地可靠地接地连接起来。保护接地适用于电源中性点不接地的高压电网或电源中性点直接接地的低压电网中，是为了防止触电事故而采取的一种技术措施。如图6-7

所示。

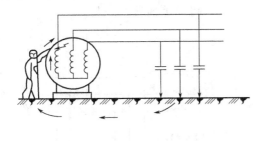
(a) 电动机无保护接地时

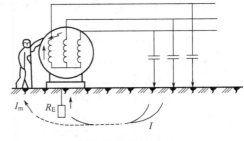
(b) 电动机执行保护接地时

图 6-7　保护接地作用的原理图

图 6-7(a) 所示设备无保护接地，当电气设备正常工作时，电动机的外壳不带电，对人身没有危害。当电气设备的某相绝缘损坏时金属外壳就带电。人若此时触及到带电的金属外壳，因设备的底座与大地的接触电阻较大，则绝大部分的电流就从相对接触电阻较小的人体流入大地，人体就遭受严重的触电危险。

图 6-7(b) 所示，为防止人身触电的危害，就必须提高人体电阻，使流过人身的电流减小。做法是安装接地保护装置，当外壳带电时，接地电流会同时沿着接地体和人体两条并联通路经过。流过每条通路的电流值都与其电阻值的大小成反比。若接地体的接地电阻较小时，人体的电阻此时通常比接地体的接地电阻大数百倍，使流经人体的电流比流经接地体的电流小数百倍。当接地体的电阻极小时，流经人体的电流几乎等于零。同时为进一步提高人体电阻，还应保证人体在清洁、干燥的条件下工作，人体可触及漏电的电气装置地表应铺设绝缘垫，工作人员应穿绝缘胶鞋、带绝缘手套等，从而确保防止人身触电事故的发生。

在我国现将保护接地这种防护安全措施归入 TT 系统和 IT 系统。

a. TT 系统　我国现行的供配电系统中，分别设置了 N 线（中性线）、PE 线（保护线）或 PEN 线（保护中性线）。

TT 系统属于三相四线制采用的保护接地供电系统。TT 系统的电源中性点直接接地，也引出 N 线，设备的外壳分别经各自的 PE 线也直接接地，如图 6-8 所示。

TT 系统各用电器的 PE 线分别接地，彼此之间无电磁干扰，因此适用于对信号抗干扰要求较高的场所，如电子数据的处理、精密检测装置的供电等。但 TT 系统中如果用电器的绝缘没发生破损，仅仅是绝缘不良引起某部分的漏电时，由于漏电流较小，电路中的电流保护装置不动作，会导致设备的金属外壳长期带电，从而增加人体触电的风险。为确保人身安全，在使用 TT 系统中应加装反应灵敏的触电保护装置（漏电开关等）。

b. IT 系统　IT 系统的电源中性点不接地或经约 1kΩ 阻抗接地，且通常不引出 N 线，电气设备的金属外壳经各自的 PE 线分别直接接地，属于三相三线制供电系统。如图 6-9 所示。

在 IT 系统中，当电气设备内部一相发生碰壳时可以继续供电，但此时设备的外壳有可能带上危险的高压，若有人触及该设备的外壳，则流过人体的电流值很大，对人身安全造成伤害。预防触电的安全措施是各用电设备分别用 PE 线安全接地。同 TT 系统相同，IT 系统各用电设备的彼此 PE 线之间没有电磁干扰。IT 系统多用于供电可靠性要求很高的电气装置中，如发电厂的厂区用电或矿井用电等。但为确保安全，必须在系统里加装绝缘监察装置，当发生单相接地故障时可以及时发出警灯或音响信号报警，提醒相关工作人员迅速排除故障，以免发生触电事故。

② 保护接零 保护接零是在中性点直接接地的供电系统中，将正常运行的电气设备不带电的金属外壳、框架等与供电系统中的零线（PE 线）可靠地连接在一起。

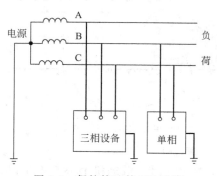

图 6-8 保护接地的 TT 系统

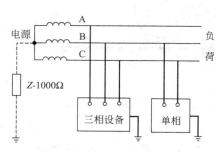

图 6-9 保护接地的 IT 系统

保护接零一般与熔断器、保护装置等配合用于变压器中性点直接接地的系统中。电气设备采用"接零保护"后，当电气设备绝缘损坏或发生相线碰壳时，因为电气设备的金属外壳已直接接到低压电网中的零线上，所以故障电流经过接零导线与配电变压器零线构成闭合回路，碰壳故障变成了单相短路，因金属导线阻抗小，这一短路电流在瞬间增大，足以使保护装置或熔断器迅速动作（熔断），低压断路器跳闸，从而切断漏电设备电源，即使人体触及了电气设备的外壳（构架），由于接零保护回路的电阻远远小于人体电阻，短路电流几乎全部通过接零回路，通过人体的电流近乎为零，对人身也不会造成伤害，从而避免触电事故发生。

保护接零现在电力系统中属于 TN 系统，如图 6-10 所示。

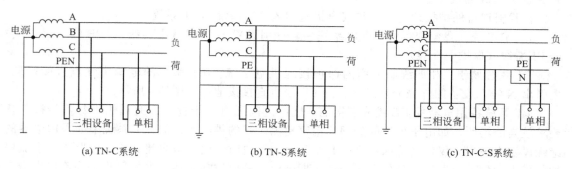

图 6-10 保护接零的 TN 系统接线图

TN 系统属于保护接零防护措施，通常做法是将供电系统的用电设备必须接地部分与供电系统中性线 N 线、保护线 PE 或保护中性线 PEN 相连接。当 N 线与 PE 线合并成 PEN 线时，称为 TN-C 系统，用于三相四线制供电系统，如图 6-10(a) 所示；如果 N 线和 PE 线分设，称为 TN-S 系统，用于三相五线制供电系统，具有最高的电气安全性，如图 6-10(b) 所示；如系统的前一部分为 PE 线和 N 线合并成 PEN 线，后一部分 N 线和 PE 线分设，则称为 TN-C-S 系统，用于三相四线制供电系统，如图 6-10(c) 所示。

3. 接地电阻及其要求

（1）接地电阻

接地电阻是接地体的流散电阻与接地线和接地体电阻的总和。由于接地线和接地体的电阻值相对很小，可忽略不计，因此可以认为接地电阻就是指接地体流散电阻。在数

值上等于电气设备的接地点对地电压与通过接地体流入地中电流的比值。接地电阻 R_E 的表示式为

$$R_E = U_E / I_E \tag{6-5}$$

式中　U_E——接地电压，V；

　　　I_E——接地电流，A。

工频接地电流流经接地装置所呈现的接地电阻，称为工频接地电阻；雷电流流经接地装置时所呈现的接地电阻，称为冲击接地电阻。

（2）接地电阻的要求

防雷保护的基本原理是利用低电阻通道，能在雷电发生时，将强大的雷电流迅速泄流到大地，从而防止建筑物和供电系统被损坏或发生人员伤害事故。因此为避免雷电危害所有防雷设备都必须有良好的接地装置，同时接地装置的接地电阻越小，接地电压也就越低。我国对各种场所的接地电阻也有相关的规定。

① 建筑物接地电阻要求　防雷电感应的接地装置应和电气设备接地装置共用，其工频接地电阻不应大于 10Ω；防雷建筑物的防雷设施每根引下线的接地电阻不大于 10Ω；避雷器、电缆金属外皮、钢管和绝缘子铁脚、金具等应连在一起接地，其冲击接地电阻不应大于 10Ω；架空和直接埋地的金属管道在进出建筑物处应就近与防雷的接地装置相连，若不相连时，架空管道应接地，其冲击接地电阻不应大于 10Ω；一、二类建筑物防直击雷的接地电阻不大于 10Ω，三类建筑及烟囱的防直击雷接地电阻不大于 30Ω；3kV 及以上的架空线路接地电阻为 10～30Ω 等。

② 大接地电流电网的接地电阻要求　在 110kV 及以上的供配电系统中，当发生单相短路时，接地电流很大，在接地装置上安装的继电保护设备会动作迅速切断电源，此时过电压和过电流在设备上出现的时间很短，工作人员触及设备外壳的机会很小，故接地电阻选择不超过 0.5Ω 即可。

③ 小接地电流电网的接地电阻要求　小接地电流电网发生单相接地事故时，通常不会立即断电，而是可以继续运行一段时间，用电设备发生故障碰壳带来的触电风险会增加。由于小接地电网的接地电流相对较小，对地电压值也不高，所以接地电阻选择不大于 10Ω。

④ 低压设备的接地电阻要求

a. 对于与总容量在 100kV·A 以上的发电机或变压器供电系统相连接的接地装置，接地电阻不大于 4Ω。

b. 对于与总容量在 100kV·A 以下的发电机或变压器供电系统相连接的接地装置，接地电阻不大于 10Ω。

c. 对于 TT、IT 系统中用电设备的接地电阻，按接地电压不高于 50V 计算，一般接地电阻不大于 100Ω。

4. 接地装置的敷设

（1）一般要求

由于雷电流幅值大，频率高，易在接地体上产生很大的感抗，尤其是伸长的接地体，产生的感抗更大，受感抗抑制电流变化的影响，雷电流不能迅速泄流到大地，影响防雷效果。因此在防雷接地装置中，为确保雷电流的泄流通道畅通，一般由几根垂直接地体和水平连线组成，或由几根水平接地体呈放射线组成，而不采用伸长接地体的形式。

① 垂直接地体的安装　垂直埋设的接地体一般采用热镀锌的角钢、钢管、圆钢等，垂直敷设的接地体长度不应小于 2.5m。圆钢直径不应小于 19mm，钢管壁厚不应小于 3.5mm，

角钢壁厚不应小于 4mm。

② 水平接地体 水平埋设接地体一般采用热镀锌的扁钢、圆钢等。扁钢截面不应小于 100mm²。变配电所的接地装置，应敷设以水平接地体为主的人工接地网。

③ 避雷针的接地装置应单独敷设，且与其他电气设备保护接地装置相隔一定的安全距离，一般不少于 10m。

(2) 充分利用自然接地体

在设计和安装接地装置时，要尽可能充分利用自然接地体，节约成本，节省钢材，但输送易燃易爆物质的金属管道除外。

自然接地体是指建筑物的钢结构和钢筋、起重机的钢轨、埋地的金属管道以及敷设于地下且数量不少于两根的电缆金属外皮等。变配电所可以利用其外部的建筑物钢筋混凝土结构作为它的自然接地体。

接地装置自然接地体的安装基本要求如下。

① 自然接地体的接地电阻，如符合设计要求时，一般可不再另设人工接地体。

② 直流电力回路不应利用自然接地体，要用人工接地体。

③ 交流电力回路同时采用自然、人工两接地体时，应设置分开测量接地电阻的断开点。自然接地体，应不少于两根导体在不同部位与人工接地体相连接。

④ 车间接地干线与自然接地体或人工接地体连接时，应不少于两根导体在不同地点连接。

⑤ 接地体埋设位置应距建筑物、人行通道不小于 1.5m，防护直击雷的接地体应距建筑物、人行道或安全出入口不小于 3m。不应在垃圾、灰渣等地段埋设。经过建筑物、人行通道的接地体，应采用帽檐式均压带做法。

(3) 装设人工接地体

当设备的自然接地体电阻不能满足防雷要求要求时，应装设人工接地装置来补充。人工接地体有垂直埋设和水平埋设两种基本结构形式。人工接地体的装设要求如下。

① 人工接地体在土壤中的埋设深度不应小于 0.6m，宜埋设在冻土层以下；水平接地体应挖沟埋设。

② 钢质垂直接地体宜直接打入地沟内，为了减少相邻接地体的屏蔽作用，垂直接地体的间距不宜小于其长度的 2 倍并均匀布置。

③ 垂直接地体坑内、水平接地体沟内宜用低电阻率的黏土或黑土进行土壤置换处理并在回填时分层夯实。

④ 接地装置宜采用热镀锌钢质材料。在高土壤电阻率地区，除采用换土法外，还可以进行降阻剂法或其他新技术、新材料降低接地装置的接地电阻。铜质接地装置应采用焊接或熔接，钢质和铜质接地装置之间连接应采用熔接方法连接，连接部位应作防腐处理。

⑤ 接地装置连接应可靠，连接处不应松动、脱焊、接触不良。

⑥ 接地装置施工完工后，测试接地电阻值必须符合设计要求，隐蔽工程部分应有检查验收合格记录。

⑦ 交流电气装置的接地线，应尽量利用金属构件、钢轨、混凝土构件的钢筋，电线管及电力电缆的金属皮等，但必须保证全长有可靠的金属性连接。

⑧ 不得利用有爆炸危险物质的管道作为接地线，在有爆炸危险物质环境内使用的电气设备应根据设计要求，设置专门的接地线。该接地线若与相线敷设在同一保护管内时，应具有与相线相等绝缘水平。金属管道，电缆的金属外皮与设备的金属外壳和构架都必须连接成连续整体，并予以接地。

⑨ 金属结构件作为接地线时用螺栓或铆钉紧固的连接外，应用扁钢跨接。作为接地干线的扁钢跨接线，截面不小于 $100mm^2$，作为接地分支跨接线时不应小于 $48mm^2$。

⑩ 不得使用蛇皮管，管道保温层的金属层以及照明电缆铅皮作为接地线，但这些金属外皮应保证其全长有完好的电气通路并接地。

⑪ 在电源处，架空线路干线和分支线的终端及沿线每公里处，电缆和架空线，在引入车间或大型建筑物内的配电柜等处，零线应重复接地。

⑫ 金属管配线时，应将金属管和零线连接在一起，并作重复接地。各段金属不应中断金属性连接，丝扣连接的金属管、应在连接管箍两侧用不小于 10mm 的钢线跨接。

⑬ 高压架空线路与低压架空线路同杆架设时，同杆架设段的两端低压零线应做重复接地。

⑭ 接地体与接地干线的连接应留有测定接地电阻的断开点，此点采用螺栓连接。

5. 低压配电系统的等电位连接

（1）等电位连接（接地）的常用术语

① 等电位连接（等电位接地） 使每个外露可导电部分及装置外导电部分的电位实质上相等的连接。

② 总等电位连接 在建筑物电源进线处，将 PE 线、接地干线、总水管、煤气管、暖气管、空调立管以及建筑物基础、金属构件等作相互电气连接。

③ 辅助等电位连接 在某一局部范围内的等电位连接。

④ 等电位连接线 作为等电位连接的保护导体。

⑤ 总接地端子、总接地母线 将保护导体接至接地设施的端子或母线。保护导体包括总等电位连接线。

（2）等电位连接的概念

等电位连接用于连接各个单独接地系统，以构成等电位体。即通信接地、安全接地、直流接地、防雷接地通过火花间隙连接，在正常情况下各个接地相互独立，有雷击时火花间隙导通，将各个地接在一起，使各接地系统的电位同时抬高，形成等电位体。

在每个厂矿、企业、民用建筑物中，电气设备、各种用电机械繁多、形形色色的管道错综复杂，如果某个电气设备可导电部分或装置外可导电部分发生带电，某些设备对地呈现高电压，某些设备呈现低电压，人体若触及，就有触电的危险。为了防止发生接触电压触电，在一个允许范围内，将所有外露可导电部分、装置外可导电部分、各种管道用导电体连接在一起，形成一个等电位空间，实际上就是保护线的再一次延伸和细化，这就是我们通常所说的等电位连接。等电位连接分为总等电位连接和辅助等电位连接。

a. 总等电位连接 总等电位连接一般设总等电位连接箱，在箱内设一总接地端子排，该端子排与总配电柜的 PE 母线作电气连接，再由此端子引出足够的等电位连接线至各辅助等电位连接箱及其他需要作等电位连接的各种管线，等电位连接一般使用 40mm×4mm 的镀锌扁钢。

b. 辅助等电位连接 辅助等电位连接一般设辅助等电位连接箱，在该箱内再设一辅助接地端子排，该端子排与总等电位连接箱连接，再由此引出足够的辅助等电位连接线至各用电设备外露导电部分、装置外可导电部分及其他需要等电位连接的设备，如各种管线（暖气片、洗手盆、浴盆、坐便器）的金属部分、插座保护导体以及相关的金属部件。

等电位连接的系统图如图 6-11 所示。

需要指出的是，各种易燃、易爆管道不能作为电气上的自然接地体，一定要作等电位连接。

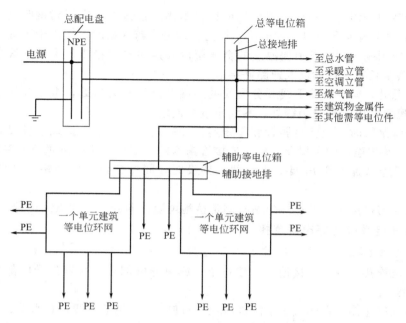

图6-11 等电位连接的系统图

(3) 等电位连接的要求

① 在总电位连接不能满足间接保护（故障情况下的电击保护）要求时，应采取辅助电位连接。

② 处于等电位连接作用区以外的TN、TT系统的配电线路系统，应采取漏电保护。

③ 建筑物内的总等电位连接必须与下列导电部分相互连接：

a. 保护导体干线；

b. 接地干线和总接地端子；

c. 建筑物内的输送管道及类似金属件；

d. 集中采暖及空气调节系统的升压管；

e. 建筑物内金属构件等导电体；

f. 钢筋混凝土基础、楼板及平房的地板。

④ 辅助等电位连接必须包括固定设备的所有能同时触及的外露可导电部分和装置外导电部分。等电位系统，必须与所有设备的保护导体（包括插座的保护导体）连接。

⑤ 等电位连接线的截面应满足下列要求：

a. 总等电位连接主母线的截面不小于装置最大保护导体截面的1/2，但不小于$6mm^2$；若采用铜线，其截面不超过$25mm^2$；若为其他金属，其截面应能承受与之相等的截流量；

b. 连接两个外露可导电部分的辅助等电位线，其截面不小于接至该两个外露可导电部分较小保护导体的截面；

c. 连接外露可导电部分与装置外可导电部分的辅助等电位连接线，不应小于相应保护导体截面的一半；

⑥ 在某一个局部单元建筑内，等电位连接线应做成闭合环形。

6. 接地电阻的测量

(1) 接地电阻测试仪

① ZC-8型接地电阻测量仪的构成　主要由手摇交流发电机、相敏整流放大器、电位

器、电流互感器及检流计等构成。

ZC-8 型接地电阻测量仪有 3 端钮（C、P、E）和 4 端钮（C_1、P_1、P_2、C_2）两种。其中 3 端钮接地电阻测量仪的量规格为 10Ω-100Ω-1000Ω；它有×1、×10、×100 共 3 个倍率挡位可供选择；4 端钮接地电阻测量仪的量规格为 1Ω-10Ω-100Ω；它有×0.1、×1、×10 共 3 个倍率挡位可供选择。ZC-8 型 4 端钮接地电阻测量仪面板如图 6-12 所示。

② 接地电阻测量仪的选用　接地电阻测量仪是用于测量各种接地装置接地电阻的专用仪表，也可用于测一定数值的导体电阻和土壤电阻率。掌握正确的使用方法和接线是保证测量结果准确性的前提。接地电阻测量仪的选择一般可根据测量值大小来选择接地电阻测量仪。

ZC-8 型接地电阻测量仪的量程见表 6-3。

③ 接地电阻测试仪使用前外观检查项目

a. 检查仪表外观应完好无破损，无油污；接地电阻测量仪的部件（端子、摇柄、各旋钮、检流计等）应齐全，转动灵活，指针无卡阻；配件（3 条测试线分别为 5m、20m、40m 和 2 个辅助电极）应齐全完好。量程挡位开关应转动灵活，挡位准确，标度盘应转动灵活。外壳应完好无损。

b. 将仪表水平放置，检查指针是否与仪表中心刻度线重合，若不重合应调整使其重合，以减少测量误差。此项调整相当于指示仪表的机械调零，在此称为调整指针与中心刻度线重合。

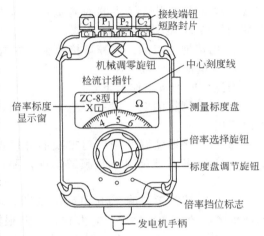

图 6-12　ZC-8 型 4 端钮接地电阻测量仪面板图

④ 接地电阻测试仪使用前的短路试验　仪表的短路试验，目的是检查仪表的准确度，方法是将仪表的接线端钮 C_1、P_1、P_2、C_2（或 C、P、E）用裸铜线短接，摇动仪表摇把后，指针向左偏转，此时边摇边调整标度盘旋钮，当指针与中心刻度线重合时，指针应指标度盘上的"0"，即指针、中心刻度线和标度盘上零刻度线三位一体成直线。若指针与中心刻度线重合时未指零，如差一点或过一点则说明仪表本身就不准确，测出的数值也不会准确。

⑤ 接地电阻测试仪使用前的开路试验　仪表的开路试验，目的是检查仪表的灵敏度，一般应在最大量程挡进行，方法是将仪表的四个接线端钮中 C_1 和 P_1、P_2 和 C_2 分别用裸铜线短接，三个接线端钮的只需将 C 和 P 短接，此时仪表为开路状态。进行开路试验时，只能轻轻转动摇把，此时指针向右偏转。在不同挡位时，指针偏转角度也不一样，以倍率最小挡×0.1 挡偏转角度最大，灵敏度最高；×1 挡次之，×10 挡偏转角度最小。为了防止用最小量程挡（如×0.1 挡）快速摇动摇把做开路试验，将仪表指针损坏，所以，接地电阻测试仪一般不做开路试验。另外，从手摇发电机绕组绝缘水平很低考虑，也不宜做开路试验。

表 6-3　ZC-8 型接地电阻测量仪测量范围

规格	量程/Ω	最小分格值/Ω	规格	量程/Ω	最小分格值/Ω
4 端钮 1Ω-10Ω-100Ω	0～1	0.01	3 端钮 10Ω-100Ω-1000Ω	0～10	0.1
	0～10	0.1		0～100	1
	0～100	1		0～1000	10

(2) 接地电阻的测量

① 接地电阻测试仪的接线

a. 5m 测试线，接仪表 P_2、C_2（或 E）及被测接地极；20m 测试线，接仪表 P_1（或 P）及电压辅助接地极；40m 测试线，接仪表 C_1（或 C）及电流辅助接地极。

b. 实际接线示意图，如图 6-13 所示。

c. 电压及电流辅助接地极应插在距被测接地极同一方向 20m 和 40m 的地面上，一般用锤子向下砸，插入土壤中深度为探测针长度的 2/3。如仪表灵敏度过高时，可插得浅一些；如仪表灵敏度过低时，可插得深些或注水湿润。测试线线端的鳄鱼夹子应夹在探测针上端的管口上，接触应良好。

② 用接地电阻测试仪测量接地装置的电阻值

a. 测量前的准备工作

测量前的准备工作如下：

ⓐ 将被测量的电气设备停电，被测的接地装置应退出使用；

ⓑ 断开接地装置的干线与支线的分接点（断接卡子）。如果测量接线处有氧化膜或锈蚀，要用砂纸打磨干净；

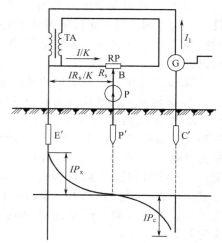

图 6-13 用补偿法测量接地电阻原理图

ⓒ 在距被测接地体 20m 和 40m 处，分别向大地打入两根金属棒作为辅助电极，并保证这两根辅助电极与接地体在一条直线上。

b. 正确接线方法 将 3 根测试线（5m、20m、40m 线）先分别与接地体 E'、两个辅助电极 C'、P' 连接好，再分别按下列要求与表的端钮连接。

ⓐ 3 端钮的接地电阻测量仪，其 E、P、C 这 3 端分别与连接接地体 E' 的 5m 线，电位电极 P'（20m 线），电流电极 C'（40m 线）相接。如图 6-14 所示。

ⓑ 4 端钮的接地电阻测量仪，先将仪表端 P_2 与 C_2 用短接片短接起来，当做 E 端钮使用，然后将 5m 测试线一端接在该端子上，导线另一端接接地体 E'；将 20m 线接在 P_1 端子上，导线的另一端与电位电极 P' 连接；将 40m 线接在 C_1 端子上，导线另一端与电流电极 C' 连接。如图 6-15 所示。

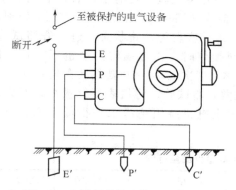

图 6-14 3 端钮接地电阻测量仪接线

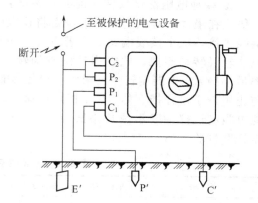

图 6-15 4 端钮接地电阻测量仪接线

ⓒ 若测量小于 1Ω 的接地电阻，先将接地电阻测量仪接线端 P_2 与 C_1、P_1、P_2、C_2

分别用导线接到被测接地体上，其他两端子接线同 b. 所述，其接线方法如图 6-16 所示。

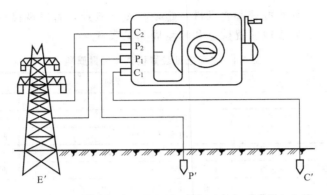

图 6-16　4 端钮接地电阻测量仪测量小于 1Ω 电阻的接线

c. 正确测量

ⓐ 慢慢转动发电机手柄，同时调节接地电阻测量仪标度盘调节旋钮，使检流计的指针指向中心刻度线。如果指针向中心刻度线左侧偏转，应向右旋转标度盘调节旋钮；如果检流计的指针向中心刻度线右侧偏转，应向左旋转标度盘调节旋钮。随着不断调整，检流计的指针应逐渐指向中心刻度线。

ⓑ 当检流计指针接近中心时，应加快转动发电机手柄，使转速达到 120r/min，并仔细调整标度盘调节旋钮，检流计的指针对准中心刻度线之后停止转动发电机手柄。

ⓒ 若调节仪表刻度盘时，接地电阻测量仪标度盘显示的电阻值小于 1Ω，应重新选择倍率，并重新调节仪表标度盘调节旋钮，以得到正确的测量结果。

ⓓ 正确读数。读取数据时，应根据所选择的倍率和标度盘上指示数来共同确定。所谓指示数为检流计指针对准中心刻度线时标度盘指示的数字，如图 6-17 所示，倍率为 1，图中指示数字为 3.2，则被测接地电阻的阻值为 $R_x = $ 指示数 × 倍率 $= 1 × 3.2Ω = 3.2Ω$。

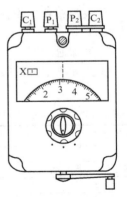

测量完毕后，先拆去接地电阻测量仪的接线，然后将 3 条测试线收回，拔出插入大地的辅助电极，放入工具袋里。应将接地电阻测量仪存放于干燥通风、无尘、无腐蚀性气体的场所。

③ 使用接地电阻测试仪的注意事项

a. 测量前，必须将被测接地装置断电，退出运行，并拆开与接地线的连接螺栓。

图 6-17　接地电阻测量仪读数

b. 在雷雨天气时，不得测量防雷装置的接地电阻值。

c. 被测接地极及其辅助电极的连接导线，不能与高压架空线路及地下金属管道平行，以防止出现干扰或增大测量误差。

d. 接地电阻测量仪不做开路试验。

e. 测量接地电阻时，应选择土壤最干燥、土壤电阻率最高的季节进行。

f. 当测量中发现检流计的灵敏度过高时，可将电位辅助电极拔出一些；当发现检流计灵敏度不够时，可向插入辅助电极的大地上注水，从而提高灵敏度。

g. 在测量过程中，当大地干扰信号较强时，可以适当加快手摇发电机的转速，提高抗干扰能力，以获得准确读数。

（3）常见接地装置检查和测量周期

对运行中的接地装置要按规程要求进行定期检查并测量，若发现接地装置电阻不符合要求时，应及时处理。常见接地装置检查和测量周期见表6-4。

表6-4 常见接地装置检查和测量周期

接地装置类别	检查周期	测量周期
变配电所接地网	一年一次	一年一次
车间电气设备的接地	一年至少两次	一年一次
各种防雷保护接地装置	每年雷雨季节前检查一次	两年一次
独立避雷针接地装置	每年雷雨季节前检查一次	五年一次
10kV及以下线路变压器工作接地装置	随线路检查	两年一次
手持电动工具的接地线	每年使用前检查一次	两年一次
有腐蚀性化学成分土壤中的接地装置	每五年局部挖开检查腐蚀情况	两年一次

【任务实施】

（1）实施地点

教室、专业实训室。

（2）实施所需器材

① 多媒体设备。

② 常用接地装置等。

（3）实施内容与步骤

① 学生分组。3～4人一组，指定组长。工作始终各组人员尽量固定。

② 教师布置工作任务。学生阅读工作任务书，了解工作内容，明确工作目标，制定实施方案。

③ 教师通过图片、实物或多媒体分析演示。让学生识别各种接地装置或指导学生自学。

④ 实际测量常用接地装置的接地电阻值，并将测量结果记录在表6-5中。

表6-5 电气接地电阻测试记录表

测试时间： 年 月 日				编号：			
工程名称		引下类型	构造柱内钢筋引下		组数	施工单位	
仪表型号		计量单位	Ω（欧姆）		天气情况	气温	
接地类型	防雷接地	保护接地	重复接地	接地	接地		
组别及实测数据 1							
2							
3							
4							
5							
6							
7							
8							
9							
10							
设计要求	≤ Ω	≤ Ω	≤ Ω	≤ Ω	≤ Ω		
结论		参加人员签字		建设（监理）单位	项目负责人	质检员 工长	测试员（2人）

学习小结

本任务的核心电气设备的接地,通过本任务的学习,学生应能理会以下要点。

1. 将电气设备的某金属部分经接地线连接到接地极,或是直接将电气设备与大地作良好的电气连接,称为接地。"装置外导电部分"也可称为外部导电部分或自然接地体,不属于电气装置,一般是水、暖、煤气、空调的金属管道以及建筑物的钢筋混凝土等金属结构。

2. 接地的类型有保护接地、工作接地、防雷接地和防静电接地,在我国现将保护接地这种防护安全措施归入 IT 系统和 TT 系统。

3. 接地电阻及其要求

接地电阻 R_E 的表示式为 $R_E = U_E / I_E$

建筑物接地电阻要求、大接地电流电网的接地电阻要求、小接地电流电网的接地电阻要求和低压设备的接地电阻要求各有不同,详见教材。

4. 接地装置的敷设

接地装置一般由几根垂直接地体和水平连线组成,在设计和安装接地装置时,要尽可能充分利用自然接地体,节约成本,节省钢材,但输送易燃易爆物质的金属管道除外。当设备的自然接地体电阻不能满足防雷要求要求时,应装设人工接地装置来补充。人工接地体有垂直埋设和水平埋设两种基本结构形式。

5. 低压配电系统的等电位连接

等电位连接用于连接各个单独接地系统,以构成等电位体。在一个允许范围内,将所有外露可导电部分、装置外可导电部分、各种管道用导电体连接在一起,形成一个等电位空间,这就是我们通常所说的等电位连接。等电位连接应满足工程要求。

6. 接地电阻的测量

接地电阻测量仪是用于测量各种接地装置接地电阻的专用仪表,也可用于测一定数值的导体电阻和土壤电阻率。应根据测量项目正确选用接地电阻测量仪,并能正确使用接地电阻测试仪测量相关接地装置的接地电阻值。

自我评估

一、判断题

1. "电气地"的范围随着大地结构的组成和大地与带电体接触的情况而定。( )
2. 与大地直接接触的金属物体称为接地体或接地极。( )
3. 连接接地体及设备接地部分的导线称为接地线。( )
4. 防静电接地的接地线通常是串联一个 10MΩ 的限流电阻,即通过限流电阻与接地装置相连。( )

二、选择题

1. TT 系统属于三相四线制采用的( )供电系统。
   A. 保护接地   B. 工作接地   C. 重复接地   D. 防雷接地

2. 对于与总容量在 100kV·A 以上的发电机或变压器供电系统相连接的接地装置,接地电阻不大于( )Ω。
   A. 1   B. 4   C. 10   D. 100

3. 对于与总容量在 100kV·A 以下的发电机或变压器供电系统相连接的接地装置,接地电阻不大于( )Ω。
   A. 1   B. 4   C. 10   D. 100

4. 对于 TT、IT 系统中用电设备的接地电阻,按接地电压不高于 50V 计算,一般接地电阻不大于（　　）Ω。
   A. 1　　　　　　B. 4　　　　　　C. 10　　　　　　D. 100
5. 连接外露可导电部分与装置外可导电部分的辅助等电位连接线,不应小于相应保护导体截面的（　　）。
   A. 1/2　　　　　B. 3/4　　　　　C. 1/4　　　　　D. 1/5

三、填空题

1. 保护接地的具体做法是将电气设备或电器装置的（　　）通过接地装置同大地可靠地接地连接起来。
2. 保护接地适用于电源中性点（不接地）的高压电网或电源中性点（直接接地）的低压电网中,是为了防止触电事故而采取的一种（　　）。
3. 保护接零是在中性点（直接接地）的供电系统中,将正常运行的电气设备不带电的金属外壳、框架等与供电系统中的（　　）可靠地连接在一起。
4. 垂直埋设的接地体一般采用热镀锌的角钢、钢管、圆钢等,垂直敷设的接地体长度不应于（　　）m。
5. 垂直埋设的接地体一般采用圆钢直径不应小于（　　）mm,钢管壁厚不应小于（　　）mm,角钢壁厚不应小于（　　）mm。
6. 接地体埋设位置应距建筑物、人行通道不小于（　　）m,防护直击雷的接地体应距建筑物、人行道或安全出入口不小于（　　）m。
7. 人工接地体在土壤中的埋设深度不应小于（　　）m,宜埋设在冻土层以下。
8. 作为接地干线的扁钢跨接线,截面不小于（　　）mm²,作为接地分支跨接线时不应小于（　　）mm²。
9. 总等电位连接主母线的截面不小于装置最大保护导体截面的（　　）,但不小于（　　）mm²；若采用铜线,其截面不超过（　　）mm²。
10. ZC-8 型接地电阻测量仪有（　　）端钮和（　　）端钮两种。
11. ZC-8 型 3 端钮接地电阻测量仪的量规格为（　　）；它有（　　）共 3 个倍率挡位可供选择。
12. ZC-8 型 4 端钮接地电阻测量仪的量规格为（　　）；它有（　　）共 3 个倍率挡位可供选择。
13. ZC-8 型 4 端钮接地电阻测量仪的电压及电流辅助接地极应插在距被测接地极同一方向（　　）m 和（　　）m 的地面上,一般用锤子向下砸,插入土壤中深度为探测针长度的（　　）。
14. 使用接地电阻测试仪测量前,必须将被测接地装置（　　）,退出运行,并拆开与接地线的连接螺栓。
15. 接地电阻测量仪不做（　　）试验。

四、简答题

1. 什么叫接地？什么叫接地体？
2. 简述保护接地和保护接零的概念并画出接线原理图。
3. 如何计算接地电阻值？
4. 什么是等电位连接？

评价标准

教师根据学生观察记录结果及提问,按表 6-6 给予评价。

表 6-6　任务 6.2 综合评价表

项目	内容	配分	考核要求	扣分标准	得分
实训态度	1. 实训的积极性 2. 安全操作规程地遵守情况 3. 纪律遵守情况 4. 完成自我评估、技能训练报告	30	积极参加实训，遵守安全操作规程和劳动纪律，有良好的职业道德和敬业精神；技能训练报告符合要求	违反操作规程扣 20 分；不遵守劳动纪律扣 10 分；自我评估、技能训练报告不符合要求扣 10 分	
观察接地装置并记录	记录观察结果	10	观察认真，记录完整	观察不认真扣 5 分 记录不完整扣 5 分	
实际测量接地装置电阻值	在要求进行测量	50	能正确使用接地电阻测量仪较准确地测量接地电阻值	不能正确使用接地电阻测量仪扣 30 分；不能准确地测量接地电阻值每处扣 10 分	
环境清洁	环境清洁情况	10	工作台周围无杂物	有杂物 1 件扣 1 分	
合计		100			

注：各项配分扣完为止

任务 6.3　电气安全措施

【任务描述】

在供用电工作中，必须特别注意电气安全。若稍有麻痹，就有可能造成严重的人身触电事故。本任务主要是知道电气安全的一般措施，能正确使用常用安全防护用具，能独立操作抢救触电人员。

【任务目标】

技能目标：1. 能正确使用常用安全护具。
　　　　　　2. 能进行简单的触电急救。
知识目标：1. 掌握电气安全的一般措施。
　　　　　　2. 学会常用的触电急救方法。

【知识准备】

1. 电气安全的一般措施

（1）保证电气安全的组织措施

① 加强安全教育　触电事故往往不给人任何预兆，并且往往在极短的时间内造成不可挽回的严重后果。因此，对于触电事故要特别注意以预防为主的方针。必须加强安全教育，人人树立安全第一的思想，充分利用电视台、广播等新闻媒体宣传普及安全用电常识，个个都作安全教育工作。力争供电系统无事故的运行，彻底消灭人身触电事故。

② 建立和健全规章制度　供电系统中的很多事故都是由于制度不健全或违反操作规程

而造成的。因此必须建全必要的规章制度，如：工作票制度、安全措施票制度、工作许可证制度、工作监护制度、现场看守制度、工作间断和转移制度、工作终结、验收和恢复送电制度等，具体内情参照《高低压电气安全工作规范》。

同时还要建立整套的安全保障体系，落实安全生产岗位责任制，如：建立安全生产例会制度，专门研究和解决安全生产中的问题，通报安全检查情况，布置近期安全工作重点，学习传达安全生产方面文件及事故通报；制定详实的安全生产考核细则，通过平时的安全生产检查，对发现的各种问题，严格考核兑现等。

③ 充分发挥安监机构的作用　在安全管理上，实行安全一票否决，严查习惯性违章和安全管理制度的落实情况，发现问题必须及时处理。

（2）保证电气安全的技术措施

① 防止接触带电部件　一般常见的技术措施有绝缘、屏护和安全间距。

a. 绝缘　即用不导电的绝缘材料把带电体封闭起来，这是防止直接触电的基本保护措施。

b. 屏护　即采用遮栏、护罩、护盖、箱闸等把带电体同外界隔离开来。

c. 间距　为防止人体触及或接近带电体，防止车辆等物体碰撞或过分接近带电体，在带电体与带电体、带电体与地面、带电体与其他设备、设施之间，皆应保持一定的安全距离。

② 敷设接地线　在所有电气设备的电源侧和可能产生感应电压的地方，都要加装保护接地或保护接零的接地线，通过装设接地线防止间接触电，这也是预防突然触电最安全有效的技术措施。

在装设接地线的时候，注意先装接地端，后接导体端，还要确保各端接触良好。在拆除接地线的时候，操作顺序相反，应先拆除导体端，后拆除接地端。在装设时，还要注意禁止用不合规定的一般导线充作接地线短路使用，接地线也要尽可能安装在便于维修的地点。

③ 采用安全电压　根据生产和作业场所的特点，采用相应等级的安全电压，是防止发生触电伤亡事故的根本性措施。国家标准《安全电压》（GB 3805—83）规定我国安全电压额定值的等级为42V、36V、24V、12V和6V，应根据作业场所、操作条件、使用方式、供电方式、线路状况等因素选用。

④ 装设漏电保护装置　漏电保护装置，又称触电保安器，在低压电网中发生电气设备及线路漏电或触电时，它可以立即发出报警信号并迅速自动切断电源，从而保护人身安全。

⑤ 正确使用、保管安全用具　在电气作业中，合理匹配和使用绝缘防护用具，对防止触电事故，保障操作人员在生产过程中的安全健康具有重要意义。绝缘防护用具可分为两类，一类是基本安全防护用具，另一类是辅助安全防护用具。安全用具的外形见图6-18。

a. 基本安全防护用具　基本安全防护用具有绝缘棒、绝缘钳等。此类用具的绝缘应足够承受电气设备的工作电压，操作人员在工作地点必须携带安全用具，方可操作电气设备。

b. 辅助安全防护用具　辅助安全防护用具有绝缘手套、绝缘（靴）鞋、橡皮垫、绝缘台、高压验电器和低压试电笔等。此类用具的绝缘等级不足以完全承受电气设备的工作电压，但是现场工作人员使用它，同样可以使人身安全有一定的保障。

c. 正确使用安全防护用具　安全用具如果使用和保管不当也同样会发生触电事故，所以应正确的使用和定期做耐压、机械强度等试验。在电气设备停电检修时，工作人员进入现

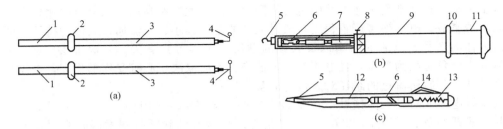

图 6-18 安全用具的外形示意图

1—手柄；2—护环；3—绝缘杆；4—金属钩；5—触头；6—氖灯
7—电容器；8—接地螺钉；9—绝缘杆；10—护环；11—手柄；
12—碳质电阻；13—弹簧；14—金属挂钩（撑柄）

场工作必须穿长袖工作服，绝缘胶鞋，戴工作手套和工作帽，站在绝缘胶垫上，严禁穿背心或短裤进入工作场所。必须使用合格的工作用具，例如用带有绝缘手柄的钳子、旋具和扳手等，禁用锉刀和金属尺。检修前，工作人员必须用相应电压等级的验电器对需要检修设备的进出线端分别检验，确保不带电的情况下，方可开始操作。检修过程中，在断开的开关和刀闸操作手柄上，还要悬挂标示牌"严禁合闸，有人工作"或"止步、高压危险！"等。

（3）普及安全用电知识

供电人员应注意向广大群众反复宣传安全用电的重要意义，大力普及安全用电常识。

① 不得私拉私接电线，私自增加大负荷用电设备。

② 不得随意加大熔断件规格或改用其他材料来取代原有熔断件。

③ 装拆电线和电气设备，应请电工，避免发生触电和短路事故。

④ 电线上不能晾衣物，晾衣物的铁丝也不能靠近电线。

⑤ 不得用枪或弹弓打电线上的鸟；不能在架空线路和室外变电所附近放风筝。

⑥ 在户外遇到雷雨时不要在大树下避雨，不要拿着大块金属物品，例如锄头、铝盆、金属柄雨伞等在雷雨中停留。

⑦ 当发生电气故障而起火时，应立即切断电源。电气设备起火时，应用干砂覆盖灭火，或者用二氧化碳灭火器灭火，绝不能用水灭火，否则有触电危险。使用二氧化碳灭火器时，要注意防止冻伤和窒息。

⑧ 当电线断落在地上时，不可走近。对落地的高压线，应离开落地点10m以上，以免跨步电压伤人；遇此断线接地故障，应划定禁止通行区，派人看守，并通知电工或供电部门及时处理。

⑨ 使用移动电器时应注意插头、导线及电器机体是否漏电等。

⑩ 掌握基本的触电急救方法。

2. 触电的急救处理

（1）触电的危害

1）触电的危害

人体是导体，当人体接触到具有不同电位的两点时，由于电位差的作用，就会在人体内形成电流。这种现象就是触电。

电流对人体的伤害主要有两种类型：即电击和电伤。

① 电击　电击是电流通过人体内部，影响呼吸、心脏和神经系统，引起人体内部组织的破坏，以致死亡。

② 电伤　电伤主要是对人体外部的局部伤害，包括电弧烧伤、熔化金属渗入皮肤等伤害。

电击和电伤这两类伤害在事故中也可能同时发生，尤其在高压触电事故中比较多，绝大部分属电击事故。电击伤害严重程度与通过人体的电流大小、电流通过人体的持续时间、电流通过人体的途径、电流的频率以及人体的健康状况等因素有关。一般来讲，50～100Hz的电流对人体危害最为严重，且电流对人体的伤害程度取决于心脏受损的程度，电流从手到脚特别是从手到胸所流过的路径对人最为危险。

发生触电事故时，人体接触 1000V 以上的高压电多出现呼吸停止，200V 以下的低压电易引起心肌纤颤及心搏停止，220～1000V 的电压可致心脏和呼吸中枢同时麻痹。触电局部可有深度灼伤，而呈焦黄色，与周围正常组织分界清楚，重者创面深及皮下组织、肌腱、肌肉、神经，甚至深达骨骼，呈炭化状态。

为防止触电事故发生，我国明确规定安全电流为 30mA（50Hz 交流），人体电阻在健康情况良好时一般为 1700Ω，则人体允许持续接触的安全电压为 50V。

2）触电的类型

① 单相触电 人站在大地上，当人体接触到一根带电导线时，电流通过人体经大地而构成回路，这种触电方式通常被称为单相触电。

② 两相触电 人体的不同部位同时分别接触一个电源的两根不同电位的裸露导线，电线上的电流就会通过人体从一根电流导线到另一根电线形成回路，使人触电，这种触电方式通常称被为两线触电，也称为两相触电。此时，人体处于线电压的作用下，所以，两相触电比单相触电危险性更大。

③ 跨步电压触电 由于外力（如雷电、大风）的破坏等原因，电气设备、避雷针的接地点，或者断落电线断头着地点附近，将有大量的扩散电流向大地流入，而使周围地面上布着不同电位。当人的脚与脚之间同时踩在不同电位的地表面两点时，会形成跨步电压触电。若电力系统一相接地或电流自接地体向大地流散时，将在地面上呈现不同的电位分布。人的跨距一般取 0.8m，在沿接地点向外的射线方向上，距接地点越近，跨步电压越大；距接地点越近，跨步电压越小；距接地点 20m 外，跨步电压接近于零。

（2）触电的急救处理

发生触电事故后，应争分夺秒进行正确的急救措施，首先要使触电人迅速脱离电源，然后就地进行心肺复苏抢救或立即通知医疗部门急救。

① 脱离电源的正确做法

a. 低压触电 采用"拉"、"切"、"挑"、"拽"、"垫"的方法，拉开或切断电源，操作中应注意避免救护人触电，应使用干燥绝缘的利器或物件，完成切断电源或使触电人与电源隔离。

b. 高压触电 应通知供电部门，使触电电路停电，或用电压等级相符的绝缘拉杆拉开跌落式熔断器切断电路，或采取使线路短路造成跳闸断开电路的方法。要注意救护人安全，防止跨步电压触电。触电人在高处触电，要注意防止落下跌伤。在触电人脱离电源后，根据受伤程度迅速送往医院或急救。

② 脱离电源后的处理方法

a. 将触电者脱离电源后，立即移到通风处，并将其仰卧，迅速鉴定触电者是否有心跳、呼吸。

b. 触电者如神志不清，应使其就地仰面躺平，确保其气道通畅，并用 5s 时间，呼叫其姓名或轻拍其肩膀，判断伤员是否意识丧失，严禁晃动伤员头部呼叫伤员。

c. 抢救伤员要就地迅速进行，抢救过程要坚持不断进行，在医疗部门未到场接替救治前要不停地进行施救。在送往医院的途中也不能停止抢救。当抢救者出现面色好转、嘴唇逐渐红润、瞳孔缩小、心跳和呼吸迅速恢复正常，即为抢救有效的特征。

(3) 心肺复苏急救方法

触电伤员呼吸和心跳如果暂时停止时，可以立即进行心肺复苏法施救，正确的做法如下。

1) 通畅气道

触电伤员呼吸停止，最重要是保持其气道始终畅通无阻。如发现伤员口内有异物，应将其头部和身体同时侧转，迅速用一个手指或两根手指交叉从嘴角插入口内取出异物。在操作过程中要避免将异物推入伤员的咽喉深处。通畅气道时可以采用仰头抬颌的方法，但切忌勿用枕头或其他物品垫在伤员头下，使头部过分抬高前倾，从而将加重气道阻塞，还会造成胸外按压时流向脑部的血流减少，影响施救效果。

2) 进行口对口（鼻）人工呼吸法

在做人工呼吸之前，首先要检查触电者口腔内有无异物，呼吸道是否堵塞，特别要注意清理喉头部分有无痰堵塞。其次，要解开触电者身上妨碍呼吸的衣裤，且维持好现场秩序。主要方法：口对口（鼻）人工呼吸法不仅方法简单易学且效果最好，较为容易掌握。

具体做法如图 6-19～图 6-22 所示。

将触电者仰卧，并使其头部充分后仰，一般应用一手托在其颈后，使其鼻孔朝上，以利于呼吸道畅通，但头下不得垫枕头，同时将其衣扣解开（如图 6-19 所示）。

救护人在触电者头部的侧面，用一只手捏紧其鼻孔，另一只手的拇指和食指掰开其嘴巴，准备向鼻孔吸气，即口对鼻（如图 6-20 所示）。

救护人深吸一口气，紧贴掰开的嘴巴向内吹气，也可搁一层纱布。吹气时要保证不漏气的情况下，用力吹气并使其胸部膨胀，一般应每 5s 吹一次，吹 2s，放松 3s。对儿童可小口吹气。向鼻吹气与向口吹气相同（如图 6-21 所示）。

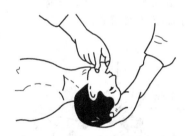

图 6-19 将触电者仰卧使其头部充分后仰

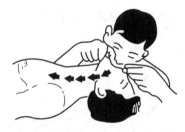

图 6-20 准备向触电者口中吸气

吹气后应立即离开其口或鼻，并松开触电者的鼻孔或嘴巴，让其自动呼气，约 3min（如图 6-22 所示）。吹气和放松时要注意伤员的胸部是否有起伏的呼吸动作，同时配合进行胸外按压。在实行口对口（鼻）人工呼吸时，当发现触电者胃部充气膨胀，应用手按住其腹部，并同时进行吹气和换气。

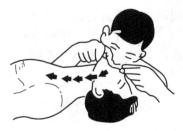

图 6-21 紧贴掰开的嘴巴向内吹气

图 6-22 吹气后松开鼻（或嘴）使其自主呼吸

3) 胸外心脏按压法

胸外心脏按压法是触电者心脏停止跳动后使心脏恢复跳动的急救方法,是每一个电气工作人员应该掌握的。

首先使触电者仰卧在比较坚实的地方,解开领扣衣扣,并使其头部充分后仰,使其鼻孔或由另外一人用手托在触电者的颈后,或将其头部放在木板端部,在其胸后垫以软物。

救护者跪在触电者一侧或骑跪在其腰部的两侧,两手相叠,下面手掌的根部放在心窝上方、胸骨下三分之一至二分之一处(如图6-23所示)。

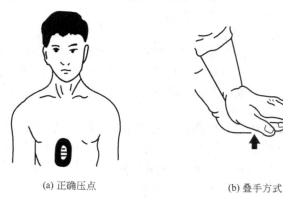

(a) 正确压点　　　　(b) 叠手方式

图6-23　胸外心脏挤压法

掌根用力垂直向下挤压,对位要适中不得太猛,对成人应压陷3～4cm,频率每分钟60次;对16岁以下儿童,一般应用一只手挤压,用力要比成人稍轻一点,压陷1～2cm,频率每分钟60～80次为宜。这样可使压处促到心脏里面的血液(如图6-24所示)。

图6-24　向下挤压　　　　　　　图6-25　迅速放松

挤压后掌根应迅速全部放松,让触电者胸部自动复原,血液又回到心脏,放松时掌根不要离开压迫点,只是不向下用力而已。(见图6-25所示)

为了达到良好的效果,在进行胸外心脏挤压术的同时,必须进行口对口(鼻)的人工呼吸。因为正常的心脏跳动和呼吸是相互联系且同时进行的,没有心跳,呼吸也要停止,而呼吸停止,心脏也不会跳动。同时注意在实施胸外心脏按压术时,必须坚持不断,直到触电者苏醒或其他救护人员、医生赶到。

【任务实施】

(1) 实施地点

教室、专业实训室。

(2) 实施所需器材
① 多媒体设备。
② 橡皮人等。
(3) 实施内容与步骤
① 学生分组。3~4 人一组，指定组长。工作始终各组人员尽量固定。
② 教师布置工作任务。学生阅读工作任务书，了解工作内容，明确工作目标，制定实施方案。
③ 教师通过图片或多媒体分析演示。让学生认识触电急救的基本方法或指导学生自学。
④ 实际观察触电急救的基本方法。
a. 分组观察触电急救的基本方法，将观察结果记录在表 6-7 中。

表 6-7　触电急救观察结果记录表

序号	脱离电源方法	触电人的状态	进行口对口（鼻）人工呼吸法	胸外心脏按压法
1				
2				
3				
4				

学习小结

本任务的核心是电气安全措施，重点是触电事故的预防，通过本任务的学习，学生应能理会以下要点。

1. 电气安全的一般措施
(1) 保证电气安全的组织措施

对于触电事故要特别注意以预防为主的方针。必须加强安全教育，同时还要建立整套的安全保障体系，落实安全生产岗位责任制，充分发挥安监机构的作用。

(2) 保证电气安全的技术措施

一般常见的技术措施有绝缘、屏护和安全间距。通过装设接地线防止间接触电，这也是预防突然触电最安全有效的技术措施。采用相应等级的安全电压、装设漏电保护装置、正确使用和保管安全用具都是保证电气安全的技术措施。

2. 触电的急救处理
(1) 触电的危害

电流对人体的伤害主要有两种类型：即电击和电伤。常见的触电类型有单相触电、两相触电和跨步电压触电。

(2) 触电的急救处理

发生触电事故后，应争分夺秒进行正确的急救措施，首先要使触电人迅速脱离电源，然后就地进行心肺复苏抢救或立即通知医疗部门急救。

自我评估

一、判断题

1. 对于触电事故要特别注意以（预防）为主的方针。（　　）
2. 绝缘是用不导电的绝缘材料把带电体封闭起来，这是防止直接触电的基本保护措施。（　　）

3. 屏护是采用遮栏、护罩、护盖、箱闸等把带电体同外界隔离开来。（　　）
4. 电伤是电流通过人体内部，影响呼吸、心脏和神经系统，引起人体内部组织的破坏，以致死亡。（　　）
5. 电击主要是对人体外部的局部伤害，包括电弧烧伤、熔化金属渗入皮肤等伤害。（　　）
6. 口对口（鼻）人工呼吸法一般应每 5 秒钟吹一次，吹 2 秒钟，放松 3 秒钟。（　　）

二、填空题

1. 我国安全电压额定值的等级为（　　）V、36V、（　　）V、12V 和（　　）V。
2. 为防止触电事故发生，我国明确规定工频安全电流为（　　）mA，人体电阻在健康情况良好时一般为（　　）Ω，则人体允许持续接触的安全电压为（　　）V。
3. 胸外心脏按压法一般每分钟（　　）次为宜。

三、简答题

1. 安全用电的技术措施和防护工具各有哪些？
2. 触电事故的种类有哪些？
3. 发生触电事故后，如何使触电人脱离电源？
4. 对触电人脱离电源后应如何处理？
5. 对触电人进行急救处理时，应注意哪些事项？

评价标准

教师根据学生观察记录结果及提问，按表 6-8 给予评价。

表 6-8　任务 6.3 综合评价表

项目	内容	配分	考核要求	扣分标准	得分
实训态度	1、实训的积极性 2、安全操作规程地遵守情况 3、纪律遵守情况 4、完成自我评估、技能训练报告	30	积极参加实训，遵守安全操作规程和劳动纪律，有良好的职业道德和敬业精神；技能训练报告符合要求	违反操作规程扣 20 分；不遵守劳动纪律扣 10 分；自我评估、技能训练报告不符合要求扣 10 分	
观察并记录	记录观察结果	10	观察认真，记录完整	观察不认真扣 5 分；记录不完整扣 5 分	
正确进行触电急救操作	正确进行口对口（鼻）人工呼吸和胸外心脏按压	50	正确使触电人脱离电源；正确进行口对口（鼻）人工呼吸急救；正确进行胸外心脏按压急救	不能正确使触电人脱离电源扣 20 分；不能正确进行口对口（鼻）人工呼吸急救扣 20 分；不能正确进行胸外心脏按压急救扣 20 分	
环境清洁	环境清洁情况	10	工作台周围无杂物	有杂物 1 件扣 1 分	
合计		100			

注：各项配分扣完为止

学习情境 7
工厂照明装置的敷设维护

学习目标

技能目标：
1. 能根据厂地选择合适的电光源和灯具。
2. 能认读电气照明系统图和平面图。
3. 能进行照明线路常见故障和处理。

知识目标：
1. 了解常用照明光源和灯具。
2. 掌握灯具的布置方式。
3. 能分析照明供电的系统图及平面布置图。
4. 掌握车间照明线路的敷设方法的方法和原则。

任务 7.1　识读车间照明系统图及平面布置图

【任务描述】

车间照明系统图及平面布置图是工厂照明装置的敷设维护的理论基础，也是工厂照明装置敷设的重要依据。本任务主要是正确识读车间照明系统图及平面布置图并根据车间照明系统图及平面布置图解决实际问题。

【任务目标】

技能目标： 1. 能识别车间照明系统图与平面布置图。
2. 能根据给定图纸正确识读车间照明系统图及平面布置图。

知识目标： 1. 了解常用的照明方式、光源和照度标准的选择。
2. 掌握车间常用照明配电箱及照明灯具的安装要求。
3. 了解车间照明系统图及平面布置图的含义。
4. 能解决车间照明系统图及平面布置图中的实际问题。

【知识准备】

1. 照明方式

照明方式是指照明设备按其安装部位或使用功能而构成的基本制式。按照国家制定的设计标准区分，有工业企业照明和民用建筑照明，适用于生产车间、工业企业辅助建筑、厂区露天工作场所和交通运输线路；图书馆、办公楼、商店、影院剧场、旅馆、铁路旅客站、港口旅客站、体育场、体育馆和住宅。按照照明设备安装部位区分，有建筑物外照明和建筑物内照明。

建筑物外照明，可根据实际使用功能分为建筑物泛光照明、建筑物轮廓照明、道路照明、街区照明、公园和广场照明、溶洞照明、水景照明等。每种照明方式都有其特殊的要求。

建筑物内照明，按照使用功能区分，有一般照明、分区一般照明、局部照明和混合照明等。

(1) 一般照明

不考虑特殊部位的需要，为照亮整个场地而设置的均匀照明方式称为一般照明。工作场所通常应设置一般照明。它可使整个场地都能获得比较均匀的照度，适用于对光照方向无特殊要求或不适合安装局部照明和混合照明的场所，如仓库、某些生产车间、办公室、会议室、教室、候车室、营业大厅等。

1) 单层厂房

单层工业厂房往往在侧面开有侧窗，有的在屋顶还开有天窗，但仍需要采用人工照明，特别是连续多跨度时，中间跨度的厂房，更需要采用人工照明。

对于高度在 4~7m 内的单层厂房，可采用反射型的荧光灯具成排布置，灯具可以直接安装或悬吊在屋架（或屋梁）的下边，使其离地面的高度约 4m 左右。如果采用荧光高压汞灯、金属卤化物灯，可将这些灯安装在墙柱面上，使其向下斜照。

对于高度大于 7m 的单层厂房，可采用高强度气体放电灯（高压汞灯、金属卤化物灯、高压钠灯），或者混光灯具，安装在屋架的下弦或墙柱面上（应避开吊车轨道），一般采用规则排列。当工作面需要较高的水平照度时，应选用狭照型的配光灯具，当工作场所不仅要考虑工作面的水平照度，而且希望有一定的垂直照度，则选用广照型或特广照型灯具。

2）多层厂房

多层工作的照明类同于办公室的一般照明，多采用荧光灯，灯具的布置可根据工作位置的不同，成排布置或网状布置，安装高度在 2.5～4m 之间，安装的方式可采用吸顶式或嵌入式。

（2）分区一般照明

根据需要，将某一特定区域，如进行工作的地点，设计成不同的照度来照亮该区域的一般照明称为分区一般照明。同一场所内的不同区域有不同照度要求时，应采用分区一般照明。对照度要求比较高的工作区域，灯具可以集中均匀布置，提高其照度值，其他区域仍采用一般照明的布置方式，能在工作面上形成较高的照度，在通道上也可产生足够的照度。区域化照明可以使工作更觉舒适，而且能节约电能，减少维护费用。如工厂车间的组装线、运输带、检验场地等。

（3）局部照明

为了特定视觉工作需要、为照亮某个局部而设置的照明称之为局部照明。它着重照亮视件所在的区域和紧邻地区。有些工作环境或活动场所对照明水平和照明质量的要求很高，以至于单纯采用一般照明方式，无论从技术上和经济上都不能满足照度要求。所以需要在这些局部地点加设辅助照明装置以补充照度的不足。需要注意的是，在一个工作场所内不应只采用局部照明。

（4）混合照明

由一般照明和局部照明共同组成的照明方式，称为混合照明。对于部分作业面照度要求较高，只采用一般照明不合理的场所，宜采用混合照明。在一般照明的基础上再增加局部照明，这样有利于提高照度和节约电能。对于工作位置需要有较高照度并对照射方向有特殊要求的场所，如展览馆、设计院绘图室、精密操作视件、实验室、有旋转机械设备的车间、高级住宅、大型商场等，宜采用混合照明。混合照明的优点是，可以在工作面（平面、垂直面或倾斜表面）上，甚至在工作的内腔里获得较高的照度，并易于改善光色。减少装置功率和节约运行费用。在生活环境中采用混合照明，可以改善照明质量，增加环境的美感，提高人们的审美情趣。

对于照度要求较高，而工作场所内工作位置密度不大，并且要求光线照射方向能随意改变，而且安装条件许可时，宜采用混合照明方式。但是应注意，混合照明中的一般照明照度，应按该等级混合照明照度的 5%～10% 选取，但不宜低于 $30L_x$。

（5）控制室与检验工作室的照明

1）控制室照明

工业控制室中主要设置有直立的控制屏和有斜面或水平面的控制台，值班人员的视力工作是持续且比较紧张。对控制室的照明要求如下。

① 应有足够的照度（100～300L_x）。

② 有较好的亮度分布和色彩分布，应注意垂直面和水平面的亮度差别不要过大。

③ 无直射眩光和反射眩光。

控制室常用荧光灯作为照明工具，照明装置普遍采用低亮度漫射照明装置，即利用倾斜安装的或带有方向性配光灯具组成的发光天棚，或嵌入式、半嵌入式光带。

2）检验工作室照明

检验工作是工厂控制产品质量的重要环节。检验工作与检验工作人员业务熟练程度、被检物的性质以及照明方式有很大的关系。根据检验对象的性质，其照明基本方式见表7-1。

表7-1 检验工作照明的基本形式

基本形式					
光源	置于被检物上方	置于被检物前方	置于被检物前下方	浸射性面光源	浸透射面光源
漫射型灯具	光泽平面上的凹凸、弯曲（金属、塑料板等）	半光泽面上的亮斑、凹凸（铅字、活板等）	强调平面上的凹凸（布、丝织物的纺织不匀、疵点、起毛等）	光泽面上的一致性、瑕疵（金属、玻璃等）光泽面上翘面、凹由反射像的变形来观察光源面上的条纹、格子的直线样子	透明体内异物、裂痕、气泡（玻璃、液体等）半透明体的异物、不均匀（布、棉、塑料等）。对于带有白色的异物，要用黑色背景，以聚光性灯具照射
集光型灯具	光泽面的瑕疵、划线、冲孔、雕刻等	粗面上的光泽部分（金属磨损部、涂料的剥落等）	强调平面上的凹凸（板材、铅字、纸板等的翘曲、凹凸）		

一些检验工作，并不需要特殊的照明环境，采用一些特定的照明系统就可以帮助人们很方便地进行这些作业活动。例如：当要求对很小的物体检验或装配精细机械零件和电子元件时，常采用照明放大镜来简化操作作业，要测量物体尺寸时，常采用投影的方法，将物体先投影放大，再进行精细测量。再如，采用频闪观测可方便地对运动的部件进行检测。当其闪光频率调节到一定值时，受照的运动物体看起来如同静止一样。

(6) 特殊厂房的照明

工厂内的特殊场所一般指环境条件与一般常温干燥房间不同的场所，如多尘、潮湿、有腐蚀气体、有火灾或爆炸危险的场所等。这些场所的照明要着重考虑安全、可靠性、便于维护和有较好的照明效果。下面分别说明各种环境下对灯具的防护要求。

1）多尘场所

多尘场所主要是指在生产过程中，厂房内有大量飞扬的尘埃，这些尘埃沉积在灯具上，会造成光损失及光效率下降。若是一些导电、半导体电粉尘聚积在电气绝缘装置上，受潮时会造成绝缘强度下降，易发生短路。另外，当某些粉尘积累到一定程度，并伴有高温热源时，也可能引起火灾或爆炸。因此这类厂房灯具的选择应选用防尘型灯或反射型灯，灯具的设置要便于清扫与维护。

2）潮湿场所

特别潮湿的环境是指相对湿度在95%以上，充满潮气或常有凝结水出现的场所。它使灯具绝缘水平下降，易造成漏电或短路，且灯具易锈蚀。人体电阻也因潮湿而下降，增加触电危险。为此，应选用防潮灯或耐潮的防水磁质灯，灯具的引入线处应严格密封，以保证安全。

3）腐蚀性气体场所

当生产过程中溢出大量腐蚀性介质气体或含有大量盐雾、二氧化硫等气体时，对灯具或其他金属构件会造成浸蚀作用。如铸铁、铸铝厂房溢出氟气和氯气，电镀车间溢出酸性气体，化学工业中溢出各种有腐蚀气体的场所。

因此，选用灯具时应注意下列几点。

① 腐蚀严重场所用密闭防腐灯，选择抗腐蚀性强的材料及其面层制成的灯具。常用材料的性能是：钢板耐碱性好而耐酸性差；铝材耐酸性好而耐碱性差；塑料、玻璃、陶瓷抗酸、碱腐蚀性均好。

② 对内部易受腐蚀的部件实行密闭隔离。

③ 对腐蚀性不强的场所可用半开启式防腐灯。

4）火灾危险场所

在生产过程中，产生、使用、加工、储存可燃液（21区）或有悬浮状、堆积状可燃性粉尘纤维（22区）以及固体可燃性物质（23区）时，若有火源或高温热点，其数量或配置上能引起火灾危险的场所称为有火灾危险的场所（21区：地下油泵间、储油槽、油泵间、油料再生间、变压器拆装修理间、变压器油存放间等；22区：煤粉制造间、木工锯料间；23区：裁纸房、图书资料档案库、纺织品库、原棉花间等）。

为防止灯泡火花或热点成为火源而引起火灾，固定安装的灯具在22区场所应采用将光源隔离密闭的灯具，如防尘防水灯具（IP-55）；在21区场所宜采用IP-X5；而在23区场所可采用一般开启灯具（IP-20），但应与固体可燃材料之间保持一定的安全距离。移动式照明器在21、22区场所应采用防水防尘型（IP-55），23区场所可采用保护型（IP-4X）。

5）有爆炸危险的场所

空间具有爆炸性气体、蒸气（0区、1区、2区）、粉尘、纤维（10区、11区），且介质达到适当浓度，形成爆炸性混合物，在有燃烧源或热点温升到闪点的情况下能引起爆炸的场所称为有爆炸危险的场所。这些场所的灯具防爆结构的选用见表7-2和表7-3。

表7-2 气体或蒸气爆炸危险环境的灯具防爆结构的选型

爆炸危险环境 防爆结构 灯具及附件名称	1区		2区	
	隔爆 d	增安 e	隔爆 d	增安 e
固定式灯	○	×	○	○
移动式灯	△	—	○	—
携带式电池灯	○	—	○	—
指示灯类	○	×	○	○
镇流器	○	△	○	○

注：○—适用，△—尽量避免，×—不适用。

表7-3 粉尘爆炸危险环境的灯具防爆结构的选型

爆炸危险环境防爆结构	10区	11区
	隔爆（粉尘）	防尘
灯具	○	○

(7) 无窗厂房照明

在无窗厂房内进行生产或其他活动，都必须依靠人工照明，因而对照明有更高的要求。这种厂房的光源、照度、照明形式等的选择可参照下列原则。

1）光源

无窗厂房的光源应选择光谱能量分布接近天然日光的光源，一方面显色性好，另一方面能有少量中、长波紫外辐射满足人体的需要。高度在5m以下的厂房可采用日光色荧光灯（如TZ系列太阳光管）；6m以上的厂房内宜选用接近日光色的高强度气体放电灯（如日光色镝灯）。

2）照度

一般生产场所的照度不宜低于 $200\sim300L_x$，在经常没有人停留的场所，其照度可适当降低，但不宜低于 $30\sim75L_x$。非直接生产的厂房及走廊的照度不低于 $30L_x$。在出入口，照度宜适当提高，以改善视觉的明暗适应。

3）灯具的选择

在有恒温要求或工作精密的厂房中，宜选用单独的一般照明。需采用混合照明时，要注意局部照明的发热量所造成的区域温差对工作的不利影响。

在选择照明器时，应考虑下列问题。

① 对防尘要求高、恒温要求较高的厂房，照明形式宜采用顶棚嵌入式的带状照明。

② 对防尘要求不高、恒温要求一般的厂房，宜采用上半球有光通分布的吸顶式荧光灯，以免造成顶棚暗区。

4）紫外线补偿

长期在无窗的厂房内工作的人员，由于缺乏紫外线照射，易得某些疾病。为此，必要时可装设波长为 $280\sim320nm$ 的紫外线灯，以补偿紫外线。

可以将灯安装在某一固定房间内，工人定期按疗程进行短时照射补偿；也可将紫外线灯与普通照明灯一样分散设置，进行长期照射。

2. 光源的选择

工业厂房包括范围很广，从精细的电子工业到高大笨重的重工业，从洁净车间到尘埃飞扬的多尘车间，它们对照明的要求是迥然不同的。因此，照明设计必须根据不同的工作性质和场所，进行相应的变化和处理，为工作人员创造一个舒适、轻松的工作环境，以达到提高劳动生产率，减小事故和保护工作人员身心健康的要求。

（1）工厂照明的要求

1）照度及均匀度

照度是厂房照明的基本要求，由于工业厂房的工作性质差别很大，对照度的要求差别也很大。我国《工业企业照明设计标准》规定了生产车间工作面上的平均使用照度值，还规定了厂区露天工作场所和交通运输线的照度值。在设计中也可参考 CIE 推荐的照度值。

《工业企业照明设计标准》对照度均匀度的规定：工作区域一般照明的照度均匀度不宜小于 0.7，非工作区的照度与工作区照度之比不小于 1/5。近年来研究表明，均匀无变化的环境影响人的工作效率，变化太大的环境又影响人的注意力，由此恰当选择室内各部分的照度及照度均匀度，可减少疲劳，集中注意力，也可节约能源。

2）光色及显色性

不同的光色可以营造不同的环境气氛，根据工作性质的不同，选择和工作性质相适应的光色，对改善工作环境，提高工作效率有积极的作用。显色性主要考虑认识机械设备和加工部件的颜色，识别安全标志的颜色。对于有色彩的工作和进行颜色检验作业的场所，尤其要选择显色性较好的光源。

3）环境条件

有特殊环境条件的厂房，如潮湿、多尘、有腐蚀性气体或爆炸危险的厂房，直接影响着照明设备的选择。如在潮湿车间，由于充满潮气或有凝结水的出现，故应选择防水性能好、不易生锈、绝缘性能好的照明设施；而在冷冻食品加工厂和冷库中，不宜选用荧光灯，因为低温时荧光灯不仅启动困难，光效也低。因此对于这些场所的照明，要着重考虑照明设备的安全、可靠和便于维护。

（2）照明光源的选择

电光源的选择应以实施绿色照明工程为基点。绿色照明工程旨在节约能源，保护环境。

其具体内容是：采用高光效、低污染的电光源，提高照明质量，保护视力，提高劳动生产率和能源有效利用率，达到节约能源，减少照明费用，减少水电工程建设，减少有害物质的排放和逸出，达到保护人类生存环境的目的。

① 限制普通白炽灯的应用　所有的固体、液体以及气体如果达到足够高的温度，都会产生可见光。大约3000K时，白炽灯中的固体钨的炽热可能是现今最为人熟悉的人造光源。

白炽灯是根据热辐射原理制成的，灯丝在将电能转变成可见光的同时，还要产生大量的红外辐射和少量的紫外辐射。为了提高光效率，灯丝应在尽可能高的温度下工作。

普通白炽灯的结构如图7-1所示，它由灯丝、支架、芯柱、引线、玻璃泡壳（简称"泡壳"）和灯头等部分组成，其中常用的灯头如图7-2所示。

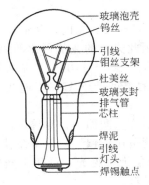

图7-1　白炽灯的结构

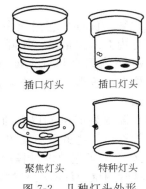

图7-2　几种灯头外形

② 采用卤钨灯取代普通白炽灯　卤钨灯和普通照明的白炽灯是同属白炽灯类产品，均系电流通过灯丝白炽发光，是普通白炽灯的升级换代产品。卤钨灯光效和寿命比普通白炽灯高一倍以上，因此，在许多照明场所如商业橱窗、展览厅（包括一般商业产品、文化艺术品以及历史文物品的展览展示等）以及摄影照明等，要求显色性高，高档冷光或聚光的场合，可采用各种结构形式不同的卤钨灯取代普通白炽灯，来达到节约能源，提高照明质量的目的。

理论上氟、氯、溴、碘四种卤素都能在灯泡内产生再生循环，区别就在于循环时，产生各种反应所需的温度不同。目前，广泛采用的是溴、碘两种卤素，制成的灯分别称为溴钨灯和碘钨灯，并统称为卤钨灯。卤钨灯分为两端引出和单端引出两种，如图7-3所示。两端引出的灯管用于普通照明；单端引出的用于投光照明、电视、电影、摄影等场所。

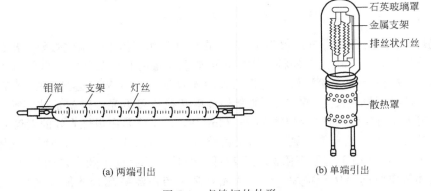

图7-3　卤钨灯的外形

a. 碘钨灯　碘钨灯是所有卤钨灯中最先取得商业价值的，其主要原因是由于维持碘再生循环的温度好些很适合许多实用灯泡的设计，特别适用于寿命超过1000h以上和钨蒸发速率不大的灯。

碘在室温下是固体，熔点是113℃，沸点是183℃，25℃时的蒸气压是49.3Pa。要能成功地维持再生循环，则灯丝的最低温度应是1700℃，泡壳壁温度至少达到250℃。所需碘量要以多少钨需要再生而定，灯内呈紫红色的碘蒸气成分越多，那么被这种蒸气吸收而损失的光就越多，在实际设计中，光的损失可高达5%。

b. 溴钨灯　溴钨灯的寿命一般限制在1000h以内，钨丝的蒸发速率也比碘钨灯高，一般灯丝温度在2800℃以上。在室温下，溴呈液体状，熔点是-7.3℃，沸点是58.2℃，25℃时的蒸气压是30800Pa。溴钨循环和碘钨循环极为相似，在此循环中形成WBr_2，所需温度约为1500℃。

采用溴化物的优点是它们能在室温下以气体的形式填充入泡壳内，从而简化了生产过程。此外，灯内充入少量溴，实际上不会造成光吸收。因此光效的数值可比碘钨灯高4%~5%，它形成再生循环的泡壳温度范围也比较宽，一般约为200~1100℃。主要缺点是溴比碘的化学性能要活泼得多，若充入量稍微过量，即使灯的温度低于1500℃时也会对灯丝的冷端产生腐蚀。

由于碘在温度为1700℃以上的灯丝和250℃左右的泡壳壁间循环，对钨丝没有腐蚀作因此，需要灯管寿命长些就采用碘钨灯；需要光效高的灯管可用溴钨灯，但寿命就短。

③ 荧光灯　为了把放电过程中产生的紫外线辐射转化为可见光，低压汞蒸气弧光放电灯在它的玻璃管内壁上涂有荧光材料，叫荧光灯俗称日光灯。

荧光灯具有高效能、良好的光输出，光输出的持久性、颜色的多样性以及较长的使用寿命，使之成为上述照明领域中的理想选择。

荧光灯的结构如图7-4所示。它由内壁涂有荧光粉的钠钙玻璃管组成，其两端封接上涂覆氧化物电子粉的双螺旋形的钨电极，电极常常套上电极屏蔽罩。尤其在较高负载的荧光灯中，电极屏蔽罩一方面可以减轻由于电子粉蒸发而引起的荧光灯两端发黑，使蒸发物沉积在屏蔽罩上；另一方面可以减少灯的闪烁现象。灯管内还充有少量的汞，所产生的汞蒸气放电可使荧光灯发光。

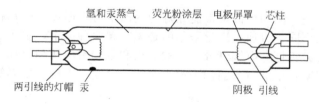

图7-4　荧光灯的结构

在荧光灯工作时，汞的蒸气压仅为1.3Pa，在这种工作气压下，汞电弧辐射出的绝大部分辐射能量是波长为253.7nm的紫外特征谱线，再加上少量的其他紫外线，也仅有10%在可见光区域。若灯管内没有荧光粉涂层，则荧光灯的光效仅为6lm/W，这只是白炽灯泡的一半。为了提高光效，必须将波长为253.7nm的紫外辐射转换成可见光，这就是玻璃管内要涂荧光粉的原因，荧光粉可使灯的发光效率提高到80lm/W，差不多是白炽灯光效的六倍之多。

另外，荧光灯内还充有氩、氮、氖之类的惰性气体，以及这些气体的混合气体，其气压在200~660Pa之间。由于室温下汞蒸气压较低，惰性气体有助于荧光灯的启动。

由于气体放电灯的负伏安特性，因此荧光灯必须与镇流器配合才能稳定地工作。此外，镇流器或诸如启动开关等附加设备也会起到加热电极、提供热电子发射使灯管开始放电的作用，故荧光灯的工作线路比热辐射光源复杂。

④ 高压汞灯　高压汞灯又称荧光高压汞灯，荧光高压汞灯的典型结构，如图 7-5 所示。

a. 放电管　采用耐高温、高压的透明石英管，管内除充有一定量的汞外，同时还充有少量氩气以降低启动电压和保护电极。

b. 主电极　由钨杆及外面重叠绕成螺旋的钨丝组成，并在其中填充碱土氧化物作为电子发射材料。

c. 外泡壳　一般采用椭球形，泡壳除了起保温作用外，还可防止环境对灯的影响。泡壳内壁上还涂覆适当的荧光粉，其作用是将灯的紫外辐射或短波长的蓝紫光转变为长波的可见光，特别是红色光。此外，泡壳内通常还充入数十千帕的氮气或氮-氩混合气体作绝热用。

d. 辅助电极（或启动电极）通过一个启动电阻和另一主电极相连，这有助于荧光高压汞灯在干线电压作用下顺利启动。

荧光高压汞灯的主要辐射来源于汞原子激发，以及通过泡壳内壁上的荧光粉将激发后产生的紫外线转换为可见光。

⑤ 金属卤化物灯　金属卤化物灯的典型结构，如图 7-6 所示。

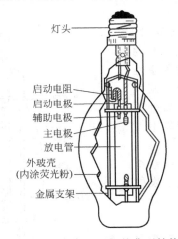

图 7-5　荧光高压汞灯的典型结构

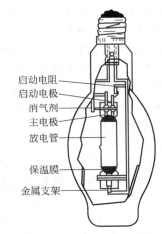

图 7-6　金属卤化物灯的典型结构

a. 放电管　采用透明石英管、半透明陶瓷管。管内除充汞和较易电离的氩-氙混合气体（改善灯的启动）外，还充有金属（如铊、铟、镝、钪、钠等）的卤化物（以碘化物为主）作为发光物质。原因之一，金属卤化物的蒸气气压一般比纯金属的蒸气气压自身高得多，这可满足金属发光所要求的压力。其二，金属卤化物（氟化物除外）都不和石英玻璃发生明显的化学作用，故可抑制高温下纯金属与石英玻璃的反应。

值得指出，在金属卤化物灯中，汞的辐射所占的比例很小，其作用与荧光高压汞灯有所不同，即充入汞不仅提高了灯的发光效率、改善了电特性，而且还有利于灯的启动。

b. 主电极　常采用"钍-钨"或"氧化钍-钨"作为电极，并采用稀土金属的氧化物作为电子发射材料。

c. 外泡壳　通常采用椭球形（灯功率为 175W、250W、400W、1kW），2kW 和 3kW 等大功率等则采用管状形。有时椭球形的泡壳内壁上也涂有荧光粉，其作用主要是增加漫射，减少眩光。

d. 辅助电极（放电管内）或双金属启动片（泡壳内）。

e. 消气剂　灯在长期工作中，支架等材料的放气，会使泡壳内真空度降低，在引线或支架之间可能会产生放电。为了防止放电，需采用氧化锆的消气剂以保护灯的性能。

f. 保温膜　为了提高管壁温度，防止冷端（影响蒸气压力）的产生，需在灯管两端加保温涂层，常用的涂料是二氧化锆、氧化铝。

金属卤化物灯主要辐射来自于各种金属（如铟、镝、铊、钠等）的卤化物在高温下分解后产生的金属蒸气（和汞蒸气）混合物的激发。金属卤化物灯的光电参数如表7-4所示。

表7-4 高压汞灯、金属卤化物灯、高压钠灯的光电参数

类别		型号	功率/W	管压/V	电流/A	光通/lm	稳定时间/min	再启动时间/min	色温/K	显色指数	寿命/h
荧光高压汞灯		GGY-400	400	135	3.25	21000	4～8	5～10	5500	30～40	6000
金属卤化物灯	钠铊铟	NTY-400	400	120	3.7	26000	10	10～15	5500	60～70	1500
	镝	DDG-400/V	400	125	3.65	28000	5～10	10～15	6000	≥75	2000
	镝	DDG-400/H	400	125	3.65	24000	5～10	10～15	6000	≥75	2000
	钪钠	KNG-400/V	400	130	3.3	28000			5000	55	1500
高压钠灯	普通型	NG-400	400	100	3.0	28000	5		2000	15～30	2400
	改显型	NGX-400	400	100	4.6	36000	5～6	1	2250	60	12000
	高显型	NGG-400	400	100	4.6	35000	5		3000	≥70	12000

⑥ 高压钠灯　高压钠灯的典型结构，如图7-7所示。

a. 放电管　是一种特殊制造的透明多晶氧化铝陶瓷管，多晶氧化铝管能耐高温、高压，对于高压下的钠蒸气具有稳定的化学性能（抗钠腐蚀能力强）。放电管内填充的钠和汞是以"钠汞齐"形式放入（一种钠与汞的固态物质），充入氩气可使"钠汞齐"一直处于干燥的惰性气体环境之中，另外填充氙气作为启动气体以改善启动性能。采用小内径的放电管可获得最高的光效。

b. 主电极　由钨棒和以此为轴重叠绕成螺旋的钨丝组成，在钨螺旋内灌注氧化钡和氧化钙的化合物作为电子发射材料。

c. 外泡壳　常采用椭球形、直管状和反射型。

d. 消气剂　在整个高压钠灯的寿命期间，泡壳内都需要维持高真空，以保护灯的性能以及保护灯的金属组件不受放出的杂质气体的腐蚀，常采用钡或锆-铝合金的消气剂来达到高真空的目的。

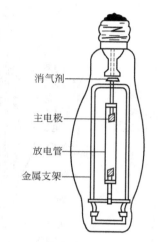

图7-7　高压钠灯的典型结构

高压钠灯主要辐射来源于分子压力为 10^4 Pa 的金属钠蒸气的激发。

从HID灯的发展情况来看，荧光高压汞灯显色指数 R_a 低（30～40），但由于其寿命长，目前仍为人们广泛采用。后起的金属卤化物灯显色指数 R_a 高（60～85），目前国外生产的50W、70W等小容量灯泡已进入家庭住宅。随着制灯的技术发展，寿命逐渐提高，最终将取代荧光高压汞灯。高压钠灯光效之高，居光源之首（达150lm/W），但普通型高压钠灯显色指数 R_a 很低（15～30），使它的使用范围受到了限制。目前，采用适当降低光效的办法来提高显色指数，即生产所谓"改进显色性型高压钠灯"和"高显色性型高压钠灯"，以扩大其使用范围，故高压钠灯也是很有发展前途的光源。

3. 灯具的选择照度标准

照度是工程中的常见量，它说明了被照面或工作面上被照射的程度，即单位面积上的光通量的大小。照度以 E 表示，单位是勒克斯，符号为lx。不同情况照度对比见表7-5。在照明工程设计中，照度的大小是根据建筑物的功能、对保护视力的要求、要达到的艺术照明效果等因素以及国家标准给定的各种照度标准值进行各种灯具样式、类型的选择和位置、数量确定。工业场所的照明功率密度见表7-6。

表 7-5 不同情况照度对比

光源及被照条件	被照面照度/lx	光源及被照条件	被照面照度/lx
夏季阴天中午室外地面	8000～20000	40W 白炽灯 1m 处	30
晴天中午阳光下室外地面	80000～120000	晴朗月夜的地面	0.2

表 7-6 工业场所的照明功率密度表

房间或场所			照明功率密度/(W/m²)		对应照度值/lx
			现行值	目标值	
通用房间或场所	试验室	一般	11	9	300
		精细	18	15	500
	检验	一般	11	9	300
		精细,有颜色要求	27	23	750
		计量室,测量室	18	15	500
	变、配电站	配电装置室	8	7	200
		变压器室	5	4	100
		电源设备室、发电机室	8	7	200
	控制室	一般控制室	11	9	300
		主控制室	18	15	500
		电话站、网络中心、计算机站	18	15	500
	动力站	风机房、空调机房	5	4	100
		泵房	5	4	100
		冷冻站	8	7	150
		压缩空气站	8	7	150
		锅炉房、煤气站的操作层	6	5	100
	仓库	大件库(如钢坯、钢材、大成品、气瓶)	3	3	50
		一般件库	5	4	100
		精细件库(如工具、小零件)	8	7	200
		车辆加油站	6	5	100
机电	机械加工	粗加工	8	7	200
		一般加工,公差≥0.1mm	12	11	300
		精密加工,公差<0.1mm	19	17	500
	机电仪表装配	大件	8	7	200
		一般件	12	11	300
		精密	19	17	500
		特精密	27	24	750
		电线、电缆制造	12	11	300
	线圈绕制	大线圈	12	11	300
		中等线圈	19	17	500
		精细线圈	27	24	750
		线圈浇注	12	11	300
	焊接	一般	8	7	200
		精密	12	11	300
		钣金	12	11	300
		冲压、剪切	12	11	300
		热处理	8	7	200
	铸造	熔化、浇铸	9	8	200
		造型	13	12	300
		精密铸造的制模、脱壳	19	17	500
		锻工	9	8	200
		电镀	13	12	300
	喷漆	一般	15	14	300
		精细	25	23	500

续表

房间或场所			照明功率密度/(W/m²)		对应照度值/lx
			现行值	目标值	
工业	抛光	酸洗、腐蚀、清洗	15	14	300
		一般装饰性	13	12	300
		精细	20	18	500
		复合材料加工、铺叠、装饰	19	17	500
	机电修理	一般	8	7	200
		精密	12	11	300
电子工业		电子元器件	20	18	500
		电子零部件	20	18	500
		电子材料	12	10	300
		酸、碱、药液及粉配制	14	12	300

4. 车间常用照明配电箱及照明灯具

（1）常用照明配电方式

照明配电系统由配电装置（配电箱）及配电线路（干线及支线）组成。一组照明设备接入一条支线，若干条支线接入一条干线，若干条干线接入一条总进户线。汇集支线接入干线的配电装置称为分配电箱，汇集干线接入总进户线的配电装置称为总配电箱。

照明配电方式有多种，可根据实际情况选定。基本照明配电方式如图7-8所示。

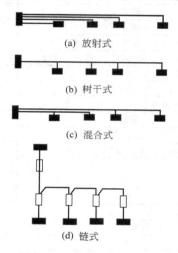

图7-8 基本照明配电方式

① 放射式　放射式接线就是各个分配电箱都由总配电柜（箱）用一条独立的干线连接，干线的独立性强而互不干扰。其优点是各负荷独立受电，线路发生故障时，不影响其他回路继续供电，故可靠性较高；回路中电动机启动引起的电压波动，对其他回路的影响较小。但建设费用较高，有色金属耗量较大。放射式配电一般用于重要的负荷。

② 树干式　树干式是仅从总配电柜（箱）引出一条干线，各分配电箱都从这条干线上直接接线。与放射式相比，其优点是结构简单、建设费用低。但干线出现故障时影响范围大，可靠性差。一般适用于不重要的照明场所（或小型建筑照明）。

③ 混合式　混合式配电系统是放射式和树干式的综合运用，具有两者的优点。这种接线方式可根据负荷的重要程度、负荷的位置、容量等因素综合考虑，在实际工程中应用最为广泛。

④ 链式　链式配电系统接线方式与树干式相似。这种接线方式费用低，适用于距离配

电所较远，而彼此之间相距又较近的不重要的小容量设备。链接的设备一般不超过3～4台。

(2) 照明配电箱的安装

照明配电箱有标准型和非标准型两种。标准配电箱可向厂家直接订购，非标准配电箱可自行制作。照明配电箱型号很多，安装方式有悬挂式（明装）与嵌入式（暗装）两种。安装配电箱前应核对图纸，确定型号是否符合设计要求，检查外观有无锈蚀及损坏等。确定无误后即可进行安装。

1) 悬挂式照明配电箱的安装

悬挂式（明装）照明配电箱既可安装在墙上，也可安装在柱上。

直接安装在墙上时，应先埋设固定螺栓，或用膨胀螺栓。螺栓的规格应根据配电箱的型号和重量选择。其长度应为埋设深度加箱壁厚度以及螺帽和垫圈的厚度，再加3～5扣的裕量长度。

施工时，先量好照明配电箱安装孔的尺寸，在墙上划好孔位，然后打洞，埋设螺栓（或用金属膨胀螺栓）。待填充的混凝土牢固后，即可安装照明配电箱。安装配电箱时，先用水平尺放在箱体上，测量箱体是否水平。同时在箱体的侧面用磁力吊线锤，测量照明配电箱的垂直度是否符合垂直偏差的要求。如不符合要求，可调整照明配电箱的位置以达到要求。

悬挂式照明配电箱的安装高度应符合设计规定，如果设计无明确规定，一般箱底边距地面高度不宜小于1.8m。

2) 嵌入式照明配电箱的安装

嵌入式照明配电箱的安装（暗装）一般与土建配合进行，砌墙时将箱体预埋在墙内。面板四周边缘紧贴墙面，箱体与墙体接触部分应刷防腐漆；按需要敲掉孔压片；有贴脸的箱体，应将贴脸揭掉。一般当主体工程砌至安装高度时，可预埋配电箱。照明配电箱的宽度超过300mm时，箱上应加过梁，避免安装后受压变形。放入照明配电箱时应使其保持水平和垂直，应根据墙体的结构和墙面的装饰厚度来确定突出墙体的尺寸。预埋的电线管均应配入照明配电箱内。

照明配电箱安装之前，应对箱体和管线的预埋质量进行检查，确定符合设计要求后再进行安装。暗装照明配电箱的安装高度一般为箱底边距地面不宜小于1.5m；导线引照明配电箱，均应套绝缘管。

(3) 照明灯具安装要求

① 灯泡容量100W及以下时，可用胶木灯口；100W以上及潮湿场所，防潮封闭式灯具用瓷质灯口。

② 相线经开关进入灯头，接在螺扣灯头中心的接线柱上，零线接在螺口的接线柱上。

③ 导线的绝缘强度，不低于500V。自在器式吊灯灯头线放开长度至地面0.8m为宜。

④ 灯头线两端（吊盒及灯头）导线不能受力，需系保险扣见图7-9，软线需涮锡。顺时针弯环，接入接线柱并压紧，剪断多余部分。

⑤ 吊链灯导线应编插在链中，导线不应受力。

⑥ 灯具重量：1kg以下可采用灯头软线吊挂；1～3kg采用吊链吊杆；大于3kg需设预埋件，并应按灯具重量的1.25倍做过载试验。预埋件结构如图7-10所示。

⑦ 吊杆灯，管内径不小于10mm，钢管壁厚不小于1.5mm，导线穿入管中，并不许有接头。

⑧ 距地面低于2.4m灯具，需做接地。接地时，必须经灯具专用接地螺栓接地，接地线经平垫片及弹簧垫片压紧。保护接地线需

图7-9 灯头线保险扣

用铜芯导线，截面不小于 1.5mm^2。

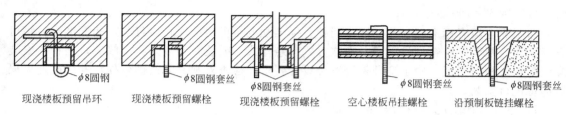

图 7-10　预埋件结构

⑨ 室外灯具引入线需做防水弯；灯具可能产生凝结水时，需打泄水孔。

⑩ 荧光灯灯管、镇流器、启辉器，必须与灯管的容量相匹配。

⑪ 嵌入顶棚内灯具安装。灯具固定在专设的框架上，电源线不能贴近灯具外壳，并留有余量，灯罩的边框边缘应紧贴在顶棚面上。

⑫ 户外大型玻璃罩灯，应有防止其破碎后溅落措施。

⑬ 大容量气体放电灯，灯管、灯头、控照器都由制造厂配套生产供货。购置时连同触发器、镇流器及升压变压器等配套订货，按安装使用说明书进行安装。

⑭ 照明灯具距地面最低悬挂高度的规定值见表 7-7。

表 7-7　照明灯具距地面最低悬挂高度的规定值

光源种类	灯具形式	光源功率/W	最低悬挂高度/m
白炽灯	有反射罩	≤60	2.0
		100～150	2.5
		200～300	3.5
		≥500	4.0
	有乳白玻璃漫反射罩	≤100	2.0
		150～200	2.5
		300～500	3.0
卤钨灯	有反射罩	≤500	6.0
		1000～2000	7.0
荧光灯	无反射罩	<40	2.0
		≥40	3.0
	有反射罩	≥40	2.0
高压汞灯	有反射罩	≤125	3.5
		125～250	5.0
		≥400	6.0
	有反射罩带格栅	≤125	3.0
		125～250	4.0
		≥400	5.0
金属卤化灯	搪瓷反射罩	250	6.0
	铝抛光反射罩	1000	7.5
高压钠灯	搪瓷反射罩	250	6.0
	铝抛光反射罩	400	7.0

（4）照明灯具、开关、插座安装

1）灯头盒位置的确定

① 现浇混凝土楼板。当室内只有一盏灯时，其灯头盒应设在纵横轴中心的交叉处；有两盏灯时，灯头盒应设在短轴线中心与墙内净距离 $L/4$ 的交叉处，如图 7-11 所示。当现浇混凝土楼板上设置按几何图形组成的灯具时，灯头盒的位置应相互对称。

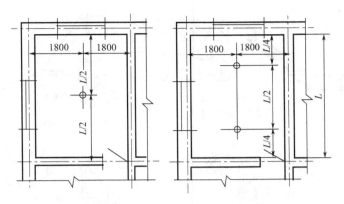

图 7-11 现浇混凝土楼板屋顶头位盒位置

② 预制楼板。配线管路需沿板缝敷设，应与土建配合调整板块的排列顺序，使板缝处于室内的中心。灯头盒安装方法如图 7-12 所示。当室内只有一盏灯时，灯头盒应设在室内中心的板缝上。但有时由于受土建楼板宽度的限制，板缝不在室内中心，此时灯头盒应设在略偏向窗户一侧的板缝内。如室内设置两盏（排）灯时，两盏灯之间的距离，应尽量等于灯头盒与墙距离的 2 倍。如室内有梁时，灯头盒距梁侧面的距离应与距墙的距离相等。

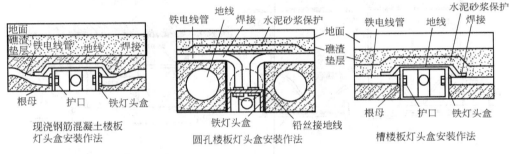

图 7-12 预制楼板灯头盒安装方法

③ 成套组装吊链荧光灯灯头盒设置。应先考虑好灯具吊链的开档距离。安装简易直管吊链荧光灯的两个灯头盒的中心距离应符合 20W 荧光灯 600mm；30W 荧光灯 900mm；40W 荧光灯 1200mm。

④ 楼（屋）面板上，设置三个及以上成排灯头盒时，应沿灯头盒中心处拉通线定灯位，成排的灯头盒应在同一条直线上，允许偏差不应大于 5mm。

⑤ 室外照明灯具在墙上安装时，不可低于 2.5m；室内灯具一般不低于 2.4m；住宅壁灯（或起夜灯）由于楼层高度的限制，灯具安装高度可以适当降低，但不得低于 2.2m。旅馆床头灯不宜低于 1.5m。

⑥ 壁灯如安装在柱上，灯头盒位置应设在柱的中心位置上。成排埋设安装壁灯的灯头盒，应在同一条直线上，高低差不应大于 5mm。

2）照明灯具的安装

照明灯具的安装一般在照明线路敷设完毕后进行。照明灯具的安装方式，要根据灯具的构造、建筑物的结构、设计的要求等决定。常见照明灯具安装固定方式如图 7-13 所示。

嵌入式照明灯具安装在顶棚吊顶上。灯具重量与吊装方式应符合下面的规定：当灯具的

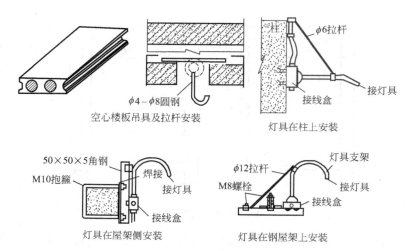

图 7-13 常见照明灯具安装固定方式

重量大于 3kg 时，应采用预埋吊钩或螺栓固定；当软线吊灯灯具重量大于 1kg 时，应增设吊链；固定灯具的吊钩，其圆钢直径不应小于灯具吊挂销、钩的直径，且不得小于 6mm，安装固定方式如图 7-14 所示。

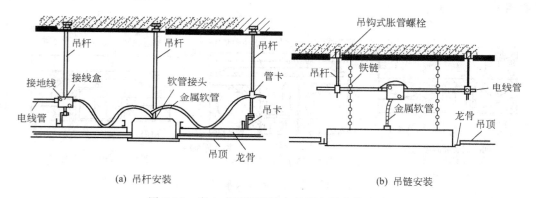

图 7-14 嵌入式照明灯具在吊顶上的安装方式

吊杆安装的灯具由吊杆、法兰、嵌入式照明灯具组成。采用钢管或吊杆时，钢管内径一般不小于 10mm，钢管壁厚不应小于 1.5mm。超过 3kg 的灯具，吊杆应吊挂在预埋的吊钩上。吊钩和吊挂螺栓的埋设方法如图 7-15 所示。

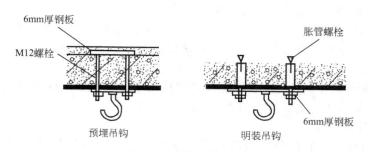

图 7-15 吊钩安装方法

3) 开关、插座的安装

开关、插座等电气装置件与面板能通用组合称为活装式；装置件固定在面板上的称为固定式。开关、插座安装方法如图 7-16 所示。

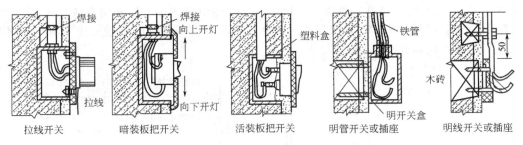

图 7-16　明、暗装开关及插座安装方法

① 开关的安装要求

a. 安装在同一建筑物、构筑物内的开关，应采用同一系列产品。开关的通断位置应一致，且操作灵活，接触良好。一般向上为闭合；向下为断开。

b. 开关安装的位置应便于操作，开关边缘距门框的距离为 0.15~0.2m，开关距地面高度应为 1.3m。拉线开关距地面高度应为 1.8m，且拉线出口应垂直向下。

c. 并列安装的相同型号的开关，距地面高度应一致，高度差不应大于 1mm。同一室内安装的开关高度差不应大于 5mm。并列安装的拉线开关其相邻间距应不小于 20mm。

d. 相线应经开关控制灯，居民住宅严禁装设床头开关。

e. 暗装开关应采用与开关相匹配的接线盒。

f. 室外应采用防水开关。

g. 防爆场所应采用与防爆介质相适应的防爆等级的防爆开关。

② 插座的安装要求

a. 按《电气设备安装标准》规定，每套住宅中的空调电源插座、电器电源插座，应与照明分路设计，有条件时，厨房、卫生间电源插座应设置独立回路，分支回路导线截面不小于 $2.5mm^2$。

b. 插座的安装高度一般应不低于 1.3m，托儿所、幼儿园及小学校应不低于 1.8m。同一场所安装的插座高度应一致。车间及试验室的插座安装高度距地面不应小于 0.3m。落地插座应有牢固可靠的保护盖板。

c. 面对插座，"左零、右火"（或"上火、下零"）。带保护零的三相插座，从保护零逆时针数起为：L1、L2、L3 相序进行接线。

d. 单相三孔、三相四孔及三相五孔插座的保护接地线，均应接在上孔，插座的接地端子不应与工作零线端子连接。

e. 当交流、直流或不同电压等级的插座安装在同一场所时，应有明显的区别，且必须选用不同结构、不同规格和不能互换的插座。

f. 同一场所的三相插座，其接线的相位必须一致。

g. 暗装插座应采用与其相匹配的接线盒，且盖板应端正并紧贴墙面。

h. 在潮湿场所，应采用密封良好的防水、防溅插座。

i. 儿童活动场所应采用安全插座。

j. 防爆场所应采用与爆炸危险介质相适应的防爆等级的防爆插座。

5. 车间照明系统图、车间照明平面图的阅读

车间电气照明是工厂供电的一个重要组成部分。良好的照明是保证安全生产、提高劳动生产率和产品质量、保障职工视力健康的必要前提和保证。本课题主要介绍车间照明系统图、车间照明平面图。

(1) 认识车间电气照明系统

如图 7-17 所示为某车间电气照明系统示意图。从图中可知，电气照明系统由电源进线、配电线路以及照明灯具组成。而在工厂电气照明中，根据灯具的安装位置或使用功能，照明可以分为不同的方式和种类。

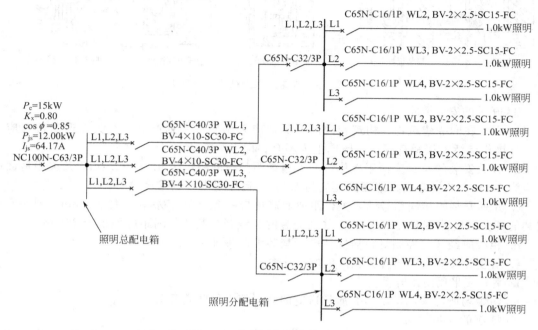

图 7-17　某车间照明系统示意图

(2) 车间照明平面图

电气动力平面图是表示供电系统对动力设备配电的电气平面布线图。

所谓电气平面布线图，就是在建筑平面图上，应用国家标准规定的有关图形符号和文字符号，按照电气设备的安装位置及电气线路的敷设方式、部位和路径绘出的电气布置图。某车间照明平面示意图如图 7-18 所示。

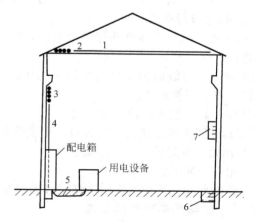

图 7-18　某车间照明平面示意图

1—沿屋架横向明敷；2—跨屋架纵向明敷；3—沿墙或沿柱明敷；
4—穿管明敷；5—地下穿管暗敷；6—地沟内敷设；7—母线槽（插接式母线）

表 7-8 是 GB 4728.11—1985《电气图用图形符号·电力、照明和电信布置》中规定的电力设备的标注方法。表 7-9 所示为电力线路的敷设方式的文字代号。表 7-10 所示电力线路为敷设部位的文字代号。

表 7-8 电力设备的标注方法

标注方式	说明
$\dfrac{a}{b}$ $\dfrac{a\ \vert\ b}{c\ \vert\ d}$	用电设备 a 为设备编号 b 为设备功率(kW) c 为线路首端熔体或低压断路器脱扣器的电流(A) d 为标高(m)
一般标注方法 $a\dfrac{b}{c}$ a-b-c 当需要标注引入线的规格时 $a\dfrac{b\text{-}c}{d(e\times f)\text{-}g}$	配电设备 a 为设备编号 b 为设备型号 c 为设备功率(kW) d 为导线型号 e 为导线根数 f 为导线截面(mm²) g 为导线敷设方式及部位
一般标注方法 $a\dfrac{b}{c/i}$ a-b-c/i 当需要标注引入线的规格时 $a\dfrac{b\text{-}c/i}{d(e\times f)\text{-}g}$	开关及熔断器 a 为设备编号 b 为设备型号 c 为额定电流(A) i 为整定电流(A) d 为导线型号 e 为导线根数 f 为导线截面(mm²) g 为导线敷设方式

表 7-9 电力线路敷设方式的文字代号

敷设方式	代号	敷设方式	代号
明敷	M	用卡钉敷设	QD
暗敷	A	用槽板敷设	CB
用钢索敷设	S	穿焊接钢管敷设	G
用瓷瓶或瓷珠敷设	CP	穿电线管敷设	DG
瓷夹板或瓷卡敷设	CJ	穿塑料敷设	VG

表 7-10 电力线路敷设部位的文字代号

敷设方式	代号	敷设方式	代号
沿梁下弦	L	沿天花板(顶棚)	P
沿柱	Z	沿地板	D
沿墙	Q		

上述电力线路敷设方式的文字代号和敷设部位的文字代号是用拼音字母表示的。

【任务实施】

(1) 实施地点

教室、专业实训室。

(2) 实施所需器材
① 多媒体设备。
② 常用各种灯具实物、安装工具和常用配件等。
(3) 实施内容与步骤
① 学生分组。3~4人一组,指定组长。工作始终各组人员尽量固定。
② 教师布置工作任务。学生阅读工作任务书,了解工作内容,明确工作目标,制定实施方案。
③ 教师通过图片、实物或多媒体分析演示。让学生识别各种常用灯具实物、安装工具、常用配件和车间照明系统图及平面布置图,或指导学生自学。
④ 实际观察车间照明系统图及平面布置图
a. 分组观察车间照明系统图及平面布置图,观察结果记录在表 7-11 中。

表 7-11 车间照明系统图及平面布置图观察结果记录表

序号	灯具的种类	灯具的安装方式	灯具的安装高度	电源的引入方式	电源进线容量	总配电箱的安装方式	分配电箱的安装方式
1							
2							
3							
4							

b. 注意事项
ⓐ 认真观察,注意特点,记录完整。
ⓑ 注意灯具的使用场所。

学习小结

本任务的核心是车间照明系统图及平面布置图的识读,是深入分析车间照明系统图及平面布置图的基础。通过本任务的学习,学生应能理会以下要点。

1. 照明方式

照明方式是指照明设备按其安装部位或使用功能而构成的基本制式。按照照明设备安装部位区分,有建筑物外照明和建筑物内照明。建筑物内照明,按照使用功能区分,有一般照明、分区一般照明、局部照明和混合照明等。

2. 光源的选择

光源的选择应以实施绿色照明工程为基点,常用的光源有普通白炽灯、卤钨灯、荧光灯、高压汞灯、金属卤化物灯、高压钠灯,因白炽灯发光效率很低,通常采用卤钨灯取代普通白炽灯。

3. 灯具的选择照度标准

照度即单位面积上的光通量的大小。照度以 E 表示,单位是勒克斯,符号为 lx。在照明工程设计中,照度的大小是根据建筑物的功能、对保护视力的要求、要达到的艺术照明效果等因素以及国家标准给定的各种照度标准值进行各种灯具样式、类型的选择和位置、数量确定。

4. 车间常用照明配电箱及照明灯具

(1) 常用照明配电方式

照明配电系统由配电装置(配电箱)及配电线路(干线及支线)组成。敷设方式有放射式、树干式、混合式和链式。

(2) 照明配电箱的安装

照明配电箱有标准型和非标准型两种。悬挂式（明装）照明配电箱既可安装在墙上，也可安装在柱上。嵌入式照明配电箱的安装（暗装）一般与土建配合进行，砌墙时将箱体预埋在墙内。

（3）照明灯具安装要求详见教材。

（4）照明灯具、开关、插座安装详见教材。

（5）车间照明系统图、车间照明平面图的阅读。

车间电气照明是工厂供电的一个重要组成部分。电气照明系统由电源进线、配电线路以及照明灯具组成。

电气平面布线图，就是在建筑平面图上，应用国家标准规定的有关图形符号和文字符号，按照电气设备的安装位置及电气线路的敷设方式、部位和路径绘出的电气布置图。

自我评估

一、填空题

1. 对于高度在 4～7m 内的单层厂房，可采用（　　）的荧光灯具成排布置，灯具可以直接安装或悬吊在屋架的下边，使其离地面的高度约（　　）m 左右。

2. 多层工作的照明类同于办公室的一般照明，多采用荧光灯，灯具的布置可根据工作位置的不同，成排布置或网状布置，安装高度在（　　）m 之间，安装的方式可采用（　　）或嵌入式。

3. 为了特定视觉工作需要或为照亮某个局部而设置的照明称之为（　　）。

4. 照度是工程中的常见量，它说明了被照面或工作面上被照射的程度，即单位面积上的（　　）的大小。照度以 E 表示，单位是勒克斯，符号为（　　）。

5. 照明配电系统由配电装置及（　　）组成。

6. 建筑物内照明，按照使用功能区分，有一般照明、分区一般照明、局部照明和（　　）等。

7. 照明配电箱的安装高度应符合设计规定，如果设计无明确规定，一般悬挂式照明配电箱箱底边距地面高度不宜小于（　　）m。嵌入式照明配电箱箱底边距地面不宜小于（　　）m。

8. 照明灯具安装时灯泡容量 100W 及以下时，可用（　　）；100W 以上及潮湿场所，防潮封闭式灯具用（　　）。

9. 照明灯具安装时相线经开关进入（　　），接在螺扣灯头（　　）的接线柱上，零线接在（　　）的接线柱上。

10. 照明配电方式有多种，可根据实际情况选定。基本照明配电方式有（　　）、（　　）、（　　）和链式。

11. 车间电气照明是工厂供电的一个重要组成部分。电气照明系统由（　　）、（　　）以及照明灯具组成。

12. 电气平面布线图，就是在建筑平面图上，应用国家标准规定的有关图形符号和文字符号，按照电气设备的（　　）及（　　）的敷设方式、部位和路径绘出的电气布置图。

二、简答题

1. 嵌入式照明灯具安装在顶棚吊顶上有何规定？
2. 在选择照明器时，应考虑哪些问题？
3. 照明灯具的开关安装有何要求？
4. 安装插座有何要求？

评价标准

教师根据学生观察记录结果及提问,按表 7-12 给予评价。

表 7-12 任务 7.1 综合评价表

项目	内容	配分	考核要求	扣分标准	得分
实训态度	1. 实训的积极性 2. 安全操作规程地遵守情况 3. 纪律遵守情况 4. 完成自我评估、技能训练报告	30	积极参加实训,遵守安全操作规程和劳动纪律,有良好的职业道德和敬业精神,技能训练报告符合要求	违反操作规程扣 20 分;不遵守劳动纪律扣 10 分;自我评估、技能训练报告不符合要求扣 10 分	
灯具安装要求观察	观察各种灯具安装高度、安装方式,记录相关数据	30	观察认真,记录完整	观察不认真扣 20 分 记录不完整扣 20 分	
照明系统图、照明平面图要求观察	观察照明系统图、照明平面图的进线方式、进线要求,记录相关数据	30	观察认真,记录完整	不能正确说明照明系统图扣 10 分;不能正确说明照明平面图扣 10 分;不能正确说明进线方式扣 10 分;不能正确说明进线要求扣 10 分	
环境清洁	环境清洁情况	10	工作台周围无杂物	有杂物 1 件扣 1 分	
合计		100			

注:各项配分扣完为止

任务 7.2 车间照明装置的敷设与维护

【任务描述】

根据车间照明系统图及平面布置图,能对车间照明装置进行敷设,对照明线路的常见故障进行处理。本任务主要是车间照明装置的施工与维护,建立图纸和实际施工之间的联系。

【任务目标】

技能目标:1. 能根据给定图纸正确施工。
2. 能解决车间照明施工中的实际问题并根据施工变更修改图纸。

知识目标:1. 了解车间照明的施工工艺。
2. 掌握车间照明线路导线选择原则。
3. 了解照明装置的一般运行要求。
4. 能解决车间照明施工中的实际问题。

【知识准备】

1. 车间照明线路的敷设方法

绝缘导线的敷设方式有明敷设和暗敷设两种。明敷是指导线直接穿在管子、线槽等保护体内,敷设于墙壁、顶棚的表面以及桁架、支架等处。暗敷是指在建筑物内预埋穿线管,再在管内穿线。但穿管的绝缘导线在管内不允许有接头,接头必须设在专门的接线盒内。根据建设部标准,穿管暗敷设的导线必须是铜芯线。

2. 车间照明线路导线选择原则

车间照明线路导线选择与导体的类型应按敷设方式及环境条件选择。绝缘导体除满足上述条件外，尚应符合工作电压的要求。选择导体截面，应符合下列要求：按敷设方式及环境条件确定的导体载流量，不应小于计算电流；导体应满足动稳定与热稳定的要求；线路电压损失应满足用电设备正常工作及启动时端电压的要求；导体最小截面应满足机械强度的要求。

（1）照明线路的电流计算

计算电流是选择导线截面的直接依据，也是计算电压损失的主要参数之一。在进行照明供电设计时，要注意照明设备多数都是单相设备。若采用三相四线 220/380V 供电，按建筑电气设计技术规范规定：单相负载应逐相均匀分配。当回路中单相负荷的总功率小于该网络三相对称负荷总功率的 15% 时，全部按三相对称负荷计算，超过 15% 时应将单相负荷换算为等效三相负荷，再同三相对称负荷相加。等效三相负荷为最大单相负荷的 3 倍。

① 采用一种光源的计算电流计算

a. 单相线路电流计算

$$I_\phi = P_\phi / U_\phi \cos\varphi$$

式中　I_ϕ——单相线路电流，A；
　　　P_ϕ——单相照明线路计算负荷，W；
　　　U_ϕ——单相照明线路的额定线电压，V；
　　　$\cos\varphi$——光源的功率因数。

b. 三相线路电流计算

$$I_L = P_L / \sqrt{3} U_L \cos\varphi$$

式中　I_L——三相线路电流，A；
　　　P_L——三相照明线路计算负荷，W；
　　　U_L——三相照明线路的额定线电压，V；
　　　$\cos\varphi$——光源的功率因数。

光源的功率因数，参考表 7-13 照明负荷的功率因数。

表 7-13　照明负荷的功率因数

照明负荷		功率因数
白炽灯		1.0
荧光灯	带有无功功率补偿装置	0.95
	不带无功功率补偿装置	0.5
高压气体放电灯	带有无功功率补偿装置	0.9
	不带无功功率补偿装置	0.5

② 采用白炽灯、卤钨灯与气体放电灯混合线路计算电流

$$I_j = [(I_{j1} + I_{j2}\cos\varphi)^2 + (I_{j2}\sin\varphi)^2]^{1/2}$$

式中　I_j——混合线路计算电流，A；
　　　I_{j1}——混合照明线路中，白炽灯、卤钨灯的计算电流，A；
　　　I_{j2}——混合照明线路中，气体放电灯的计算电流，A；
　　　φ——气体放电灯的功率因数角。

(2) 照明线路导线的选择

① 常用照明线路导线型号及用途　常用照明线路导线型号及用途见表 7-14。

表 7-14　常用的照明线路导线型号及用途

导线型号	名称	主要用途
BX	铜芯橡皮绝缘线	固定明、暗敷
BXF	铜芯氯丁橡皮绝缘线	固定明、暗敷,尤其适用于户外
BV	铜芯聚氯乙烯绝缘线	固定明、暗敷
BV-105	耐热 105℃铜芯聚氯乙烯绝缘线	固定明、暗敷,用于温度较高的场所
BVV	铜芯聚氯乙烯绝缘、聚氯乙烯护套线	用于直贴墙壁敷设
BXR	铜芯橡皮绝缘软线	用于 250V 以下的移动电器
RV	铜芯聚氯乙烯软线	用于 250V 以下的移动电器
RVB	铜芯聚氯乙烯绝缘扁平线	用于 250V 以下的移动电器
RVS	铜芯聚乙烯绝缘软绞线	用于 250V 以下的移动电器
RVV	铜芯聚氯乙烯绝缘、聚氯乙烯护套软线	用于 250V 以下的移动电器
RVX-105	铜芯耐热聚氯乙烯绝缘软线	用于 250V 以下的移动电器,耐热 105℃

② 按机械强度要求选择导线　满足机械强度要求的导线允许最小截面见表 7-15。

表 7-15　满足机械强度要求的导线允许最小截面

导线敷设方式		最小截面/mm²	
		铜芯软线	铜线
照明用灯头线	(1)室内	0.5	1
	(2)室外	1	1
穿管敷设的绝缘导线		1	1
塑料护套线沿墙明敷线			1
敷设在支持件上的绝缘导线	室内,支持点间距为 2m 及以下		1
	室外,支持点间距为 2m 及以下		1.5
	室外,支持点间距为 6m 及以下		2.5
	室外,支持点间距为 12m 及以下		2.5
电杆架空线路,380V 低压			16
架空引入线,380V 低压(绝缘导线长度不大于 25m)			6
电缆在沟内敷设、埋地敷设、明敷设,380V 低压			2.5

③ 按允许载流量选择导线　导线的载流量是在使用条件下,温度不超过允许值时允许的长期持续电流,BV、BVR 型单芯电线单根在空气中敷设载流量见表 7-16;最高允许工作温度为 65℃,环境温度为 25℃条件下 RV、RVV、RVB、RVS、RFB、RFS、BVV 型塑料软线和护套线单根敷设载流量见表 7-17;最高允许工作温度为 65℃,环境温度为 25℃条件下 BV 型单芯电线穿钢管(塑料管)敷设载流量见表 7-18。

表 7-16　BV、BVR 型单芯电线单根在空气中敷设载流量

导线截面/mm²	长期连续负荷允许载流量/A	相应电缆表面温度/℃	导线截面/mm²	长期连续负荷允许载流量/A	相应电缆表面温度/℃
0.75	16	60	25	138	60
1.0	19	60	35	170	60
1.5	24	60	50	215	60
2.5	32	60	70	265	60
4	42	60	95	325	60
6	55	60	120	375	60
10	75	60	150	430	60
16	105	60	185	490	60

表 7-17　RV、RVV、RVB、RVS、RFB、RFS、BVV型塑料软线和护套线单根敷设载流量

导线截面/mm²	长期连续负荷允许载流量/A			导线截面/mm²	长期连续负荷允许载流量/A		
	一芯	二芯	三芯		一芯	二芯	三芯
0.12	5	4	3	1.5	24	19	12
0.2	7	5.5	4	2	28	22	17
0.3	9	7	5	2.5	32	26	20
0.4	11	8.5	6	4	42	36	26
0.5	12.5	9.5	7	6	55	47	32
0.75	16	12.5	9	10	75	65	52
1.0	19	15	11				

表 7-18　BV型单芯电线穿钢管（塑料管）敷设载流量

导线截面/mm²	长期连续负荷允许载流量/A					
	穿二根导线		穿三根导线		穿四根导线	
	钢管	塑料管	钢管	塑料管	钢管	塑料管
1.0	14	12	13	11	11	10
1.5	19	16	17	15	16	13
2.5	26	24	24	21	22	19
4	35	31	31	28	28	25
6	47	41	41	36	37	32
10	65	56	57	49	50	44
16	82	72	73	65	65	57
25	107	95	95	85	85	75
35	133	120	115	105	105	93
50	165	150	140	132	130	117
70	205	185	183	167	165	148
95	250	230	225	205	200	185
120	300	270	260	240	230	215
150	350	305	300	275	265	250
185	380	355	340	310	300	280

④ 按线路电压损失选择　照明线路电压的允许损耗值见表 7-19。

表 7-19　照明线路电压的允许损耗值

照 明 线 路	允许电压损耗/%
对视觉作业要求高的场所，白炽灯、卤钨灯及钠灯的线路	2.5
一般作业场所的室内照明，气体放电灯的线路	5
露天照明、道路照明、应急照明，36V及以下照明线路	10

⑤ 中性线截面的选择

a. 在三相四线制配电系统中，中性线（以下简称N线）的允许载流量不应小于线路中最大不平衡负荷电流，且应计入谐波电流的影响。

b. 以气体放电灯为主要负荷的回路中，中性线截面不应小于相线截面。

c. 在单相回路中的中性线应与相线等截面。

⑥ 保护线（以下简称PE线）截面的选择

a. 当保护线（以下简称PE线）所用材质与相线相同时，PE线最小截面应符合式(3-6)～式(3-8)。

b. PE线采用单芯绝缘导线时，按机械强度要求，截面不应小于下列数值：有机械性的保护时为 2.5mm²；无机械性的保护时为 4mm²。

⑦ 保护接地中性线（PEN）的选择

a. 兼有保护线（PE）和中性线（N）双重功能的保护接地中性线（PEN），其截面的选择应同时满足上述保护线和中性线的截面要求，即按它们的最大者选取。采用单芯导线作保护中性线（以下简称 PEN 线）干线，当截面为铜材时，不应小于 10mm^2；为铝材时，不应小于 16mm^2；采用多芯电缆的芯线作 PEN 线干线，其截面不应小于 4mm^2。

b. 配电装置外可导电部分禁用作 PEN 线。在 TN-C 系统中，PEN 线严禁接入开关设备。

3. 照明装置的一般运行要求

照明装置不正常运行极易发现，如开灯不亮，电灯突然熄灭。从电源配电箱，经过熔断器、开关线路，接到每个灯也需要进行检查维修，如日光灯镇流器声音增大，拉线开关的拉绳易磨损拉断；灯泡离易燃物距离太近，易发生火灾；闸刀开关因过负荷高热甚至发红；灯泡受外力破碎等。照明装置故障，与其他用设备相同，大体分为短路、开路和漏电等。

（1）漏电

线路绝缘破损或老化，电流从绝缘结构中泄漏出来，这部分泄漏电流不经过原定电路形成回路，而是通过建筑物与大地形成回路或超近在相线、中性线之间构成局部回路。漏电若不严重，没有明显的故障现象；较严重时，就会出现建筑物带电和电量无故增加等故障现象。

发生漏电的原因归纳起来有以下几种。

① 施工中，损伤了电线和照明灯附件的绝缘结构。

② 线路和照明灯附件年久失修，绝缘老化。

③ 违规安装，如导线直埋在建筑物的粉刷层内。

（2）过载

实际电量超过线路导线的额定容量。故障现象为：保护熔丝烧断、过载部分的装置温度剧升。若保护装置未能及时起到保护作用，就会引起严重电气事故。

引起过载故障的主要原因如下。

① 导线截面小，原设计的线路和实际应用的情况不配套或由于盲目过量用电引起。

② 电源电压过低，电扇、洗衣机、电冰箱等输出功率无法相应减小的设备就会自行增加电流来弥补电压的不足，从而引起过载。

（3）短路

许多电气火灾就是在短路状态下酿成的。造成短路的原因很多，主要有如下。

① 施工质量不佳，不按规范化的要求进行加工。

② 用电器具内部存在短路故障引起。

③ 线路年久失修。

④ 导线或附件等受外力破坏而引起。

4. 车间照明装置常见故障和处理

（1）车间照明装置常见故障

工矿企业的电工，一般分片进行管理，首先应熟悉管片内线路走向、各地段环境特点、开关容量，线径大小及负荷情况，经常查看电压、电流是否正常，并注意以下问题。

① 在全部线路上，是否有未经允许私拉乱接负荷，擅自拆装开关和保护装置。

② 线路熔断器，有无私自更换熔丝。如不符合规范要求，易造成线路过载，甚至引起火灾。

③ 用电设备及其保护装置，结构是否完整、外壳有无破损，运行是否正常，有无过热，控制是否失灵。

④ 各接地点是否完好，接点有无松动和脱开，接地线是否发热、断裂。

⑤ 线路的各支持点、固定点是否牢固。导线绝缘层是否破损，包扎绝缘是否完整。

⑥ 观察连接点是否过热，判断连接点是否松脱，经常在线路送出端，用钳形电流表检测三相电流是否平衡，有无存在过负荷情况。

⑦ 整个线路、开关、熔断器、启动控制设备是否受潮，过热。

⑧ 在正常运行情况下，用电量是否有明显的增加，建筑物、电气设备外壳等是否存在带电现象。

上述各项一经检查发现问题，应立即采取措施加以消除，若涉及较大的维修工作量时，视情况的严重程度，组织停电检修。

(2) 照明电路的主要故障

据其属性，可归纳为短路、断路、过载和接触不良、连接错误等五类。

① 断路　如灯丝断了，灯座、开关、挂线盒断路，熔丝熔断或进户线断路等。断路会造成用电器无法用电工作。

② 短路　如接在灯座两个接线柱上的火线和零线相碰，插座内两根接线相碰。短路会把熔丝熔断而使整个照明电路断电，严重者会烧毁线路引起火灾。

③ 过载　电路中用电器的总功率过大或单个用电器的功率过大。产生的现象和后果同短路。

④ 接触不良　如灯座、开关、挂线盒接触不良，熔丝接触不良，线路接头处接触不良等。这样会使电灯忽明忽暗，用电器不能连续工作。

⑤ 连接错误　如插座的两个接线柱都接在火线或零线上，开关接在主线中的火线上，用电器串联接在电路中等。

(3) 照明电路发生故障后的检修

① 检修断路　先用测电笔检查总闸刀开关处，如有电，再用校火灯头（一盏好的白炽灯，在灯座上引出两根线就成为校火灯头）并联在闸刀开关下的两个接线柱上。如灯亮，说明进户线正常（如灯不亮，说明进户线断路，修复进户线即可）。再用测电笔检查各个支路中的火线，如氖管不发光，表明这个支路中的火线断路，应修复接通火线。如果支路中的火线正常，则再用校火灯头分别接到各个支路中，哪个支路的灯不亮，就表明这个支路的零线断路了，需要修复。

② 检修短路　先取下干路熔断器的盒盖，将校火灯头串接入熔断器的上下两端，如灯亮，表明电路中有短路。同样，在各个支路开关的接点用上述方法将校火灯头串接进去，哪个支路的灯亮，就表明这个支路短路了，只要检修这条支路就能解决问题。

③ 检修过载　线路中出现过载时的现象同短路相似，检修时只要减小负载即可。

④ 接触不良　检修电路中出现的接触不良现象只要将响应的接触部位旋紧即可。

⑤ 连接错误　检修电路中出现的连接错误需要将错误电路重新正确连接。

(4) 照明装置的巡视检查周期

巡视检查包括架空线路的安全检查、电缆线路的安全检查和车间配电线路的安全检查。定期检查项目，如每隔半年或一年测量一次线路和设备的绝缘电阻，每年在3～4月测量一次接地电阻等，还应将日常维修不易做的工作组织定期维修。

① 更换和调整线路的导线。

② 增加或更新用电设备。

③ 拆换部分或全部线路和设备。

④ 更换接地线或接地装置。

⑤ 变更或调整线路走向。

⑥ 瓷瓶和瓷珠配线的线路，视情况需要，重新紧线或更换损坏瓷件。
⑦ 调整供电方式或用电设备布局。
⑧ 重新压接进出线电缆、中线接线鼻子，或重新制作电缆头等。

【任务实施】

模拟构建车间照明的施工，其中车间两侧有两层，一层有工具室、库房、男女更衣室、电工机修室、卫生间等，二层有主任办公室、工艺室等。

(1) 实施地点

教室、专业实训室。

(2) 实施所需器材

① 多媒体设备。
② 常用各种灯具实物，安装工具和常用配件等。

(3) 实施内容与步骤

① 学生分组。3～4 人一组，指定组长。工作始终各组人员尽量固定。
② 教师布置工作任务。学生阅读工作任务书，了解工作内容，明确工作目标，制定实施方案。
③ 学生根据模拟构建车间照明要求设计车间照明系统图及平面布置图。
④ 根据车间照明系统图及平面布置图实际施工。

a. 分组讨论车间照明系统图及平面布置图的可行性，编制施工工艺并具体施工，结果记录在表 7-20 中。

表 7-20 车间照明系统图及平面布置图施工结果记录表

序号	施工工艺的可行性	灯具的选用	灯具的安装	开关的安装	插座的安装	总配电箱的安装	分配电箱的安装
1							
2							
3							
4							

b. 注意事项

ⓐ 认真观察，注意记录完整。
ⓑ 注意安全。

学习小结

本任务的核心是车间照明装置的敷设与检修，车间照明系统图及平面布置图的实施阶段，通过本任务的学习，学生应能理会以下要点。

1. 车间照明线路的敷设方法有明敷设和暗敷设两种。
2. 车间照明线路导线选择与导体的类型应按敷设方式及环境条件选择。

(1) 照明线路的电流计算

单相线路电流计算：$I_\phi = P_\phi / U_\phi \cos\varphi$

三相线路电流计算：$I_L = P_L / \sqrt{3} U_L \cos\varphi$

采用白炽灯、卤钨灯与气体放电灯混合线路计算电流：$I_j = [(I_{j1} + I_{j2}\cos\varphi)^2 + (I_{j2}\sin\varphi)^2]^{1/2}$

(2) 照明线路导线的选择

按机械强度要求选择导线、允许载流量选择导线、线路电压损失效验。

3. 照明装置不正常运行极易发现，如开灯不亮，电灯突然熄灭。照明装置故障，与其他用设备相同，大体分为短路、开路和漏电等。

4. 照明装置的巡视检查包括架空线路的安全检查、电缆线路的安全检查和车间配电线路的安全检查。定期检查项目，每隔半年或一年测量一次线路和设备的绝缘电阻，每年在3~4月测量一次接地电阻等。

5. 车间照明装置常见故障和处理主要分为短路、断路、过载和接触不良和连接错误等五类。

自我评估

一、填空题

1. 若采用三相四线 220/380V 供电，按建筑电气设计技术规范规定单相负载应逐相（　　）分配。

2. 控制电压损失就是为了使线路末端灯具的（　　）符合要求。

3. PE线采用单芯绝缘导线时，按机械强度要求，截面不应小于下列数值：有机械性的保护时为（　　）mm^2；无机械性的保护时为（　　）mm^2。

4. 照明装置故障，与其他用设备相同，大体分为（　　）、（　　）、（　　）和过热四种。

5. 对厂区架空线路，一般要求（　　）进行1次安全检查。如遇大风大雨及发生故障等特殊情况时，还需（　　）次数。

二、简答题

1. 车间照明电路发生故障后如何检修？
2. 对车间配电线路应检查哪些项目？
3. 电缆线路的安全检查应重点检查哪些项目？
4. 架空线路的安全检查应重点检查哪些项目？
5. 照明装置发生漏电的原因有哪些？
6. 保护接地中性线（PEN）如何选择？
7. 中性线截面如何选择？

评价标准

教师根据学生观察记录结果及提问，按表7-21给予评价。

表7-21　任务7.2综合评价表

项目	内容	配分	考核要求	扣分标准	得分
实训态度	1. 实训的积极性 2. 安全操作规程地遵守情况 3. 纪律遵守情况 4. 完成自我评估、技能训练报告	30	积极参加实训,遵守安全操作规程和劳动纪律,有良好的职业道德和敬业精神;技能训练报告符合要求	违反操作规程扣20分;不遵守劳动纪律扣10分;自我评估、技能训练报告不符合要求扣10分	
灯具安装	常用各种灯具的安装	40	1. 按要求正确使用工具和仪表,熟练安装电气元器件 2. 灯具在配线板上布置要合理,安装要准确、紧固	观察不认真扣20分;记录不完整扣20分	

续表

项目	内　　容	配分	考核要求	扣分标准	得分
文明生产	1. 工具整理情况 2. 环境清洁情况	30	1. 工作工程中工具、仪表的正确使用 2. 工位的整洁性 3. "5S"的管理	工具摆放不整齐1件扣1分；有杂物1件扣1分	
否定项	在安装过程中出现人身或设备安全事故等问题，本课业均得零分				
合计		100			

注：各项配分扣完为止。

学习情境 8
变配电所的运行与维护

学习目标

技能目标：
1. 能进行变配电所停电与送电操作。
2. 能正确填写操作票。
3. 能按规定对变配电设备进行巡视。

知识目标：
1. 了解变配电所的值班制度及值班员的职责。
2. 学会电气设备的停电与送电操作。
3. 掌握变配电设备巡视内容。
4. 解决常用变配电设备的维护问题。

任务 8.1 变配电所停电与送电操作

【任务描述】

变配电所是电力系统的重要组成部分，是工厂供电系统的核心，变配电所值班员的主要职责之一就是停电与送电操作，所以变配电所人员值班制度、值班员的职责以及进行变配电所停电与送电操作是本任务主要研究的内容。

【任务目标】

技能目标：1. 能根据给定图纸正确识读单线供电系统图。
2. 能按要求进行变配电所停电与送电操作。

知识目标：1. 了解变配电所的值班制度，熟悉值班员的职责。
2. 了解单线供电系统图中各种符号的含义。
3. 能读懂单线供电系统图。
4. 会分析单线供电系统图中的保护动作。
5. 学会变配电所电气设备的停电与送电操作。

【知识准备】

1. 变配电所的值班制度及值班员的职责

做好变电所的运行管理工作，是实现安全、可靠、经济、合理供电的重要保证。因此，变电必须备有与现场实际情况相符合的运行规章制度，交由值班人员学习并严格遵守执行，以确保安全生产。

（1）变配电所的值班运行制度

1）交接班制度

交接班工作必须严肃、认真进行。交接班人员应严格按规定履行交接班手续，具体内容和要求如下。

① 交班人员应详细填写各项记录，并做好环境卫生工作；遇有操作或工作任务时，应主动为下班做好准备工作。

② 交班人员应将下列情况做详尽介绍：a. 所管辖的设备运行方式，变更情况，设备缺陷，事故处理，上级通知及其他有关事项；b. 工具仪表、备品备件、钥匙等是否齐全完整。

③ 接班人员应认真听取交接内容，核对模拟图板和现场运行方式是否相符。交接完毕，双方应在交接班记录簿上签名。

④ 交接班时，应尽量避免倒闸操作和许可工作。在交接中发生事故或异常运行情况时，须立即停止交接，原则上应由交班人员负责处理，接班人员应主动协助处理。当事故处理告一段落时，再继续办理交接班手续。

⑤ 若遇接班者有醉酒或精神失常情况时，交班人员应拒绝交接，并迅速报告上级领导，做出适当安排。

2）巡回检查制度

为了掌握、监视设备运行状况，及时发现异常和缺陷，对所内运行及备用设备，应进行定期和特殊巡视制度，并在实践中不断加以修订改进。

① 巡视周期 有人值班的变电所每小时巡视一次，无人值班的变电所每四小时至少巡视一次，车间变电所每班巡视一次。特殊巡视按需要进行。

② 定期巡视项目

a. 注油设备油面是否适当，油色是否清晰，有无渗漏。

b. 瓷绝缘子有无破碎和放电现象。

c. 各连接点有无过热现象。

d. 变压器及旋转电机的声音、温度是否正常。

e. 变压器的冷却装置运行是否正常。

f. 电容器有无异声及外壳是否有变形膨胀等现象。

g. 电力电缆终端盒有无渗漏油现象。

h. 各种信号指示是否正常，二次回路的断路器、隔离开关位置是否正确。

i. 继电保护及自动装置压板位置是否正确。

j. 仪表指示是否正常，指针有无弯曲、卡涩现象；电度表有无停走或倒走现象。

k. 直流母线电压及浮充电流是否适当。

l. 蓄电池的液面是否适当，极板颜色是否正常，有无生盐、弯曲、断裂、泡胀及局部短路现象。

m. 设备缺陷有无发展变化。

③ 特殊巡视项目

a. 大风来临前，检查周围杂物，防止杂物吹上设备；大风时，注意室外软导线风偏后相间及对地距离是否过小。

b. 雷电后，检查瓷绝缘有无放电痕迹，避雷器、避雷针是否放电、雷电计数器是否动作。

c. 在雾、雨、雪等气象时，应注意观察瓷绝缘放电情况。

d. 重负荷时，检查触头、接头有无过热现象。

e. 发生异常运行情况时，查看电压、电流及继电保护动作情况。

f. 夜间熄灯巡视，检查瓷绝缘有无放电闪络现象、连接点处有无过热发红现象。

④ 巡视时应遵守的安全规定

a. 巡视高压配电装置一般应两人一起进行，经考试合格并由单位领导批准的人员允许单独巡视高压设备。巡视配电装置、进出高压室时，必须随手把门关好。

b. 巡视高压设备时，不得移开或越过遮栏，并不准进行任何操作；若有必要移动遮栏时，必须有监护人在场，并保持下列安全距离：10kV 无遮栏不小于 0.7m；有遮栏不小于 0.35m，35kV 不小于 1.0m。

c. 高压设备的导电部分发生接地故障时，在室内不得接近故障点 4m 以内，在室外不得接近故障点 8m 以内。进入上述范围的人员必须穿绝缘靴，接触设备的外壳和构架时，应戴绝缘手套。

3）设备缺陷管理制度

保证设备经常处于良好的技术状态是确保安全运行的重要环节之一。为了全面掌握设备的健康状况，应在发现设备缺陷时，尽快加以消除，努力做到防患于未然。同时，也是为安排设备的检修及试验等工作计划提供依据，必须认真执行以下设备缺陷管理制度。

① 凡是已投入运行或备用的各个电压等级的电气设备，包括电气一次回路及二次回路设备、防雷装置、通信设备、配电装置构架及房屋建筑，均属设备缺陷管理范围。

② 按对供、用电安全的威胁程度，缺陷可分为Ⅰ、Ⅱ、Ⅲ三类：Ⅰ类缺陷是紧急缺陷，它是指可能发生人身伤亡、大面积停电、主设备损坏或造成有政治影响的停电事故者，这种

缺陷性质严重、情况危急，必须立即处理；Ⅱ类缺陷是重大缺陷，它是指设备尚可继续运行，但情况严重，已影响设备出力，不能满足系统正常运行之需要，或短期内会发生事故，威胁安全运行者；Ⅲ类缺陷为一般缺陷，它性质一般、情况轻微，暂时不危及安全运行，可列入计划进行处理者。

发现缺陷后，应认真分析产生缺陷的原因，并根据其性质和情况予以处理。发现紧急缺陷后，应立即设法停电进行处理。同时，要向本单位电气负责人和供电局调度汇报。发现重大缺陷后，应向电气负责人汇报，尽可能及时处理；如不能立即处理，务必在一星期内安排计划进行处理。发现一般缺陷后，不论其是否影响安全，均应积极处理。对存在困难无法自行处理的缺陷，应向电气负责人汇报，将其纳入计划检修中予以消除。任何缺陷发现和消除后都应及时、正确地记入缺陷记录簿中。缺陷记录的主要内容应包括：设备名称和编号、缺陷主要情况、缺陷分类归属、发现者姓名和日期、处理方案、处理结果、处理者姓名和日期等。电气负责人应定期（每季度或半年）召集有关人员开会，对设备缺陷产生的原因、发展的规律、最佳处理方法及预防措施等进行分析和研究，以不断提高运行管理水平。

4）变电所的定期试验切换制度

① 为了保证设备的完好性和备用设备在必要时能真正的起到备用作用，必须对备用设备以及直流电源、事故照明、消防设施、备用电源切换装置等，进行定期试验和定期切换使用。

② 各单位应针对自己的设备情况，制定定期试验切换的项目、要求和周期，并明确执行者和监护人，经领导批准后实施。

③ 对运行设备影响较大的切换试验，应做好事故预想和制订安全对策，并及时将试验切换结果记入专用的记录簿中。

5）运行分析制度

实践证明，运行分析制度的制定和执行，对提高运行管理水平和安全供、用电起着十分重要的作用。因此，各单位要根据各自的具体情况不断予以修正和完善。

① 每月或每季度定期召开运行工作分析会议。

② 运行分析的内容应包括：设备缺陷的原因分析及防范措施；电气主设备和辅助设备所发生的事故（或故障）的原因分析；提出针对性的反事故措施；总结发生缺陷和处理缺陷的先进方法；分析运行方式的安全性、可靠性、灵活性、经济性和合理性；分析继电保护装置动作的灵敏性、准确性和可靠性。

③ 每次运行分析均应做好详细记录备查。

④ 整改措施应限期逐项落实完成。

6）场地环境管理制度

① 要坚持文明生产，定期清扫、整理，经常保持场地环境的清洁卫生和整齐美观。

② 消防设施应固定安放在便于取用的位置。

③ 设备操作通道和巡视走道上必须随时保证畅通无阻，严禁堆放杂物。

④ 控制室、开关室、电容器室、蓄电池室等房屋建筑应定期进行维修，达到"四防一通"（防火、防雨雪、防汛、防小动物的侵入及保持通风良好）的要求。

⑤ 电缆沟盖板应完整无缺；电缆沟内应无积水。

⑥ 室外要经常清除杂草，设备区内严禁栽培高杆或爬藤植物，如因绿化需要则以灌木为宜，而且应经常修剪。

⑦ 机动车辆（如起重吊车）必须经电气负责人批准后方可驶入变电所区域内。进行作业前落实好安全措施，作业中应始终与设备有电部分保持足够的安全距离，并设专人监护。

（2）技术管理

技术管理是变电所管理的一个重要方面。通过技术管理可使运行人员有章可循，并便于积累资料和运行事故分析，有利于提高运行人员的技术管理水平，保证设备安全运行。技术管理应做好以下几项工作。

1）收集和建立设备档案

① 原始资料，如变电所设计书（包括电气和土建设施）、设计产品说明书、验收记录、起动方案和存在的问题。

② 一、二次接线及专业资料（包括展开图、屏面布置图、接线图、继电保护装置整定书等）。

③ 设备台帐（包括设备规范和性能等）。

④ 设备检修报告、试验报告、继电保护检验报告。

⑤ 绝缘油简化试验报告、色谱分析报告。

⑥ 负荷资料。

⑦ 设备缺陷记录及分析资料。

⑧ 安全记录（包括事故和异常情况记载）。

⑨ 运行分析记录。

⑩ 运行工作计划及月报。

⑪ 设备定期评级资料。

2）应建立和保存的规程

应保存部颁的《电业安全工作规程》、《变压器运行规程》、《电力电缆运行规程》、《电气设备交接试验规程》、《变电运行规程》和本所的事故处理规程。

3）应具备的技术图纸

有防雷保护图、接地装置图、土建图、铁件加工图和设备绝缘监督图。

4）应挂示的图表

应挂示一次系统模拟图、主变压器接头及运行位置图、变电所巡视检查路线图、设备定级及缺陷揭示表、继电保护定值表、变电所季度工作计划表、有权签发工作票人员名单表、设备分工管理表和清洁工作区域划分图。

5）应有记录簿

应有值班工作日记簿、值班操作记录簿、工作票登记簿、设备缺陷记录簿、电气试验现场记录簿、继电保护工作记录簿、断路器动作记录簿、蓄电池维护记录簿、蓄电池测量记录簿、雷电活动记录簿、上级文件登记及上级指示记录簿、事故及异常情况记录簿、安全情况记录簿和外来人员出入登记簿。

（3）电气设备交接试验与验收

对于新建的变电所或新安装和大修后的电气设备，都要按规定进行交接试验，用户单位要与试验部门办理交接验收手续。交接验收的项目有：竣工的工程是否符合设计；工程质量是否符合规定要求；调整试验项目及其结果是否符合电气设备交接试验标准；各项技术资料是否齐全等。

对电气设备进行交接试验，是检验新安装或大修后电气设备性能是否符合有关技术标准的规定，判定新安装的电气设备在运输和安装施工的过程中是否遭受绝缘损伤或其性能是否发生变化，或者判定设备大修后其修理部位的质量是否符合要求。至于正在运行中的电气设备，则按规定周期进行例行的试验，即预防性试验。通过预防性试验可以及时发现电气设备内部隐藏的缺陷，配合检修加以消除，以避免设备绝缘在运行中损坏，造成停电甚至发生严重烧坏设备的事故。

在电气交接试验中，对一次高压设备主要是进行绝缘试验（如绝缘电阻、泄漏电流、绝缘介质的介质损耗正切值（和油中气体色谱分析等试验）和特性试验（如变压器的直流电阻、变比、连接组别以及断路器的接触电阻、分合闸时间和速度特性等试验）；对二次回路主要是对继电保护装置、自动装置及仪表进行试验和绝缘电阻测试。

电气设备的交接试验一般是由电业部门负责，要求符合《电气设备交接试验规程》。

(4) 值班制度及值班员的职责

变配电所的值班制度主要有轮班制和无人值班制，轮班制通常采取三班轮换的值班制度，即全天分为早、中、晚三班，而值班员则分成三组或四组，轮流值班，全年都不间断。这种值班制度对于确保变配电所的安全运行有很大好处，这是我国变配电所最普遍采用的一种值班制度。但这种轮班制人力耗用较多。我国有些小型变配电所及大中型工厂的一些车间变电所，则往往采用无人值班制，仅由维修电工或总变配电所的值班电工每天定期巡视检查。

有高压设备的变配电所，为保证安全，一般应至少由两人值班。但当室内高压设备的隔离室设有遮栏且遮栏的高度在1.7m以上，安装牢固并加锁，而且室内高压开关的操动机构用墙或金属板与该开关隔离，或装有远方操动机构时，按电力行业标准 DL 408—91《电业安全工作规程》规定，可以由单人值班。但单人值班时不得单独从事修理工作。

在现代智能建筑中，BAS可以很好地管理和监控变配电系统，一般不在变配电所设专人值班。

1) 配电室值班制度

① 值班人员要有高度的工作责任心，工作积极负责，自觉遵守劳动纪律，坚守工作岗位，确保安全运行。

② 值班人员按规定穿戴工作服、工作帽、佩戴工作牌，衣着整齐。

③ 值班人员在当班时间内，不许做与工作无关的事情，不准会客。

④ 变电运行人员必须经过岗位培训考核，《电业安全工作规程》考试合格后，方可正式担任相应职位的值班工作。

⑤ 值班人员应按时抄表，及时汇报。还应完成组织安排的运行设备维护、技术管理、清洁卫生、安全活动等工作。

⑥ 配电室应建立年、月、日固定工作周期表。

⑦ 严格按照《电工安全工作规程》进行高低压设备的操作维护，实行"一人操作，一人监护"制度，严禁违章操作。

⑧ 确保正常供电，一旦跳闸，需查明原因，10min内恢复供电。如不能供电，向上级领导汇报并及时贴出通知。因校外原因停电，20min内利用双回路供电。非正常停电率小于3‰（供电部门及施工停电、不可抗力因素除外）。

⑨ 值班期间接到维修电话后立即派人检修，服务热线做好维修回访工作，坚持每周巡回检查制度，分片包干，责任到人。

⑩ 严格执行交接班制度。

2) 配电室巡视检查制度

① 值班人员必须认真按巡视周期、路线、项目对设备逐台、逐件认真进行巡视，对设备异常状态要做到及时发现、认真分析、正确处理，做好记录并向上级汇报。

② 凡是运行、备用或停用的设备，不论是否带有电压，都应同运行设备一样进行定期巡视和维护。

③ 巡视时，在安全的情况下，做到用眼看、耳听、鼻嗅，确切掌握设备运行情况。

④ 值班人员进行巡视后，应将巡视时间、范围、异常情况记录在值班记录中。

⑤ 单人巡视设备时应遵守《电业安全工作规程》、《发电厂和变电所电气部分》有关规定。

⑥ 用电高峰期间，应巡视低压总柜总电流及大负荷设备情况，高压柜电流及设备情况，变压器温升是否在正常范围内（0～80℃），做到勤观察、勤记录，有异常情况及时上报并采取相应措施。

⑦ 各级领导及负责人巡视工作，应将巡视中发现的问题及时处理，并记入值班记录中。

3）配电室操作规程

① 送电操作的一般程序

a. 检查设备上装设的各种临时安全措施和接地线确已安全拆除。

b. 检查有关的信号和指示灯、仪表是否正确。

c. 检查断路器确在分闸位置，手车在试验位置。

d. 把手车摇至运行位置，储能正常。

e. 合上断路器，送电后负荷开关、电压应正常。

② 停电操作的一般程序

a. 检查有关电计指示是否允许拉闸。

b. 断开断路器并检查断路器在断开位置。

c. 手车摇至试验位置。

d. 取下控制保险。

4）配电室防火制度

① 值班室禁止焚烧各种杂物，如需进行焊接作业时，必须有人监督和采取必要的防护措施。

② 设备区禁止乱掷烟火，禁放易燃、易爆等物品。

③ 水暖电炉导线不得超过容量，并保持接触良好。

④ 高低压室内禁止存放汽油、橡胶水等易燃物品。

⑤ 应保持电缆的清洁。

⑥ 施工打开的电缆孔应及时封堵，盖板严密完好，禁止承受重物。

⑦ 系统异常运行时，加强巡视，防止击穿、过载等导致火灾的因素。

⑧ 定期检查高压区、低压区、变压器室内消防设备，配备专用灭火器等消防用具，并检查其完好情况。自调班，如确有需要，经批准后方可调班，并记录在册。

5）操作票制度

① 倒闸操作必须由两人执行，操作票应有操作人认真填写操作票，经操作票签发人审核签字后，再在模拟图板上进行校验，正确无误后执行。

② 倒闸操作时应认真执行监护复读制度，若发生疑问应立即停止操作，报告负责人，弄清楚后再执行。

③ 停电拉闸操作必须按照开关、负荷侧刀闸、母线侧刀闸顺序依次进行，送电合闸顺序与此相反，严禁带负荷拉刀闸。

④ 执行完的操作票，应注明"已执行"字样。作废的注明"作废"。由操作票负责人保存三个月。

⑤ 全部操作完后，应立即进行复查，观察设备的运行情况，保证设备安全运行。

6）变配电值班长的职责

① 值班长必须熟悉和掌握电气安全规程、现场和调度等规程，熟悉变配电设备和保护的工作原理和性能。

② 应领导全班人员认真学习政治，开展批评与自我批评，搞好团结，组织全班人员学

习技术业务，学习各种规章制度，大练基本功，开展"百日无事故"、"千次操作无差错"等社会主义劳动竞赛。搞好全班人员的政治水平和技术业务管理水平，实现变电所安全经济供电。

③ 应按上级布置的工作任务，组织全班人员定制好月度生产工作计划，编制好月生产工作计划、培训计划。经主管部门批准后与以贯彻执行。

④ 班长在值班中要履行值班员的职责，配电所有重大操作或重大事故时，班长可亲自进行指挥和处理，事后应组织全班人员进行分析，找出原因与对策后，报送上级领导。

⑤ 做好全班人员考勤、生活管理等行政工作。

7) 变配电所值班员的职责

① 遵守变配电所值班工作制度，坚守工作岗位，做好变配电所的安全保卫工作，确保变配电所的安全运行。

② 积极钻研本职工作，认真学习和贯彻有关规程，熟悉变配电所的二次系统的接线以及设备的安装位置、结构性能、操作要求和维护保养方法等，掌握安全工具和消防器材的使用方法及触电急救法，了解变配电所现在的运行方式、负荷情况及负荷调整、电压调节等措施。

③ 监视所内各种设施的运行情况，定期巡视检查，按照规定抄报各种运行数据、记录运行日志。发现设备缺陷和运行不正常时，及时处理，并做好有关记录，以备查考。

④ 按上级调度命令进行操作，发生事故时进行紧急处理，并做好有关记录，以备查考。

⑤ 保管所内各种资料图表、工具仪器和消防器材等，并做好和保持所内设备和环境的清洁卫生。

⑥ 按规定进行交接班。值班员未办完交接手续时，不得擅离岗位。在处理事故时，一般不得交接班。接班的值班员可在当班的值班员要求和主持下，协助处理事故。如事故一时难以处理完毕，在征得接班的值班员同意或上级同意后，可进行交接班。

(5) 变配电所值班注意事项

① 不论高压设备带电与否，值班员不得单独移开或跨越高压设备的遮栏进行工作。如有必要移开遮栏时，须有监护人在场，并符合 DL 408—91《电业安全工作规程》规定的设备不停电时的安全距离。10kV 及以下，安全距离为 0.7m；20～35kV，安全距离为 1m。

② 雷雨天巡视室外高压设备时，应穿绝缘靴，并且不得靠近避雷针和避雷器。

③ 高压设备发生接地时，室内不得接近故障点 4m 以内，室外不得接近故障点 8m 以内。进入上述范围的人员必须穿绝缘靴，接触设备的外壳和构架时，应戴绝缘手套。

2. 电气设备和线路的停电与送电操作

(1) 倒闸操作票的作用

填写操作票是进行具体操作的依据，它把经过深思熟虑制订的操作项目记录下来，从而根据操作票面上填写的内容依次进行有条不紊的操作。

(2) 操作票的使用范围

根据值班调度员或值班长命令，需要将某些电气设备以一种运行状态转变为另一种运行状态或事故处理等；根据工作票上的工作内容的要求，所做安全措施的倒闸操作。所有电气设备的倒闸操作均应使用操作票。但在以下特定情况下可不用操作票，操作后必须记入运行日志并及时向调度汇报。

① 事故处理；

② 拉合断路器的单一操作；

③ 拉开接地隔离开关或拆除全厂（所）仅有的一组接地线；

④ 同时拉、合几路断路器的限电操作。

(3) 执行操作票的程序

① 预发命令和接收任务；
② 填写操作票；
③ 审核批准；
④ 考问和预想；
⑤ 正式接受操作命令；
⑥ 模拟预演；
⑦ 操作前准备；
⑧ 核对设备；
⑨ 高声唱票实施操作；
⑩ 检查设备、监护人逐项勾票；
⑪ 操作汇报，做好记录；
⑫ 评价、总结。

(4) 操作票填写的有关原则与举例

1) 变压器倒闸操作票的填写

① 变压器投入运行时，应选择励磁涌流影响较小的一侧送电，一般先从电源侧充电，后合上负荷侧断路器。

② 向空载变压器充电时，应注意如下几点。

a. 充电断路器应有完备的继电保护，并保证有足够的灵敏度。同时应考虑励磁涌流对系统继电保护的影响。

b. 大电流直接接地系统的中性点接地隔离开关应合上（对中性点为半绝缘的变压器，则中性点更应接地）。

c. 检查电源电压，使充电后变压器各侧电压不超过其相应分接头电压的 5%。

③ 运行中的变压器，其中性点接地的数目及地点，应按继电保护的要求设置。

④ 运行中的双绕组或三绕组变压器，若属直接接地系统，则该侧中性点接地隔离开关应合上。

⑤ 运行中的变压器中性点接地隔离开关如需倒换，则应先合上另一台变压器的中性点接地隔离开关，再拉开原来一台变压器的中性点接地隔离开关。

⑥ 110kV 及以上变压器处于热备用状态时（开关一经合上，变压器即可带电）其中性点接地隔离开关应合上。

⑦ 新投产或大修后的变压器在投入运行时应进行定相，有条件者应尽可能采用零起升压。对可能构成环路运行者应进行核相。

⑧ 变压器新投入或大修后投入，操作送电前应考虑除应遵守倒闸操作的基本要求外，还应注意以下问题：对变压器外部进行检查；摇测绝缘电阻；对冷却系统进行检查及试验；对有载调压装置进行传动；对变压器进行全电压冲击合闸 3~5 次，若无异常即可投入运行。

⑨ 变压器停送电操作时的一般要求

a. 变压器停电时的要求：应将变压器中性接地点及消弧线圈倒出。变压器停电后，其重瓦斯保护动作可能引起其他运行设备跳闸时，应将连接片由跳闸改为信号。

b. 变压器送电时的要求：送电前应将变压器中性点接地。由电源侧充电，负荷侧并列。

c. 对强油循环冷却的变压器，不启动潜油泵不准投入运行。变压器送电后，即使是处在空载也应按厂家规定启动一定数量潜油泵，保持油路循环，使变压器得到冷却。

⑩ 三绕组升压变压器高压侧停电操作

a. 合上该变压器高压侧中性点接地隔离开关。保证高压侧断路器拉开后，变压器该侧发生单相短路时，差动保护、零序电流保护能够动作。
　　b. 拉开高压侧断路器。
　　c. 断开零序过流保护跳其他主变压器的跳闸连接片。
　　d. 断开高压侧低电压闭锁连接片（因主变压器过流保护一般采用高、低两侧电压闭锁）。避免主变压器过负荷时过流保护误动。
　2) 线路倒闸操作票的填写及有关规定
　　线路倒闸操作票分为两类：一类是断路器检修；另一类是线路检修。
　　① 断路器检修操作票的填写。
　　② 线路检修操作票的填写。
　　③ 新线路送电应注意的问题除应遵守倒闸操作的基本要求外，还应注意：
　　a. 双电源线路或双回线在并列或合环前应经过定相；
　　b. 分别来自两母线电压互感器的二次电压回路也应定相；
　　c. 配合专业人员，对继电保护自动装置进行检查和试验；
　　d. 线路第一次送电应进行全电压冲击合闸，其目的是利用操作过电压来检验线路的绝缘水平。
　　④ 线路重合闸的停用。一般在下列情况下将线路重合闸停用：
　　a. 系统短路容量增加，断路器的开断能力满足不了一次重合的要求；
　　b. 断路器事故跳闸次数已接近规定，若重合闸投入，重合失败，跳闸次数将超过规定；
　　c. 设备不正常或检修，影响重合闸动作；
　　d. 重合闸临时处理缺陷；
　　e. 线路断路器跳闸后进行试送或线路上有带电作业。
　　⑤ 投入和停用低频率减载装置电源时应注意：投入和停用低频率减载装置，瞬时有一反作用力矩，能将触点瞬时接通，因直流存在，可能使继电器误动。所以投入时先合交流电源，进行预热并检查触点应分开，然后再合直流电源；停用时先停直流电源后停交流电源。
　3) 系统并列操作
　　① 应用手动准同期装置并列前的检查及准备
　　a. 检查中央同期开关，手动准同期开关均在断开位置；
　　b. 并列点断路器在断开位置；
　　c. 母线电压互感器及待并列电压互感器回路熔断器应完好；
　　d. 投入并列点断路器两侧的隔离开关；
　　e. 停用并列点断路器的重合闸连接片。
　　② 操作步骤
　　a. 合上手动同期开关。
　　b. 中央同期开关在粗略同期位置，检查双方电压及频率，向调度汇报（一般情况下电压允许相差不超过 10%～15%，两者频率相差不得大于 0.5Hz）。
　　c. 将中央同期开关切至准确同期位置，整步表开始转动。
　　d. 当整步表以缓慢的速度顺时针转动时可准备并列，待指针缓慢趋于同期点时，操作人员即可合闸。
　　e. 合闸成功后，断开中央同期开关及手动同期开关，立即向调度汇报。并列后如表针摆动过大，1～2min 内不能消除即进行解列。
　4) 电气设备运行中的几种工作状态
　　① 运行状态　是指某回路中的一次设备（隔离开关和断路器）均处于合闸位置，电源

至受电端的电路得以接通而呈运行状态。

② 热备用状态　是指某回路中的断路器已断开，而隔离开关仍处于合闸位置。

③ 冷备用状态　是指某回路中的断路器及隔离开关均处于断开位置。

④ 检修状态　是指某回路中的断路器及隔离开关均已断开，同时按照保证安全的技术措施的规定悬挂了临时接地线（或合上了接地刀闸），并悬挂标示牌和装设好临时遮栏，处于停电检修的状态。

5) 倒闸操作定义

倒闸操作就是将电气设备由一种状态转换到另一种状态，即接通或断开断路器、隔离开关、直流操作回路、推入或拉出小车断路器、投入或退出继电保护、给上或取下二次插件以及安装和拆除临时接地线等操作。

6) 10kV 及以下高低压配电装置的调度操作编号原则

① 母线类

a. 单母线不分段为 3 号母线；

b. 单母线分段或双母线为 4 号母线和 5 号母线；

c. 旁路母线：10kV 为 1 号母线。

② 断路器

a. 10kV，字头为 2。进线或变压器开关为 01、02、03……（如 201 为 10kV 的 1 路开关或 1 号变压器总开关）。出线开关为 11、12、13……（如 211 为 10kV 的 4 号母线上的开关）；21、22、23……（如 222 为 10kV 的 5 号母线上的开关）。

b. 6kV，字头为 6。进线或变压器开关为 01、02、03……（如 601 为 6kV 的 1 路进线开关或 1 号变压器总开关）。出线开关为 11、12、13……（如 612 为 6kV 的 4 号母线上的第二台开关）；21、22、23……（如 621 为 6kV 的 5 号母线上的第一台开关）。

c. 0.4kV，字头为 4。进线或变压器开关为 01、02、03……（如 401 为 0.4kV 的 1 路进线开关或 1 号变压器总开关）。出线开关为 11、12、13……（如 411 为 0.4kV 的 4 号母线上的开关）；21、22、23……（423 为 0.4kV 的 5 号母线上的开关）。

d. 联络开关，字头与各级电压的代号相同，后面两个数字为母线号。如：

10kV 的 4 号和 5 号母线之间的联络开关为 245。

6kV 的 4 号和 5 号母线之间的联络开关为 645。

0.4kV 的 4 号和 5 号母线之间的联络开关为 445。

③ 隔离开关

a. 线路侧和变压器侧为 2，如 201-2、211-2、401-2……

b. 母线侧随母线号，如 201-4、211-4、221-5、402-5……

c. 电压互感器隔离开关为 9，前面加母线号或开关号。

如：49 为 4 号母线上电压互感器隔离开关；201-9 为 201 开关线路侧电压互感器隔离开关。

d. 避雷器隔离开关为 8，原则与电压互感器隔离开关相同。

e. 电压互感器与避雷器合用一组隔离开关时，编号与电压互感器隔离开关相同。

f. 所用变压器隔离开关为 0，前面加母线号或开关号。如：40 为 4 号母线上所用变压器的隔离开关。

g. 线路接地隔离开关为 7，前面加开关号，如 211-7 为出线开关 211 线路侧接地隔离开关。

h. 10kV 旁路母线分段隔离开关为 11 号。

④ 几种设备的特殊编号

a. 与供电局线路衔接处的第一断路隔离开关（位于供电局与用户产权分界电杆上方），在10kV系统中编号为101、102、103……

　　b. 跌开式熔断器在10kV系统中编号为21、22、23……

　　c. 10kV系统中的计量柜上装有隔离开关一台或两台，编号可参考以下原则：

　　ⓐ 接通与断开本段母线用的隔离开关4号母线上的为44；5号母线上的为55；3号母线上的为33；

　　ⓑ 计量柜中电压互感器隔离开关直接连接母线上的为39、49、59。若母线上已接有电压互感器，占用了39或49、59时，则此时编号可改为33-9、44-9、55-9。

　　⑤ 高压负荷开关在系统中用于变压器的通断控制，其编号同于断路器。

　　⑥ 移开式高压开关柜、抽出式低压配电柜的调度操作编号命名规定：

　　a. 10kV移开式高压开关柜中断路器两侧的高压一次隔离触头相当于固定高压开关柜母线侧、线路侧的高压隔离开关，但不再编号，而进线的隔离手车仍应编号，开关编号同前。

　　b. 抽出式低压配电柜的馈出路采用一次隔离触头，而无刀开关，应以纵向排列顺序编号，面向柜体从电源侧向负荷侧顺序编号，如4号母线的1号柜，从上到下依次为411-1、411-2、411-3……其余类同。

　　7) 倒闸操作的基本安全技术要求

　　① 倒闸操作应由两人进行，一人操作，一人监护。

　　② 重要的或复杂的倒闸操作，值班人员操作时，应由值班负责人监护。

　　③ 倒闸操作前，应根据操作票的顺序在模拟板上进行核对性操作。操作时，应先核对设备名称、编号，并检查断路设备或隔离开关的原拉、合位置与操作票所写的是否相符。操作中，应认真监护、复诵，每操作完一步即应由监护人在操作项目前划"√"。

　　④ 操作中发生疑问时，必须向调度员或电气负责人报告，弄清楚后再进行操作。不准擅自更改操作票。

　　⑤ 操作电气设备的人员与带电导体应保持规定的安全距离，同时应穿防护工作服和绝缘靴，并根据操作任务采取相应的安全措施。

　　⑥ 在封闭式配电装置进行操作时，对开关设备每一项操作均应检查其位置指示装置是否正确，发现位置指示有错误或怀疑时，应立即停止操作，查明原因排除故障后方可继续操作。

　　⑦ 停送电操作顺序要求

　　a. 送电时应从电源侧逐向负荷侧，即先合电源侧的开关设备，后合负荷侧的开关设备。

　　b. 停电时应从负荷侧逐向电源侧，即先拉负荷侧的开关设备，后拉电源侧的开关设备。

　　c. 严禁带负荷拉合隔离开关，停电操作应先分断断路器，后分断隔离开关，先断负荷侧隔离开关，后断电源侧隔离开关的顺序进行，送电操作的顺序与此相反。

　　d. 变压器两侧断路器的操作顺序规定如下：停电时，先停负荷侧断路器，后停电源侧断路器；送电时顺序相反。变压器并列操作中应先并合电源侧断路器，后并合负荷侧断路器；解列操作顺序相反。

　　⑧ 双路电源供电的非调度户用户，严禁并路倒闸。

　　⑨ 倒闸操作中，应注意防止通过电压互感器、所用变压器、微机、UPS等电源的二次侧返送电源到高压侧。

　　⑩ 下列操作项目应填入操作票内：应分合的断路器和隔离开关；断路器小车的拉出、推入；检查断路器和隔离开关的分合位置、带电显示装置指示；验电；装设、拆除临时接地线；检查接地线是否拆除；检查负荷分配；安装和拆除遥控回路、电压互感器回路的操作件，投入或解除自投装置，切换保护回路和检验是否有电压等。

8) 倒闸操作标准术语

操作任务采用调度操作编号下令,操作票每一个项目栏只准填写一个操作内容。

① 固定式高压开关柜倒闸操作标准术语

a. 高压隔离开关的拉合

合上:例合上 201-2(具体应检查操作质量,但不填票)。

拉开:例拉开 201-2(具体应检查操作质量,但不填票)。

b. 高压断路器拉合

合上:分为两个序号项目栏填写,例如ⓐ合上 201;ⓑ检查 201 应合上。

拉开:分为两个序号项目栏填写,例如ⓐ拉开 201;ⓑ检查 201 应拉开。

c. 全站由运行转检修的验电、挂地线

验电,挂地线的具体位置以隔离开关位置为准,称"线路侧"、"断路器侧"、"母线侧"、"主变侧"。

例:ⓐ在 201-2 线路侧验电确无电压;

ⓑ在 201-2 线路侧挂 1 号地线。

d. 全站由检修转运行时拆地线

例:ⓐ拆 201-2 线路侧 1 号地线;

ⓑ检查待恢复供电范围内接地线,短路线已拆除。

e. 出线开关由运行转检修验电、挂地线

例:ⓐ在 211-4 开关侧验电,应无电;

ⓑ在 211-4 开关侧挂 1 号接地线;

ⓒ在 211-2 开关侧验电,应无电;

ⓓ在 211-2 开关侧挂 2 号接地线;

ⓔ取下 211 操作保险;

ⓕ取下 211 合闸保险(CD10)(或拉开 211 储能电源开关 CT7、CT8)。

f. 出线开关由检修转运行拆地线

例:ⓐ拆 211-4 开关侧 1 号地线;

ⓑ拆 211-2 开关侧 2 号地线;

ⓒ检查待恢复供电范围内接地线,短路线已拆除;

ⓓ给上 211 操作保险;

ⓔ给上 211 合闸保险(CD10)(合上 211 储能电源开关 CT7、CT8)。

g. 配电变压器由运行转检修验电,挂地线

例:ⓐ在 1T 10kV 侧验电,应无电;

ⓑ在 1T 10kV 侧挂 1 号地线;

ⓒ在 1T 0.4kV 侧验电,应无电;

ⓓ在 1T 0.4kV 侧挂 2 号地线。

h. 配电变压器由检修转运行拆地线

例:ⓐ拆 1T 10kV 侧 1 号接地线;

ⓑ拆 1T 0.4kV 侧 2 号接地线;

ⓒ检查待恢复供电范围内接地线,短路线已拆除。

② 手车式高压开关柜倒闸操作标准术语

a. 手车式开关柜的三个工况位置

ⓐ工作位置 指小车上、下侧的插头已经插入插嘴(相当于高压隔离开关合好),开关拉开,称热备用,开关合上,称运行。

ⓑ 试验位置　指小车上、下插头离开插嘴，但小车未全部拉至柜外，二次回路仍保持接通状态，称为冷备用。

ⓒ 检修位置　指小车已全部拉至柜外，一次回路和二次回路全部切断。

b. 小车式断路器操作术语："推入"、"拉至"。

例：ⓐ将 211 小车推入试验位置；

　　ⓑ将 211 小车推入工作位置；

　　ⓒ将 211 小车拉至试验位置；

　　ⓓ将 211 小车拉至检修位置。

c. 小车断路器二次插件种类及操作术语

ⓐ 二次插件种类：当采用 CD 型直流操作机构时，有控制插件、合闸插件、TA 插件；当采用 CT 型交流操作机构时有控制插件、TA 插件。

ⓑ 操作术语："给上"、"取下"。

9）举例 10kV 变电站电气主接线典型方案介绍

① 双路电源供电的单母线分段固定式高压开关柜主接线（GJN-02）见图 8-1。

② 双路电源供电的单母线分段移开式高压开关柜主接线（GJN-03）见图 8-2。

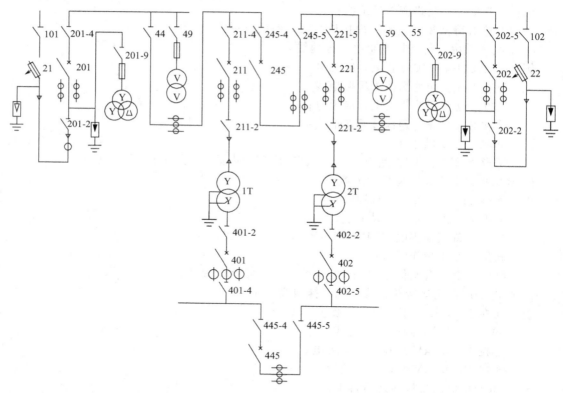

图 8-1　10kV 双电源单母线分段固定式开关柜一次系统图

系统说明：

a. 这种双电源单母线的主接线方式的特点是设备投资少（在双电源方式下）；接线简单、操作方便；运行方式较灵活。

b. 电源接户线路设有接户杆，接户杆上装有跌落式熔断器 21、22，用于与供电线路的保护。

c. 跌落式熔断器下端接有避雷器，防止雷电过电压的侵入，并由电力电缆进入变电站内。

d. 201-9、202-9 电压互感器是 JDZ 干式，能提供线电压供开关柜上控制、监视、测量等功能使用。

e. 双电源单母线的供电系统一般为一、二类用电单位。

f. 运行形式多样，可以一个电源带一台变压器、一个电源带两台变压器，但操作时非调度用户严禁两路电源并路倒闸；严禁一路电源带一个变压器，两个变压器低压并列的运行方式。

g. 电源备用时，应拉开电源断路器和母线侧隔离开关，保留 201-9 或 202-9，用以监视备用电源。

h. 进线电缆上接有零序电流互感器 LXK，用于监视高压对地绝缘，表明 10kV 供电系统为中性点经低电阻接地系统，站内高压对地绝缘损坏时能发出跳闸指令。

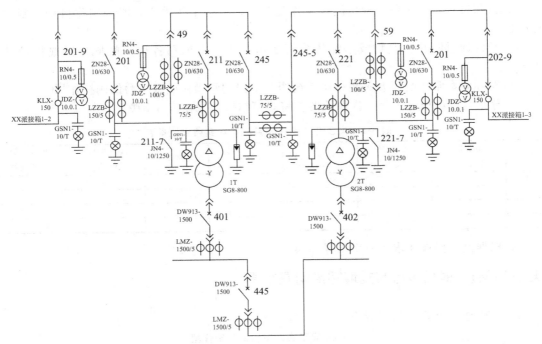

图 8-2 双路电源供电的单母线分段移开式高压开关柜一次系统图

系统说明：

a. KYN 型开关为中置式开关柜，本系统有十个开关柜，进线 PT 柜 201-9 和 202-9；主进开关柜 201 和 202；计量柜 49 和 59；出线柜 211、221；高压联络柜 245、245-5。

b. 电源分别是从供电系统的电缆分接箱接入的。

c. 进线电缆上接有零序电流互感器 LXK，用于监视高压对地绝缘，表明 10kV 供电系统为中性点经低电阻接地系统，站内高压对地绝缘损坏时能发出跳闸指令。

d. 进线 PT 柜 201-9 和 202-9 为电源侧电压互感器，接线形式为 V/V 接线，电源侧装有三相带电指示器。

e. 开关柜采用真空断路器控制，两侧的三相带电指示器，用以指示线路有无电压。

f. 49、59 计量柜，计量使用的电流互感器和电压互感器安装在手车上，确保计量的可靠性。

g. 出线柜断路器侧的避雷器，是消除因真空断路器分合操作时过电压的。

h. GSN1-10/T 为三相带电显示器。

i. ZN28-10/630 为真空断路器额定电流 630A。

【任务实施】

（1）实施地点

教室、专业实训室。

（2）实施所需器材

① 多媒体设备。

② 常用高压开关柜一次系统图等。

（3）实施内容与步骤

① 学生分组。3~4 人一组，指定组长。工作始终各组人员尽量固定。

② 教师布置工作任务。学生阅读工作任务书，了解工作内容，明确工作目标，制定实施方案。

③ 教师通过图片、实物或多媒体分析演示。让学生识别各种倒闸操作票或指导学生自学。

④ 实际观察常用高压开关柜一次系统图，根据倒闸操作要求填写倒闸操作票。

a. 分组观察高压开关柜一次系统图，将观察结果记录在表 8-1 中。

表 8-1 高压开关柜一次系统图观察结果记录表

序号	电源的引入方式	电源的出线方式	变压器容量	计量方式	保护方式	高压主要元件选择	低压主要元件选择
1							
2							
3							
4							

b. 根据倒闸操作要求填写倒闸操作票

【知识拓展】 根据运行方式填写倒闸操作票

（1）固定式开关柜倒闸操作

10kV 固定式开关柜倒闸操作票

发令人		下令时间	年 月 日 时 分
受令人		操作开始	年 月 日 时 分
		操作终了	年 月 日 时 分

操作任务：全站送电操作

原运行方式：全站停电状态。（冷备用）

运行方式为：201 受电带 4 号母线，202 受电带 5 号母线；

211、221、401、402 合上；245、445 拉开。（冷备用）

√	操作顺序	操作项目	√	操作顺序	操作项目
	1	查 201、211、245、221、202 应在断开位置		8	合上 211-4
	2	合上 21		9	合上 211-2
	3	合上 201-2		10	查 401、445 确在断开位置
	4	合上 201-9		11	合上 221 开关；查 211 确已合上
	5	查 1 号电源 10kV 电压正常		12	听 1T 变压器声音，充电 3 分钟
	6	合上 201-4		13	合上 401-2
	7	合上 201 开关；查 201 确已合上		14	查 1T 低压电压正常

续表

√	操作顺序	操作项目	√	操作顺序	操作项目
	15	合上 401-4		29	听 2T 变压器声音,充电 3 分钟
	16	合上 401 开关;查 401 确已合上		30	合上 402-2
	17	合上低压 4 号母线侧负荷		31	查 2T 低压电压正常
	18	合上电容器组开关		32	合上 402-5
	19	合上 22		33	合上 402 开关;查 402 确已合上
	20	合上 202-2		34	合上低压 5 号母线侧负荷
	21	合上 202-9		35	合上电容器组开关
	22	查 2 号电源 10kV 电压正常		36	全面检查操作质量,操作完毕
	23	合上 202-5		37	
	24	合上 202 开关;查 202 确已合上		38	
	25	合上 221-5		39	
	26	合上 221-2		40	
	27	查 402 确在断开位置		41	
	28	合上 221 开关;查 221 确已合上		42	
操作人			监护人		

(2) 移开式开关柜倒闸操作

倒闸操作票

原运行方式:全站停电状态。(热备用)

发令人		下令时间	年 月 日 时 分
		操作开始	年 月 日 时 分
受令人		操作终了	年 月 日 时 分

操作任务:全站送电操作。(10kV 移开式开关柜)

运行方式为:201 受电带 4 号母线;
　　　　　　211、401、445 合上;
　　　　　　202、245、221、402 拉开。(热备用)

√	操作顺序	操作项	√	操作顺序	操作项目
	1	检查 201、211、245、221、202 应拉开		21	
	2	检查 245-4 应在工作位置		22	
	3	检查 1 号电源带电显示器三相指示灯发光正常、电压表指示正常		23	
	4	合上 201,检查 201 应合上,带电显示器发光正常		24	
	5	检查 401、445、402 应拉开		25	
	6	合上 211,检查 211 应合上,带电显示器发光正常		26	
	7	检查 1T 运行声音应正常,充电 3 分钟		27	
	8	合上 401,检查 401 应合上		28	
	9	检查 1T 低压侧三相电压应正常		29	
	10	合上 445,检查 445 应合上		30	
	11	合上低压各出线开关(注:根据运行需要)		31	
	12	合上低压电容器组开关		32	
	13	检查 1T 负荷		33	
	14	全面检查操作质量		34	
	15			35	
	16			36	
	17			37	
	18			38	
	19			39	
	20			40	

(3) 预装式变电站倒闸操作

倒闸操作票

原运行方式：全站停电状态。

发令人		下令时间	年 月 日 时 分
		操作开始	年 月 日 时 分
受令人		操作终了	年 月 日 时 分

操作任务：全站送电操作。（10kV 预装式变电站）
运行方式为：201 受电带 3 号母线；
　　　　　　211、401 合上

√	操作顺序	操作项目	√	操作顺序	操作项目
	1	检查 201、211、401、411、412、413 应拉开		21	
	2	合上 21，检查 201 带电显示器发光正常		22	
	3	合上 201，检查 201 应合上		23	
	4	检查三相电源电压正常带电显示器发光正常		24	
	5	合上 211，检查 211 应合上带电显示器发光正常		25	
	6	检查变压器运行声音应正常，充电 3 分钟		26	
	7	合上 401，检查 401 应合上		27	
	8	检查变压器 0.4kV 侧三相电压应正常		28	
	9	合上 411，检查 411 应合上		29	
	10	合上 412，检查 412 应合上		30	
	11	合上低压各出线开关（注：根据运行需要）		31	
	12	合上 413 低压电容器组开关		32	
	13	检查变压器负荷		33	
	14	全面检查操作质量		34	
	15			35	
	16			36	
	17			37	
	18			38	
	19			39	
	20			40	
操作人			监护人		

学习小结

本任务的核心是变配电所停电与送电操作，是高压值班电工必备的基本技能之一，通过本任务的学习，学生应能理会以下要点。

1. 变配电所的值班运行制度包括交接班制度、巡回检查制度、设备缺陷管理制度、变电所的定期试验切换制度、运行分析制度和场地环境管理制度。

2. 技术管理是变电所管理的一个重要方面。通过技术管理可使运行人员有章可循，并便于积累资料和运行事故分析，有利于提高运行人员的技术管理水平，保证设备安全运行。

3. 对于新建的变电所或新安装和大修后的电气设备，都要按规定进行交接试验，用户单位要与试验部门办理交接验收手续。交接验收的项目有：竣工的工程是否符合设计；工程质量是否符合规定要求；调整试验项目及其结果是否符合电气设备交接试验标准；各项技术资料是否齐全等。

4. 值班制度包括配电室值班制度、配电室巡视检查制度、配电室操作规程、配电室防火制度和操作票制度，值班员的职责包括变配电值班长的职责和变配电所值班员的职责。

5. 在进行电气设备和线路的停电与送电操作时，首先熟悉操作票的使用范围和执行操作票的程序，掌握操作票填写的有关原则。同时应能根据倒闸操作票的要求深入分析电气设备的运行状态，能按照倒闸操作的相关技术要求正确填写倒闸操作票并正确倒闸操作。

自我评估

1. 变配电所值班长、值班员各有哪些主要职责？
2. 变配电所值班应注意哪些事项？
3. 变压器停送电操作时一般有哪些要求？
4. 电气设备运行中有几种工作状态？
5. 执行操作票有哪些程序？
6. 停送电操作顺序有何要求？
7. 根据给定运行方式填写操作票。

倒闸操作题 1.（10kV 固定式开关柜）

原运行方式：全站停电状态。（冷备用）

操作任务：全站送电操作。

运行方式为：201 受电带 4 号母线，202 受电带 5 号母线；211、221、401、402 合上；245、445 拉开。（冷备用）

倒闸操作题 2.（10kV 固定式开关柜）

原运行方式：全站停电状态。（冷备用）

操作任务：全站送电操作。

运行方式为：201 受电带 4 号母线；211、401、445 合上；202、245、221、402 拉开。（冷备用）

倒闸操作题 3.（10kV 固定式开关柜）

原运行方式：201 受电带 4 号、5 号母线；211、245、221、401、402、445 合上；202 拉开。（冷备用）

操作任务：全站停电操作。

倒闸操作题 4.（10kV 固定式开关柜）

原运行方式：202 受电带 4 号、5 号母线；221、245、211、401、402 合上；201、445 拉开。（冷备用）

操作任务：全站停电操作。（冷备用）

倒闸操作题 5.（10kV 固定式开关柜）

原运行方式：全站处于检修状态。

操作任务：全站由检修转运行

运行方式为：202 受电带 5 号母线；221、402、445 合上；201、211、245、401 拉开。（冷备用）

倒闸操作题 6.（10kV 固定式开关柜）

原运行方式：201 受电带 4 号、5 号母线；211、245、221、401、402、445 合上；202 拉开。（冷备用）

操作任务：全站由运行转检修。

评价标准

教师根据学生观察记录结果及提问，按表 8-2 给予评价。

表 8-2　任务 8.1 综合评价表

项目	内容	配分	考核要求	扣分标准	得分
实训态度	1. 实训的积极性 2. 安全操作规程地遵守情况 3. 纪律遵守情况 4. 完成自我评估、技能训练报告	20	积极参加实训，遵守安全操作规程和劳动纪律，有良好的职业道德和敬业精神，技能训练报告符合要求	违反操作规程扣 20 分；不遵守劳动纪律扣 10 分；自我评估、技能训练报告不符合要求扣 10 分	
观察一次系统图并记录	记录一次系统图观察结果	10	观察认真，记录完整	观察不认真扣 5 分 记录不完整扣 5 分	
正确理解操作票的运行方式和操作任务	在模拟系统上按操作票要求进行预演	30	模拟操作	不能正确理解运行方式每处扣 2 分；不能正确操作每处扣 20 分	
填写倒闸操作票	根据倒闸操作要求填写倒闸操作票	30	认真填写	填写倒闸操作票每错一处扣 30 分	
环境清洁	环境清洁情况	10	工作台周围无杂物	有杂物 1 件扣 1 分	
合计		100			

注：各项配分扣完为止。

任务 8.2　变配电设备及线路的巡视

【任务描述】

变配电所是电力系统的重要组成部分，是工厂供电系统的核心，变配电所值班员的主要职责之一就是变配电设备及线路的巡视。及时发现变配电设备及线路的运行缺陷，是保障变配电设备及线路正常运行的必要而有效的措施。直接影响到到供电质量、工农业生产和人民生活。所以变配电所人员应熟悉变配电设备及线路的巡视周期和巡视内容。

【任务目标】

技能目标： 1. 能熟悉变配电设备及线路的巡视周期和巡视内容。
　　　　　　2. 能利用常用电工仪表检测变配电设备及线路的常见故障并能处理简单故障。

知识目标： 1. 了解变配电设备及线路的巡视周期，熟悉变配电设备及线路的巡视内容。
　　　　　　2. 学会根据故障现象迅速判断故障原因的知识。
　　　　　　3. 学会利用常用电工仪表和工具排除变配电设备及线路的常见故障的知识。
　　　　　　4. 了解变配电所主要电气设备和电力线路的检修试验。

【知识准备】

1. 变配电设备的巡视项目、巡视周期

（1）电力变压器的运行维护

1）一般要求

电力变压器是变电所内最关键的设备，搞好变压器的运行维护是非常重要的。

在有人值班的变电所内，应根据控制盘或开关柜上的仪表信号来监视变压器的运行情况，并每小时抄表一次。如果变压器在过负荷下运行，则至少每半小时抄表一次。安装在变压器上的温度计，在巡视时应检视和记录。

2) 巡视检查项目

① 变压器的油温和温度计是否正常。上层油温一般不应超过 85℃，最高不应超过 95℃。变压器各部位有无渗油、漏油现象。

② 变压器套管外部有无破损裂纹，有无放电痕迹及其他异常现象。

③ 变压器音响是否正常。正常的音响为均匀的嗡嗡声，如音响较平常沉重，说明变压器过负荷；如音响尖锐，说明电源电压过高。

④ 变压器各冷却器手感温度是否相近，风扇、油泵、水泵运转是否正常。吸湿器是否完好；安全气道和防爆膜是否完好无损。

⑤ 变压器油枕及瓦斯继电器的油位和油色如何。油面过高，可能是冷却器运行不正常或变压器内部存在故障；油面过低，可能有渗油漏油现象。变压器油正常情况下为透明而略带浅黄色，如油色变深变暗，则说明油质变坏。

⑥ 变压器的引线接头、电缆和母线有无发热迹象。有载分接开关的分接位置及电源指示是否正常。

⑦ 变压器的接地线是否完好无损。

⑧ 变压器及其周围有无影响其安全运行的异物（如易燃易爆和腐蚀性物体）和异常现象。

在巡视中发现的异常情况，应记入专用记录簿内。重要情况应及时汇报上级，请示处理。

3) 巡视周期

无人值班的变电所，应于每次定期巡视时，记录变压器的电压、电流和上层油温。

变压器应定期进行外部检查。有人值班的变电所，每天至少检查一次，每周至少进行一次夜间检查。无人值班变电所，变压器容量 3150kV·A 以下的每月至少检查一次。

在下列情况下应对变压器进行特殊巡视检查：

① 新设备或经过检修、改造的变压器在投运 72h 内；

② 有严重缺陷时；

③ 气象突变（如大风、大雾、大雪、冰雹、寒潮等）时；

④ 雷雨季节特别是雷雨后；

⑤ 高温季节、高峰负荷期间；

⑥ 变压器事故过负荷运行时。

(2) 配电装置的运行维护

1) 一般要求

配电装置在变配电所中担负着受电和配电的任务，是变配电所的重要组成部分。配电装量应定期进行巡视检查，以便及时发现运行中出现的设备缺陷和故障，如导体接头的发热、绝缘子闪络或破损、油断路器漏油等，并设法采取措施予以消除。

在有人值班的变配电所内，配电装置应每班或每天进行外部检查一次。无人值班的变电所，配电装置应至少每月检查一次，如遇短路引起开关跳闸或其他特殊情况（如雷击时），应对设备进行特别检查。

2) 巡视检查项目

① 由母线及其接头的外观或其温度指示装置（如变色漆、示温蜡或变色示温贴片等）的指示，检查母线及其接头的发热温度是否超出允许值。

② 开关电器中所装的绝缘油颜色和油位是否正常，有无漏油现象，油位指示器有无

③ 绝缘子是否脏污、破损，有无放电痕迹。
④ 电缆及其终端头有无漏油及其他异常现象。
⑤ 熔断器的熔体是否熔断，熔管有无破损和放电痕迹。
⑥ 二次系统的设备如仪表、继电器等的工作状态是否正常。
⑦ 接地装置及 PE 线或 PEN 线的连接处有无松脱、断线。
⑧ 整个配电装置的运行状态是否符合当时的运行要求。停电检修部分有无在其电源侧断开的开关操作手柄处悬挂"禁止合闸、有人工作"之类的标示牌，有无装设必要的临时接地线。
⑨ 高低压配电室和电容器室的照明、通风及安全防火装置是否正常。
⑩ 配电装置本身和周围有无影响安全运行的异物（如易燃、易爆及腐蚀性物体）和异常现象。

在巡视中发现的异常情况，应记入专用记录簿内。重要情况应及时汇报上级，请示处理。

2. 配电线路的巡视及维护

（1）室内配电线路的运行维护

1) 一般要求

要搞好室内配电线路的运行维护工作，必须全面了解室内配电线路的布线情况、结构形式、导线型号规格及配电箱、开关、保护装置的安装位置等，并了解负荷的类型、特点、大小及变电所的有关情况。对室内配电线路，有专门的维修电工时，一般要求每周进行一次巡视检查。

2) 巡视检查项目

① 导线的发热情况，是否超过正常允许发热温度，特别要检查导线接头处有无过热现象。
② 线路的负荷情况，可用钳形电流表来测量线路的负荷电流。特别是绝缘导线不允许长期过负荷，否则可导致导线绝缘燃烧，引起电气失火事故。
③ 配电箱、分线盒、开关、熔断器、母线槽及接地装置等的运行是否正常，有无接头松脱、放电等异常情况。
④ 线路上及线路周围有无影响线路安全运行的异常情况。绝对禁止在绝缘导线和绝缘子上悬挂物件，禁止在线路近旁堆放易燃易爆物体。
⑤ 对敷设在潮湿或有腐蚀性物质场所的线路和设备，要进行定期的绝缘检查，绝缘电阻一般不得低于 $0.5M\Omega$。

在巡视中发现的异常情况，应记入专用记录簿内，重要情况应及时汇报上级，请示处理。

（2）线路运行中突然事故停电的处理

电力线路在运行中，如突然事故停电时，应按不同情况分别处理。

① 进线没有电压时。进线无电压是表明电力系统方面暂时停电。这时总开关不必拉开，但出线开关宜全部拉开，以免突然来电时，用电设备同时启动，造成负荷过大和电压骤降，影响供电系统的正常运行。
② 双电源进线之一停电时。当一条电源进线停电时，应立即进行倒闸操作，将负荷特别是重要负荷转移给另一条电源进线供电。
③ 架空线路首端开关突然跳闸时。开关突然跳闸一般是线路上发生了短路故障。由于架空线路的多数短路故障是暂时性的，如雷击和风筝、树枝等物体造成的相间短路等，很快能自然消除，因此只要开关的断流容量允许，可予试合一次，以尽快恢复线路的供电。这在

多数情况下可试合成功,如果试合失败,开关将再次跳闸,这时应对线路进行停电检修。

④ 放射式系统中故障线路的"分路合闸检查"法。以图 8-3 所示供电系统为例,假设故障发生在线路 WL8 上,由于保护装置失灵或选择配合不当,致使线路 WL1 的开关越级跳闸。分路合闸检查故障的步骤如下。

a. 将出线 WL2～WL6 的开关全部断开,然后合上 WL1 的开关,由于母线 WB1 正常,因此合闸成功。

b. 依次试合 WL2～WL6 的开关,结果除 WL5 的开关因其分支线路 WL8 存在着故障又跳闸外,其余出线开关均试合成功,恢复供电。

c. 将线路 WL7～WL9 的开关全部断开,然后合上 WL5 的开关,由于母线 WB2 正常,因而合闸成功。

d. 依次试合 WL7～WL9 的开关,结果除 WL8 的开关因线路上存在着故障又跳闸外,其余线路开关均试合成功,恢复供电。由此确定故障线路为 WL8。

这种分路合闸检查故障的方法,可迅速找出故障线路,并迅速恢复其他完好线路的供电。

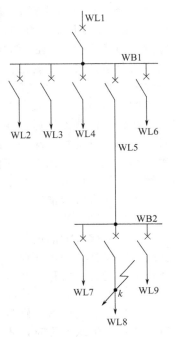

图 8-3 放射式供电系统"分路合闸检查"故障说明图

3. 变配电所主要电气设备的检修试验

(1) 电力变压器的检修试验

1) 电力变压器的检修

电力变压器的检修,分大修、小修和临时检修。按电力行业标准 DL/T 573—95《电力变压器检修导则》规定:变压器在投入运行后的 5 年内及以后每隔 10 年应大修一次。变压器存在内部故障或严重渗漏油时,或其出口短路后经综合诊断分析有必要时,也应进行大修。小修一般是每年一次。临时检修视具体情况确定。

① 变压器的大修　变压器的大修是指变压器的吊芯检修。

变压器的大修应尽量安排在室内进行,室温应在 10℃ 以上,如在寒冷季节,室温应比室外气温高出 10℃ 以上。室内应清洁干燥,无腐蚀性气体和灰尘。

为防止变压器芯子(又称器身)吊出后,暴露在空气中时间过长而使绕组受潮,应避免在阴雨天吊芯,而且应尽量缩短吊出的芯子暴露在空气中的时间。干燥空气中(相对湿度不大于 65%)不超过 16h;潮湿空气中(相对湿度不大于 75%)不超过 12h。

在室内进行大修时,需作好防潮、防雨、防尘和消防措施及其他有关大修的准备工作。

吊芯前,应先对外壳、套管、散热管、防爆管、油枕和放油阀等进行外部检查,然后放油拆开变压器顶盖,吊出芯子,将芯子放置在平整牢靠的方木上或其他物体上,但不得直接放在地上。接着仔细检查芯子,包括铁芯、绕组、分接开关、接头部分和引出线等。

对变压器绕组,应根据其色泽和老化程度来判断绝缘的好坏。根据经验,变压器绝缘老化的程度可分四级,如表 8-3 所列。

表 8-3　变压器绝缘老化的分级

级别	绝缘状态	说明
1	绝缘弹性良好,色泽新鲜均匀	绝缘良好
2	绝缘稍硬,但手按时无变形,且不裂纹不脱落,色泽稍暗	尚可使用
3	绝缘已经发脆,手按时有轻微裂纹,但变形不太大,色泽变暗	绝缘不可靠,应酌情更换绕组
4	绝缘已碳化发脆,手按时出现较大裂纹或脱落	不能继续使用,应更换

对变压器铁芯上及油箱内的油泥，可用铲刀刮除，再用不易脱毛的干布擦净，最后用变压器油清洗。对变压器绕组上的油泥，只能用手轻轻剥脱，对绝缘脆弱的绕组，尤其要细心，以防损坏绝缘。擦洗后，用强油流冲洗干净。注意：变压器内的油泥，不可用碱水刷洗，以免残留的碱水影响油质。

对变压器铁芯的穿芯螺杆，可用 1000V 兆欧表来测量它与铁芯间的绝缘电阻。6～10kV 及以下变压器的穿芯螺杆对铁芯的绝缘电阻，一般不应小于 2MΩ。如不满足要求时，应拆下绝缘管检修，必要时予以更换。

对分接开关，主要是检修其触头表面和接触压力情况。触头表面不应有烧结的疤痕。触头烧损严重时，应予拆换。触头的接触压力应平衡。如分接开关的弹簧可调时，可用以适当调节触头压力。运行较久的变压器，触头表面往往生有氧化膜和污垢。这种情况，轻者可将触头在各个位置上往返切换多次，使氧化膜和污垢自行清除；重者则可用汽油擦洗干净。有时绝缘油的分解物在触头上结成有光泽的薄膜，看似黄铜的光泽，其实是一种绝缘层，应该用丙酮擦洗干净。此外，应检查顶盖开关的标示位置是否与其触头实际接触位置一致，并检查触头在每一位置的接触是否良好。应检查所有接头是否紧固，如松动，应予紧好。对焊接的接头，如有脱焊情况，应予补焊。瓷套管如有破损时，应予更换。

对变压器上的测量仪表、信号和保护装置，也应进行检查和修理。

变压器如有漏油现象，应查明原因。变压器漏油，一般有焊缝漏油和密封漏油两种。焊缝漏油的修补办法是补焊。密封漏油如密封垫圈放得不正或压得不紧，则应放正或压紧；如密封垫圈老化（发黏、开裂）或损坏，则必须更换密封垫圈。

变压器大修时，应滤油或换油。换的油必须先经过试验，合格的才能注入变压器。

运行中的变压器大修时一般不需干燥，只有经试验证明受潮，或检修中超过允许暴露时间导致器身绝缘下降时，才考虑进行干燥。

最后还应清扫外壳，必要时进行油漆，然后装配还原，并进行规定的试验，合格后即可投入运行。

电力行业标准 DL/T 573—1995《电力变压器检修导则》对变压器的检修工艺和质量标准均有明文规定，应予遵循。

② 变压器的小修　变压器的小修主要指变压器的外部检修和不需吊芯的检修。小修项目包括如下。

a. 处理已发现的可就地消除的缺陷。

b. 放出油枕下部的污油。

c. 检修油位计，调整油位。

d. 检修冷却装置，必要时吹扫冷却器管束。

e. 检修安全保护装置，包括油枕、防爆管、瓦斯继电器等。

f. 检修油保护装置、测温装置及调压装置等。

g. 检查接地系统。

h. 检修所有阀门和塞子，检查全部密封系统，处理渗漏油。

i. 清扫油箱及附件，必要时进行补漆。

j. 清扫绝缘瓷管，检查接头。

k. 按有关规程规定进行测量和试验。如满足要求，即可投入运行。

2) 电力变压器的试验

变压器试验的目的，在于检验变压器的性能是否符合有关规程或标准的技术要求，是否存在缺陷或故障征象，以便确定能否出厂或检修后能否投入运行。

变压器的试验，按试验的目的分为出厂试验和交接试验等。这里主要讲检修后的交接试验。

变压器的试验项目，包括测量绕组连同套管的绝缘电阻；测量铁芯螺杆的绝缘电阻；变压器油的试验；测量绕组连同套管的直流电阻；检查变压器的连接组别和所有分接头的变压比；绕组连同套管的交流耐压试验等。对于干式变压器，则没有上述变压器油的试验项目。

① 变压器绕组连同套管的绝缘电阻测量　按 GB 50150—1991《电气装置安装工程电气设备交接试验标准》规定，3kV 及以上的电力变压器应采用 2500V 兆欧表来测量其绕组绝缘电阻，加压时间为 60s，绝缘电阻通常表示为 R''_{60}。测量时，其他未测绕组连同其套管应予接地。油浸式变压器的绝缘试验，应在充满合格油且静置 24h 以上待气泡消失后方可进行，测得的绝缘电阻值不低于出厂试验值的 70% 才算合格。当实测时温度高于出厂试验时温度（一般为 20℃），则绝缘电阻值应乘以表 8-4 所示温度换算系数（如实测温度低于出厂试验温度则除以换算系数）后才能与出厂试验的绝缘电阻进行比较。例如，温度为 35℃ 时测得绝缘电阻为 80MΩ，则换算到出厂试验温度 20℃ 时的绝缘电阻为 $R''_{60}=80\text{M}\Omega\times1.8=144\text{M}\Omega$，式中系数 1.8 为温度差为 35℃－20℃＝15℃ 时的换算系数，由表 8-4 查得。

表 8-4　绝缘电阻的温度换算系数

温度差/℃	5	10	15	20	25	30	35	40	45	50	55	60
换算系数	1.2	1.5	1.8	2.3	2.8	3.4	4.1	5.1	6.2	7.5	9.2	11.2

注：表中温度差为实测时温度减去 20℃ 的绝对值。

② 铁芯螺杆绝缘电阻的测量　3kV 及以上变压器的铁芯螺杆与铁芯间的绝缘电阻也应该用 2500V 兆欧表测量，加压时间也是 60s，应无闪络及击穿现象。

③ 变压器油的试验　变压器的绝缘油，通常有 DB-10（10 号）、DB-25（25 号）和 DB-45（45 号）三种规格。DB-10 的凝固点不高于－10℃；DB-25 的凝固点不高于－25℃；DB-45 的凝固点不高于－45℃。

变压器油在新鲜时呈浅黄色，运行后变为浅红色，但均应清澈透明。如果油色变暗，则说明油质变坏。

按规定，依试验目的的不同，绝缘油可进行如下三类试验。

a. 全分析试验。对每批新到的油及运行中发生故障后认为有必要检验的油应做此类试验，以全面检验油的质量。按 GB 50150—1991 规定，绝缘油的试验项目及标准如表 8-5 所列。

b. 简化试验。其目的在于按绝缘油的主要的、特征性的参数来检查其老化过程。对准备注入变压器的新油，应按表 8-5 中的第 5～11 项规定进行。

c. 电气强度试验。其目的在于对运行中的绝缘油进行日常检查。对输入 6kV 及以上设备的新油也需进行此项试验。

图 8-4 为绝缘油电气强度试验电路图。油杯用瓷或玻璃制成，容积约为 200mL。电极用黄铜或不锈钢制成，直径为 25mm，厚 4mm，倒角半径为 2.5mm。两极的极面应平行，均垂直于杯底面。从电极到杯底、到杯壁及到上层油面的距离，均不得小于 15mm。

试验前，用汽油将油杯和电极清洗干净，并调整电极间隙，使间隙精确地等于 2.5mm。被试油样注入油杯后，应静置 10～15min，使油中气泡逸出。

试验时，合上电源开关，调节调压器，升压速度约为 3kV/s，直至油被击穿放电。电压表读数骤降至零，电源开关自动跳闸为止。

发生击穿放电前一瞬间的最高电压值，即为击穿电压。

表 8-5 绝缘油的试验项目及标准

序号	项目		标准	说明
1	外观		透明,无沉淀及悬浮物	5℃时的透明度
2	苛性钠抽出		不应大于 2 级	按 SY 2651—77
3	安定性	氧化后酸值	不应大于 0.2mg(KOH)/(g 油)	按 YS-27-1—84
		氧化后沉淀物	不应大于 0.05%	
4	凝固点		①DB-10,不应高于 −10℃ ②DB-24,不应高于 −25℃ ③DB-45,不应高于 −45℃	①按 YS-25-1—84 ②户外断路器、油浸电容式套管、互感器用油;气温不低于 −5℃的地区,凝固点不应高于 −10℃;气温不低于 −20℃的地区,凝固点不应高于 −25℃;气温低于 −20℃的地区,凝固点不应高于 −45℃ ③变压器用油,气温不低于 −10℃的地区,凝固点不应高于 −10℃;气温低于 −10℃的地区,凝固点不应高于 −25℃或 −45℃
5	界面张力		不应小于 35mN/m	①按 GB 6541—86 或 YS-6-1—84 ②测试时温度为 25℃
6	酸值		不应大于 0.03mg(KOH)/(g 油)	按 GB 7599—1987
7	水溶性酸		pH 值不应小于 5.4	按 GB 7598—1987
8	机械杂质		无	按 GB 511—1977
9	闪点		①DB-10,不应低于 140℃ ②DB-25,不应低于 140℃ ③DB-45,不应低于 135℃	按 GB 261—1977 闭口法
10	电气强度试验		①使用于 15kV 以下,不应低于 25kV ②使用于 20~35kV,不应低于 35kV ③使用于 60~220kV,不应低于 40kV	①按 GB 507—1986 ②油样应取自被试设备 ③试验油杯采用平板电极 ④对注入设备的新油,均不应低于本标准
11	介质损耗角正切值 tanδ/%		①新油 90℃时不应大于 0.5 ②注入设备后的油 90℃时不应大于 0.7	①按 YS-30-1—84 ②按 GB 50150—1991

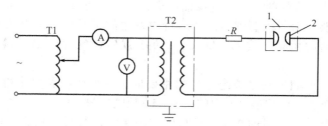

图 8-4 绝缘油电气强度试验电路图
1—试验油杯;2—电极
T1—调压器;T2—试验变压器(升压 0~50kV);R—保护电阻(水阻,5~10MΩ)

油样被击穿后,可用玻璃棒在电极中间轻轻地搅动几次(注意不要触动电极),以清除滞留在电极间隙的游离碳。静置 5min 后,重复上述升压击穿试验。如此进行 5 次,取其击穿电压平均值作为试验结果。

试验过程中应记录:各次击穿电区值、击穿电压平均值、油的颜色、有无机械混合物和灰分、油的温度、试验日期和结论等。

④ 变压器绕组连同套管的直流电阻测量 采用双臂电桥对所有各分接头进行直流电阻

测量，按 GB 50150—1991 规定，1600kV·A 及以下三相变压器，各相测得值的相互差值应小于平均值的 4%，相间测得值的相互差值应小于平均值的 2%。

⑤ 变压器连接组别的检查　变压器在更换绕组后，应检查其连接组别是否与变压器铭牌的规定相符。这里简介用以检查变压器绕组连接组别的直流感应极性测定法。

如图 8-5 所示，在三相变压器低压绕组接线端 ab、bc 和 ac 间分别接入直流电压表，而在高压绕组接线端 AB 间接入直流电压（电池），观察并记录直流电压接入瞬间各电压表指针摆动的方向（正、负）。然后在 BC 间和 AC 间相继接入直流电压，同样观察并记录直流电压接入瞬间各电压表指针摆动的方向（正、负）。

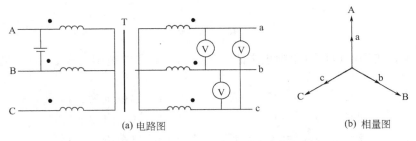

(a) 电路图　　　　　(b) 相量图

图 8-5　用直流感应法判别三相变压器的连接组别（Y，y0）

表 8-6 列出了用直流感应法判别部分三相变压器连接组别时各电压表指示的情况，其中 Y，yn0 和 D，yn11 两种连接组别是配电变压器中两种最常用的连接方式。

表 8-6　用直流感应法判别三相变压器连接组别

变压器连接组别	变压器高低压绕组电路图	加直流电压的高低压绕组	低压绕组的电压表指示		
			ab	bc	ac
Yy0(或 Yyn0)		AB	+	−	+
		BC	−	+	+
		AC	+	+	+
Yy6(或 Yyn6)		AB	−	+	−
		BC	+	−	−
		AC	−	−	−
Dy11(或 Dyn11)		AB	+	0	+
		BC	0	+	0
		AC	0	+	+
Dy5(或 Dyn5)		AB	−	0	−
		BC	+	−	0
		AC	0	+	+

图 8-5 和表 8-6 内电路图中变压器高低压绕组端部标示的黑点 "·" 是表示两绕组对应的同名端（又称同极性端）。

⑥ **变压器电压比的测量** 变压器在修理中如更换了绕组，则修理后必须测量各接头上的电压比。这里简介用两只电压表测量电压比的方法。

如图 8-6 所示，将变压器高压绕组接上比较平衡和稳定的三相电源，依次测量变压器两侧的相间电压 U_{AB}、U_{ab}、U_{BC}、U_{bc}、U_{CA}、U_{ca}，然后按下列公式计算出实测的电压比

$$K_{AB} = \frac{U_{AB}}{U_{ab}} \tag{8-1}$$

$$K_{BC} = \frac{U_{BC}}{U_{bc}} \tag{8-2}$$

$$K_{CA} = \frac{U_{CA}}{U_{ca}} \tag{8-3}$$

一般规定，实测电压比对铭牌规定的电压比 K_N 的偏差范围为 ±1%（220kV 及以上变压器为 ±0.5%），即

$$\Delta K_{AB-N}\% = (K_{AB} - K_N) \times 100 \times K_N^{-1}（范围为 ±1\%） \tag{8-4}$$

$$\Delta K_{BC-N}\% = (K_{BC} - K_N) \times 100 \times K_N^{-1}（范围为 ±1\%） \tag{8-5}$$

$$\Delta K_{CA-N}\% = (K_{CA} - K_N) \times 100 \times K_N^{-1}（范围为 ±1\%） \tag{8-6}$$

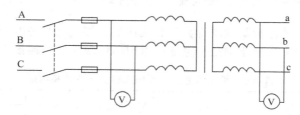

图 8-6 用双电压表法测定变压器的电压比

⑦ **交流耐压试验（外施工频高压试验）** 变压器绕组连同套管进行的交流耐压试验，是检查变压器绝缘状况的主要方法。如果其绕组绝缘受潮、损坏或夹杂异物等，都可能在试验中产生局部放电或击穿。

图 8-7 为交流耐压试验电路图，图中 R 用以保护试验变压器，一般按试验电压以 0.1～0.2（Ω/V）来选择。

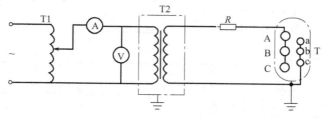

图 8-7 变压器交流耐压试验电路图
T—被试变压器；T1—调压器；T2—试验变压器；R—保护电阻

试验时，合上电源，调节调压器。在达到试验电压的 40% 之前，电压上升速度不限，但此后应以缓慢的均匀速度升压至要求的数值。试验电压升至要求的数值后，应保持 1min。然后匀速降压，大约在 5s 内降至试验电压的 25% 以下时，切断电源。

在试验过程中，应仔细探听变压器内部的音响，如果在耐压期间，仪表指示没有变化，没有击穿放电声，油枕及其排气孔没有表征变压器内部击穿的迹象，则应认为变压器的内部

绝缘是满足规定的耐压要求的。

检修后的试验电压值一般按出厂试验电压的85%。如出厂试验电压不详，可按表8-7的规定。

表8-7 电力变压器交接时的工频耐压试验电压值　　　　　　　　　　　　　　　　　kV

变压器高压电压级	3	6	10	15	20	35	66
油浸式变压器	15	21	30	38	47	72	120
干式变压器	8.5	17	24	32	43	60	—

试验时注意事项：

a. 电源电压应比较稳定。

b. 应按图8-7所示可靠地接地。

c. 被试变压器注油后要静置24h以上才能进行耐压试验。

d. 被试变压器的所有气孔均应打开，以便击穿时排除变压器内部产生的气体和油烟。

（2）配电装置的检修试验

1）配电装置的检修

① 检修周期　配电装置的检修，也分大修和小修。按《电力工业技术管理法规》规定，配电装置应按下列期限进行大修（内部检修）。

a. 高压断路器及其操动机构，每3年至少1次，低压断路器及其操动机构，每2年至少1次。高低压断路器在短路故障断开4次后要进行临时性检修，但根据运行情况并经有关领导批准，可适当增减此项断开次数。

b. 高压隔离开关的操动机构，每3年至少1次。

c. 配电装置其他设备的大修期限，按预防性试验和检查的结果而定。

以检查操动机构动作和绝缘状况为主的小修，其期限一般为每年至少1次。

② 检修内容　下面着重介绍SN_{10}-10型高压少油断路器的停电内部检修，其一般要求也适于其他少油断路器。

a. 油箱的检修　油箱最常见的毛病是渗漏油，其原因大多是油封问题。如果是油封（密封垫圈）老化裂纹或损坏时，应予以更换，一般可用耐油橡皮配制。如果油箱有砂眼时，应进行补焊。如果外壳脱漆，应按原色油漆。

b. 灭弧室的检修　应采用干净布片擦去残留在灭弧室表面的烟灰和油垢。灭弧室烧伤严重时，应拆下进行清洗和修理。检修完毕后，应装配复原，注意对好各条灭弧沟道和喷口方向。

c. 触头的检修　动触头（导电杆）端部的黄铜触头有轻微烧伤时，可用细锉刀挫平。为保持端面圆滑，可用零号砂布打磨。动触头端部的黄铜触头严重烧伤时，可用机床车光或更换触头。

d. 断路器的整体调整　调整断路器的转轴或拐臂从合闸到分闸的回转角度，恢复到原来设计的要求（110°或120°）。

调整动触头（导电杆）的行程，也使之达到设计的要求（约为160mm）。在调整动触头行程时，应同时进行三相触头合闸同时性的调整。检查断路器触头三相合闸同时性的电路如图8-8所示。检查时缓慢地用手操动合闸，观察是否同时灯亮。如合闸时三灯同时亮，说明三相触头是同时接通的。如三灯不同时亮，则应调节动静触头的相对位置，直到三相触头基本上同时接触即三灯差不多同时亮为止。总的来说，断路器的总体调整应使其符合产品规定的技术要求。

2）配电装置的试验

① 检查和试验项目　按《电力工业技术管理法规》规定：新建和改建后的配电装置，在投入运行前，应进行下列各项检查和试验。大修后的配电装置，也应进行相应的检查和试验。检查和试验项目如下。

a. 检查开关设备的各相触头接触的严密性、分合闸的同时性以及操动机构的灵活性和可靠性，测量分合闸所需时间及二次电路的绝缘电阻。按 GB 50150—1991 规定，小母线在断开所有其他并联支路时，小母线的绝缘电阻不应小于 10MΩ；二次回路的每一支路及断路器、隔离开关的操作电源回路的绝缘电阻，均不应小于 1MΩ，而在比较潮湿的地方，可不小于 0.5MΩ。

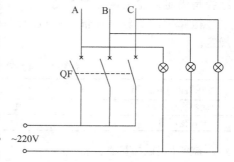

图 8-8　断路器三相合闸同时性试验电路

b. 检查和测量互感器的变比和极性等。
c. 检查母线接头接触的严密性。
d. 充油设备绝缘油的简化试验，如前变压器油的试验所述，油量不多的可仅做耐压（电气强度）试验。
e. 绝缘子的绝缘电阻、介质损耗角及多元件绝缘子的电压分布测量，对 35kV 及以下绝缘子，仅做耐压试验。
f. 检查接地装置，必要时测量接地电阻。
g. 检查和试验继电保护装置和过电压保护装置。
h. 检查熔断器及其他防护设施。

② 下面以 SN_{10}-10 型为例，介绍高压少油断路器的试验项目。

a. 绝缘拉杆、绝缘电阻的测量　采用 2500V 兆欧表测量，由有机物制成的绝缘拉杆在常温下的绝缘电阻不应低于 1200MΩ。

b. 分、合闸线圈和合闸接触器线圈绝缘电阻的测量　亦采用 2500V 的兆欧表测量，其绝缘电阻不应低于 10MΩ。

c. 交流耐压试验　在交接时，大修后及每年 1 次的预防性试验中都要进行交流耐压试验，6～10kV 的断路器应分别在分、合闸状态下进行试验。试验方法与前述变压器方法相同。6kV 断路器的试验电压用 21kV；10kV 断路器的试验电压用 27kV。

d. 触头接触电阻的测量　在交接时、大修后，每年 1 次的预防性试验中及故障跳闸 4 次后，均应对断路器触头进行检查，并测量其接触电阻。测量方法可采用双臂电桥，也可采用较大直流电流通过触头，测量其电流和触头上电压降，然后计算触头的接触电阻值。测量前，应将断路器分、合闸数次，使触头接触良好。测量的结果，应取分散性较小的 3 次平均值。对触头接触电阻值的要求，如表 8-8 所列。

表 8-8　3～10kV 油断路器触头接触电阻的要求

油断路器额定电流/A	200	400	630	1000
交接时、大修后触头电阻/μΩ	300～350	200～250	100～150	80～100
运行中触头电阻/μΩ	400	300	200	150

e. 分、合闸时间的测量　对于配有远距离分合闸操动机构（如 CD10 型等）的断路器，应在交接时和每次检修后，利用电气秒表（或周波积算器）测量其固有分闸时间和合闸时间，检查这两个时间是否符合断路器出厂的技术要求。所谓固有分闸时间，是指从断路器的跳闸线圈通电时起到断路器触头刚开始分离时止的一段时间。所谓合闸时间，是指从断路器

的合闸接触器通电时起到断路器触头刚开始接触时止的一段时间。

图8-9为一种应用广泛的电气秒表，亦称周波积算器。它的固定部分是一个马蹄形永久磁铁，可动部分是绕有电磁线圈的轻巧电磁铁，置于永久磁铁两极掌之间，当接上工频（50Hz）电压220V或110V时，可动电磁铁两端的极性就要随着外施电压的周波数而交变，从而使之在永久磁铁两极掌间以外施电压的周波数而往复振荡。振动电磁铁的轴连接着一套齿轮计数机构，用以记录外施电压接通时间的周波数。由于工频电压一周波的时间为0.02s，因此将记录的周波数乘以0.02s就可得到外施电压作用的时间（单位为s）。由此可用来精确地测量较短的"10^{-2}s"数量级的时间。

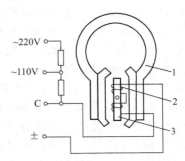

图8-9 周波积算器（电气秒表）
1—永久磁铁；2—电磁线E；3—振动电磁铁

图8-10为断路器固有分闸时间的测量电路。测量时，合上双极刀开关QK（两极应同时接通），跳闸线圈YR通电（断路器联锁触头在断路器合闸时是闭合的），同时周波积算器开始工作，记录时间。当断路器QF的触头一分开，周波积算器立即断电停走，由此可测得断路器的固有分闸时间。

图8-11为断路器合闸时间的测量电路。测量时，合上双极刀开关QK（两极应同时接通），合闸接触器KQ通电，同时周波积算器开始工作，记录时间。当断路器QF的触头一闭合，周波积算器的电磁线圈立即被短路而停走，由此可测得断路器的合闸时间。

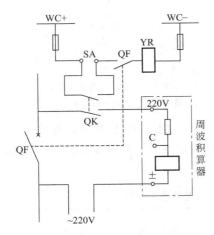

图8-10 断路器固有分闸时间的测量电路
QF—被测断路器及其联锁触头；
YR—断路器跳闸线圈；WC—控制小母线；
SA—控制开关；QK—刀开关

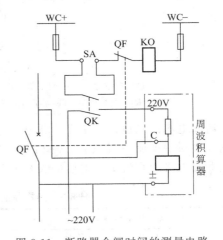

图8-11 断路器合闸时间的测量电路
QF—被测断路器及其联锁触头；KO—合闸接触器；
WC—控制小母线；SA—控制开关；QK—刀开关

f. 绝缘油的试验 在交接时、每次检修中及运行期间认为有必要时，都应该进行绝缘油的试验。由于少油断路器油量少，且只作灭弧介质用，因此按规定可只作电气强度（耐压）试验，方法与变压器油的试验方法相同。

(3) 避雷器的试验

最常用的避雷器为阀式和排气式。这里简介这两种避雷器的试验。

1) 阀式避雷器的试验

运行中阀式避雷器的试验项目，有测量绝缘电阻、泄漏电流和工频放电电压等。对解体检修后的避雷器，还应进行密封检查。

① 绝缘电阻的测量 对 FS 型避雷器，交接时的绝缘电阻不应小于 2500MΩ，运行中的绝缘电阻不应小于 2000MΩ。一般用 2500V 兆欧表测量。测试前应将避雷器表面擦干净，以保证测量结果的准确性。

对 FZ 型避雷器，由于它有并联电阻，所以如果并联电阻老化、断裂或接触不良，其绝缘电阻可比正常值大得多。如果并联电阻完好，但内部受潮时，则其绝缘电阻又将明显下降。这种类型避雷器的绝缘电阻值没有明确要求，因此只有与上一次测量值或与其他同类型避雷器的绝缘电阻进行比较，不应有明显的差别即可。

② 泄漏电流（电导电流）的测量 对有并联电阻的 FZ 型避雷器，只用兆欧表测量其绝缘电阻，还不能充分了解其内部缺陷，因此还必须用较高的直流电压加于避雷器以测量其泄漏电流。泄漏电流的测量电路如图 8-12 所示。

泄漏电流的测量，对于有并联电阻的 FZ 型避雷器，主要是检查并联电阻状况。如果并联电阻老化、接触不良，则泄漏电流明显减小。如果并联电阻断裂，则泄漏电流可减小到零。如果并联电阻受潮，则泄漏电流将急剧增大，可达 1mA 以上，泄漏电流的正常值应在 400～600μA 之间。

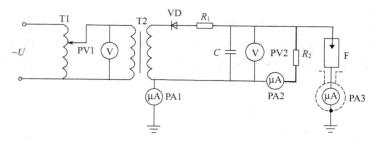

图 8-12 避雷器泄漏电流测量电路

F—被测避雷器；T1—调压器；T2—试验变压器；VD—高压二极管；R_1—保护电阻；
R_2—被测电阻；C—稳压电容器；PV1，PV2—电压表；PA1，PA2—微安表

泄漏电流的测量，对于无并联电阻的 FS 型避雷器，主要是检查内部是否受潮。内部未受潮时，泄漏电流一般只有 1～2μA。如泄漏电流大于 10μA，说明受潮严重，不能使用。测量泄漏电流的直流试验电压如表 8-9 所示。

表 8-9 避雷器泄漏电流测量的直流试验电压值

避雷器额定电压/kV		3	6	10
直流试验电压/kV	FZ 型	4	6	10
	FS 型	4	7	11

③ 工频放电电压的测量 测量避雷器的工频放电电压是为了检查避雷器的保护性能。如果工频放电电压高于规定的上限值，则表示避雷器的冲击放电电压升高。如果工频放电电压低于规定的下限值，则表示避雷器的灭弧电降低，避雷器可能在内部过电压下误动作。因此，阀式避雷器的工频放电电压应在规定的上下限范围内，才能使被保护的电气设备得到可靠的保护。

测量工频放电电压，是 FS 型避雷器的必试项目。对每一避雷器应作 3 次工频放电试验，并取 3 次放电电压的平均值作为该避雷器的工频放电电压，每次试验间隔时间不得小于 1min。试验电路如图 8-13 所示。试验电源的波形要求为正弦波。为消除高次谐波的影响，

调压器的电源应取线电压或在试验变压器低压侧加滤波电路。FS 型避雷器的工频放电电压应符合表 8-10 所列要求。有并联电阻的 FZ 型避雷器可不做此项试验。

表 8-10　FS 型避雷器的工频放电电压范围

避雷器额定电压/kV	3	6	7
工频放电电压有效值/kV	9～11	16～19	25～32

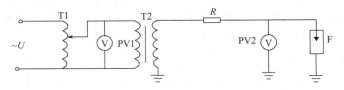

图 8-13　FS 型避雷器工频放电电压测量电路

F—被试避雷器；T1—调压器；T2—试验变压器；R—保护电阻；PV1，PV2—电压表

2）排气式避雷器的试验

GX 型排气式（管型）避雷器一般只做检查性试验，检查项目如下。

① 用兆欧表测量绝缘电阻，主要检查灭弧管是否严重受潮。

② 抽出棒形电极，检查灭弧管内部有无堵塞，并应清除干净。

③ 检查灭弧管内径，不得大于产品标准值的 140%。

④ 检查内部火花间隙，3～10kV 避雷器的内部火花间隙与产品标准相差不得大于 3mm。

⑤ 检查棒形电极端部有无烧伤，如烧伤不严重，可用细锉修理；如烧损严重，应予更换。

⑥ 检查灭弧管内外管壁有无破损，表面漆层是否脱落，棒形电极是否碰到管壁。

⑦ 检查外部火花间隙是否符合要求。

⑧ 检查连接部分有无松动现象。

⑨ 检查排气范围内有无导体及其他物体。

对 GSW 型排气式避雷器还须进行工频耐压试验。6kV 的 GSW-6 型试验电压为 12kV；10kV 的 GSW-10 型试验电压为 18kV。

4. 电力线路的检修试验

（1）电力线路的检修

电力线路的检修，分停电检修和不停电检修两种。不停电检修对保证电力系统的连续供电，减少停电损失有很大的意义。但对一般供电系统来说，往往还是采用停电检修。范围较小的短时间停电检修，如检修低压分支线，在不影响重要负荷用电的情况下，可随时通知用户停电进行。范围较大的较长时间的停电检修，如检修高压线路或低压干线，则必须及早通知用户，且应尽量安排在节假日进行，以减少停电造成的损失。

① 架空线路的检修　对架空线路导线，如发现缺陷时，其检修要求如表 8-11 所示。

表 8-11　导线缺陷的处理要求

导线类型	钢芯铝绞线	单一金属线	处理方法
	磨损	磨损	不作处理
导线缺陷	铝线 7% 以下断股	截面 7% 以下断股	缠绕
	铝线 7%～25% 断股	截面 7%～17% 断股	修补
	铝线 25% 以上断股	截面 17% 以上断股	锯断重接

对架空线路电杆,如电杆受损使其断面缩减至50%以下时,应立即修补或加绑桩。损坏更严重时,应予换杆。

② 电缆线路的检修　电缆线路的故障,大多发生在电缆的中间接头和终端头,而且常见的毛病是漏油溢胶(在采用油浸纸绝缘电缆时)。如电缆头漏油溢胶严重或放电时,应立即停电检修,通常是重作电缆头。

电缆线路出现了故障,一般需借助一定的测量仪器和测量方法才能确定。例如电缆发生了如图8-14所示的故障,外观无法检查,只有借助兆欧表,在电缆两端摇测各相对地(外皮)及相与相之间的绝缘电阻,并将一端所有相线短接接地,在另一端重作上述相对地及相与相之间的绝缘电阻摇测。测量结果如表8-12所示。

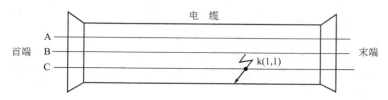

图8-14　电缆内部故障示例

表8-12　故障电缆绝缘电阻测量结果

测量顺序	电缆绝缘电阻/MΩ					
	相—地			相—相		
	A	B	C	A—B	B—C	C—A
在首端测量	∞	∞	∞	∞	∞	∞
在末端测量	∞	0	0	∞	0	∞
末端短接接地,在首端测量	0	∞	∞	∞	∞	∞

注:表中∞值在实测中可为几百或几千兆欧,表中0值在实测中可为几千或几万欧。

对表8-12的绝缘电阻测量结果进行分析可得如下结论:此电缆故障为两相断线又对地(外皮)击穿,如图8-14所示。

(2) 工厂电力线路的试验

电力线路最常用的试验项目,是绝缘电阻的测量和定相。

1) 绝缘电阻的测量

测量线路(这里指电缆和绝缘导线)绝缘电阻的目的,是检查线路的绝缘是否良好,有无接地或相间短路故障。

测量绝缘电阻应利用兆欧表。兆欧表俗称"摇表",由手摇发电机、比率型磁电系测量机构及测量电路组成。它是专门用来测量电气设备和线路绝缘电阻的一种便携式仪表。为防止绝缘材料因发热、受潮、污染、老化等原因造成的损坏,为检查修复后或停运一段时间后的电气设备的绝缘性能是否达到规定的要求,都需要经常测量绝缘电阻。

在摇测线路绝缘电阻时必须注意以下几点。

① 在摇测绝缘电阻前,应仔细检查沿线有无外物搭接,是否有人在线路上工作,负荷和电源是否全部断开。只有线路上无外物搭接、无人工作且负荷和电源全部断开的情况下才能摇测绝缘电阻。

② 雷雨时不得摇测室外线路绝缘电阻,以免雷电过电压伤人。

③ 摇测电缆和绝缘导线的绝缘电阻时,应将其绝缘层接到兆欧表的"保护环"(或称屏蔽环),如图8-15所示,以消除其表面漏电电流的影响。

④ 为避免线路充电电压损坏兆欧表,摇测完毕后,应先取下火线再停止摇动,并且应

立即使线路短路放电,以免线路的充电电压伤人。

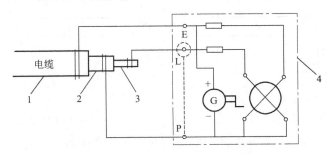

图 8-15　用兆欧表测量电缆的绝缘电阻
1—电缆外皮；2—绝缘层；3—电缆芯线；4—兆欧表
E—接地端子；L—线路端子；P—保护端子

⑤ 高压线路一般采用 2500V 兆欧表摇测,低压线路采用 1000V 或 500V 兆欧表摇测。

为什么不能用万用表的欧姆挡来测量绝缘电阻呢？有以下两个原因：一是万用表里的电源电压太低,在低电压下呈现的电阻值不能反映出在高电压作用下的绝缘电阻的真实数值；二是绝缘电阻的阻值较大（可达几十至几百兆欧）,万用表不能准确指示。

2) 三相线路的定相

定相就是测定相序和核对相位。新安装或改装后的线路投入运行以及双回路要并列运行,均需经过定相,以免彼此的相序或相位不一致,投入运行时造成短路或环流而损坏设备。

① 测定相序　测定三相线路的相序,可采用电容式或电感式指示灯相序表。

图 8-16(a) 为电容式指示灯相序表的原理接线, A 相电容 C' 的容抗与 B、C 两相灯泡的阻值相等,此相序表接上待测三相线路电源后,灯亮的相为 B 相,灯暗的相为 C 相。

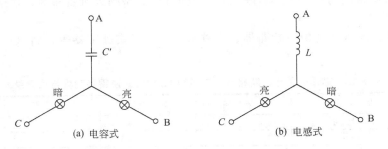

图 8-16　指示灯相序表的原理接线

图 8-16(b) 为电感式指示灯相序表的原理接线, A 相电感 L 的感抗与 B、C 两相灯泡的阻值相等,此相序表接上待测三相线路电源后,灯暗的相为 B 相,灯亮的相为 C 相。

② 核对相位　核对相位的方法很多,最常用的为兆欧表法和指示灯法。

图 8-17(a) 为用兆欧表核对线路两端相位的接线。线路首端接兆欧表,其 L 端接线路, E 端接地。线路末端逐相接地。如果兆欧表指示为零,则说明末端接地的相线与首端测量的相线属同一相。如此三相轮流测量,即可确定线路首端和末端各自对应的相。

图 8-17(b) 为用指示灯核对线路两端相位的接线。线路首端接指示灯,末端逐相接地。如果指示灯通上电源时灯亮,则说明末端接地的相线与首端接指示灯的相线属同一相。如此三相轮流测量,亦可确定线路首端和末端各自对应的相。

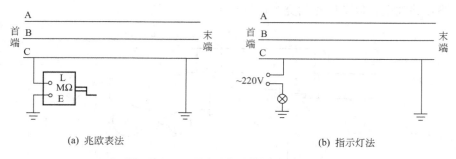

(a) 兆欧表法　　　　　　　　　(b) 指示灯法

图 8-17　核对线路两端相位的接线

【任务实施】

（1）实施地点

教室、专业实训室。

（2）实施所需器材

① 多媒体设备。

② 常用高压开关柜、断路器、电缆和 FS 型阀式避雷器等。

（3）实施内容与步骤

① 学生分组。3～4 人一组，指定组长。工作始终各组人员尽量固定。

② 教师布置工作任务。学生阅读工作任务书，了解工作内容，明确工作目标，制定实施方案。

③ 教师通过图片、实物或多媒体分析演示。让学生识别各种断路器、电缆或指导学生自学。

④ 实际观察常用高压开关柜、断路器、电缆和 FS 型阀式避雷器等，根据观察结果填写记录表。

a. 分组观察高压开关柜、断路器、电缆和 FS 型阀式避雷器等，将观察结果记录在表 8-13 中。

表 8-13　高压开关柜、断路器、电缆和 FS 型阀式避雷器观察结果记录表

序号	设备名称	主要缺陷	处理意见	巡视周期	备注
1	高压开关柜				
2	断路器				
3	电缆				
4	FS 型阀式避雷器				

b. 根据需要判断三相相序。

c. 注意事项

ⓐ 认真观察填写，注意记录相关数据。

ⓑ 注意安全。

【知识拓展】　工厂供配电系统无功补偿的接线安装、运行与维护

（1）电容补偿的方式

① 个别补偿　对电动机等大容量的感性设备，采用专用电容器，比较准确的计算出补偿容量，运行中与用电设备同步投入。补偿效果最好，但是电容器的利用率低，投资大。个

别补偿如图 8-18 所示。

低压个别补偿中，将电动机与电容器并联，补偿电容量则按电动机的无功电流来确定，因此，这种方式的补偿效率最高。但经济效益相对比较低，接触器断电后电机绕组可以直接作为放电装置。

② 分散补偿 变、配电室通过线路将电源送至车间总配电柜或用户侧总配电点，并在此设置电容补偿柜，对所有已运行的感性设备根据 $\cos\varphi$ 的需要，动态进行补偿并自动调整。电容器的利用率相对高一些，补偿效益一般。分散补偿如图 8-19 所示。

③ 集中补偿 在变压器的主进柜旁，装设电容补偿开关柜，按照整个低压系统的感性负荷 $\cos\varphi$ 的需要自动投入补偿电容。

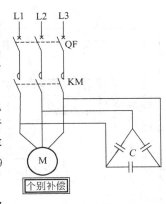

图 8-18 个别补偿

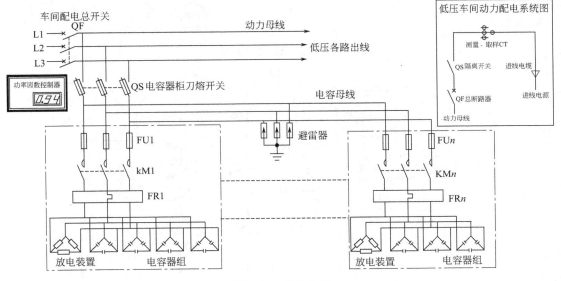

图 8-19 分散补偿

电容的利用率高，补偿效益较好，应用比较广泛。集中补偿如图 8-20 和图 8-21 所示。

低压集中补偿，与低压分散补偿相似，区别就在于电容器柜配置在变电室的低压进线柜侧，对整个变压器供电负荷的无功功率进行补偿。

在高压侧集中补偿、低压侧则采用分散补偿。相对补偿效果最佳，但投资较大。在 3～6kV 的高压侧使用电容补偿时，一般是在具有高压电动机的场合，大多都按个别补偿的方式。

(2) 电容器的安装运行与维护

1) 电容器的放电装置

电容器的放电装置具有两个作用：一是防止电容器在带电荷情况下合闸，若电容器内部残存电荷的情况下，再次合闸可能会造成电容器在瞬间承受 $2\sqrt{2}$ 倍电压的冲击；二是避免检修人员发生剩余电荷的触电事故，因此要求电容器必须具有合格的放电装置。其标准为切断电容器电源后 30s，电容器的残存电压应保证在 65V 以下，每 kvar 放电电阻的功率不大于 1W。检修操作时，按规程要求，执行停电、验电（隔离电器的电源与负荷侧）、静置 3min 后再补充人工放电的安全措施，确无电压后才能进行检修操作。

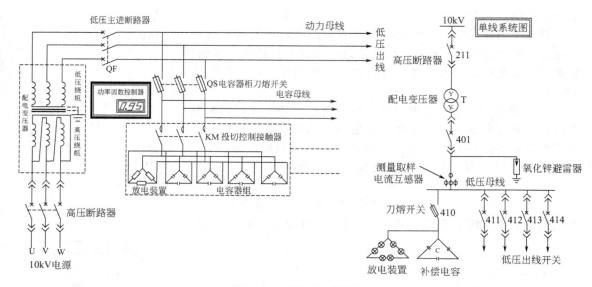

图 8-20 低压集中补偿

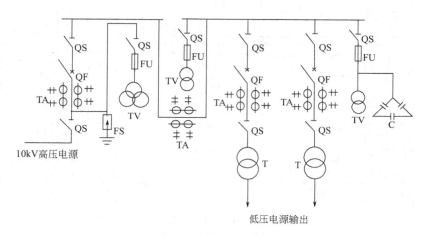

图 8-21 高压集中补偿

电容的放电装置多采用白炽灯六只两两串联后再接成三角形，并联接入电容器电路，要求放电装置与电容器之间无开关和熔断器。现在应用的干式电容器，由于其内部设置的放电电阻，就无需再接放电灯，低压个别补偿时，补偿对象都为电动机，因此可以利用电机绕组直接作为放电装置，而在高压补偿中，通常将电容器与电压互感器相连，利用电压互感器兼作放电装置。

2）安装要求

环境温度±40℃；相对湿度80%；海拔 1000m 以下；无腐蚀性气体及尘埃场合；无易燃、易爆、及剧烈振动冲击场所；电容器室最好为单独的建筑物，耐火等级不低于 2 级；通风良好，加装百叶窗和铁丝网以防小动物入内；电容器室的门应能双向开启180°。

① 分层安装，不超过三层，电容母线距上层构架垂直距离不小于 20cm，下层电容器距地不小于 30cm；

② 电容器构架间距不小于 50cm，电容器间距不小于 5cm，电容器柜的通道不小于 1.5m，铭牌应面向通道；

③ 外壳与构架可靠接地,各连接点接触良好;
④ 电容器分组接线,每组不超过四台;
⑤ 具有合格的放电装置;
⑥ 具有温度监测环节(试温蜡片或温度计);
⑦ 配置可靠的短路、过载保护装置;
⑧ 低压电容器 100kvar 以上安装带过流脱扣的自动空气断路器;
⑨ 30kvar 及以上每相应装电流表,60kvar 及以上应安装电压表;
⑩ 总油量在 300kvar 以上的高压电容器应设专用电容室;
⑪ 高压电容器 100kvar 以下可以用跌开式熔断器保护;
⑫ 100～300kvar 可以用负荷开关保护控制;
⑬ 300kvar 以上时则用断路器保护控制;

3) 电容器的运行规定

① 正常运行时的操作顺序　在正常情况下,配电系统全站停电时,应先拉开电容器柜的开关,然后再拉开出线负荷开关,最后拉开电源进线开关。

送电时应先合上电源进线开关,再合上出线负荷开关,最后合上电容柜的开关。此时功率因数控制器将自动控制电容器的投入/退出(通常功率因数控制器的投/切的设定值 $\cos\varphi$ 在 0.9 至 0.95 之间,手动操作时则以功率因数表低于 0.9 投入,在运行中若高于 0.95 时则退出)。

② 异常时的退出　运行中有下列之一情况时需将电容器退出:
a. 电压超过额定值的 1.1 倍时;
b. 电流超过额定值的 1.3 倍时;
c. 室温超过 40℃时;
d. 电容器壳温超过 60℃时。

③ 紧急情况下的退出
a. 电容器爆炸;
b. 电容器喷油起火;
c. 瓷套管严重闪络放电;
d. 接点严重过热或已经熔化;
e. 电容器内部严重异常声响;
f. 电容器外壳变形。

学习小结

本任务的核心是变配电设备的巡视项目、巡视周期,电缆线路的运行维护,是电工必备的基本技能之一,通过本任务的学习,学生应能理会以下要点。

1. 电力变压器的运行维护

电力变压器是变电所内最关键的设备,搞好变压器的运行维护是非常重要的。应定期进行巡视检查,以便及时发现运行中出现的设备缺陷和故障并设法采取措施予以消除。

2. 配电装置的运行维护

配电装置在变配电所中担负着受电和配电的任务,是变配电所的重要组成部分。配电装量应定期进行巡视检查,以便及时发现运行中出现的设备缺陷和故障并设法采取措施予以消除。

3. 室配电线路的运行维护

要搞好室内配电线路的运行维护工作,必须有专门的维修电工,一般要求每周进行一次巡视检查。

4. 线路运行中突然事故停电的处理

电力线路在运行中，如突然事故停电时，应按不同情况分别处理。

5. 电力变压器的检修试验

电力变压器的检修，分大修、小修和临时检修。变压器在投入运行后的5年内及以后每隔10年应大修一次。变压器存在内部故障或严重渗漏油时，或其出口短路后经综合诊断分析有必要时，也应进行大修。小修一般是每年一次。临时检修视具体情况确定。

6. 配电装置的检修，也分大修和小修，详见教材。

7. 运行中阀式避雷器的试验项目，有测量绝缘电阻、泄漏电流和工频放电电压等。对解体检修后的避雷器，还应进行密封检查。

8. 电力线路的检修，分停电检修和不停电检修两种。不停电检修对保证电力系统的连续供电，减少停电损失有很大的意义。但对一般供电系统来说，往往还是采用停电检修。

9. 电力线路最常用的试验项目是绝缘电阻的测量和定相。测量线路绝缘电阻的目的，是检查线路的绝缘是否良好，有无接地或相间短路故障。定相就是测定相序和核对相位。新安装或改装后的线路投入运行以及双回路要并列运行，均需经过定相，以免彼此的相序或相位不一致，投入运行时造成短路或环流而损坏设备。

自我评估

1. 电力变压器巡视检查项目有哪些？
2. 电力变压器巡视周期是如何规定的？
3. 配电装置巡视检查项目有哪些？
4. 架空线路巡视检查项目有哪些？
5. 电缆线路巡视检查项目有哪些？
6. 室配电线路巡视检查项目有哪些？
7. 摇测线路绝缘电阻应注意哪些问题？
8. 如何测定相序？
9. 如何核对相位？

评价标准

教师根据学生观察记录结果及提问，按表8-14给予评价。

表8-14 任务8.1综合评价表

项目	内　容	配分	考核要求	扣分标准	得分
实训态度	1. 实训的积极性 2. 安全操作规程地遵守情况 3. 纪律遵守情况 4. 完成自我评估、技能训练报告	30	积极参加实训，遵守安全操作规程和劳动纪律，有良好的职业道德和敬业精神；技能训练报告符合要求	违反操作规程扣20分；不遵守劳动纪律扣10分；自我评估、技能训练报告不符合要求扣10分	
观察设备运行情况并记录	记录一次系统图观察结果	20	观察认真，记录完整	观察不认真扣5分 记录不完整扣5分	
填写设备缺陷	寻找设备缺陷	30	认真填写	填写设备缺陷每错一处扣10分	
环境清洁	环境清洁情况	10	工作台周围无杂物	有杂物1件扣1分	
合计		100			

注：各项配分扣完为止

附录

附表 1　电气设备文字符号

文字符号	中文含义	英文含义	旧符号
APR	备用电源自动投入装置	auto-put-device of reserve-source	BZT
ARD	自动重合闸装置	auto-reclosing device	ZCH
C	电容器	capacitor	C
F	避雷器	arrester;lighting arrester	BL
FU	熔断器	fuse	RD
FR	具有延时动作的限流保护器件	Current threshold protective device with Time-lag action	F
G	发电机;电源	generator;source	F
GB	蓄电池	battery	XDC
GN	绿色指示灯	green indicating lamp	LD
HDS	高压配电所	high-voltage distribution substation	GPS
HL	指示灯,信号灯	indicating lamp,signal lamp	XD
HSS	总降压变电所	head step-down substation	ZBS
K	继电器,接触器	relay;contactor	J;JC
KA	电流继电器	current relay	LJ
KG	气体(瓦斯)继电器	gas relay	CHJ
KM	中间继电器;接触器	medium relay;contactor	ZJ;JC
KO	合闸接触器	closing(ON)contactor	HC
KS	信号继电器	signal relay	XJ
KT	时间继电器	time-delay relay	SJ
KV	电压继电器	voltage relay	YJ
L	电感,电感线圈	inductance;inductive coil	L
M	电动机	electric motor	D
N	中性线	neutral wire	N
PA	电流表	ammeter	A
PE	保护线	protective wire	
PEN	保护中性线	protective neutral wire	N
PJ	有功电能表、无功电能表	Watt-hour meter,var-hour meter	Wh,varh
PV	电压表	voltmeter	V
Q	电力开关	power switch	K
QF	断路器	circuit-breaker	DL
QK	刀开关	knife-switch;blade	DK
QL	负荷开关	load-switch,switch-fuse	FK
QS	隔离开关	disconnector	GK
R	电阻	resistance	R
RD	红色指示灯	red indicating lamp	HD
SA	控制开关;选择开关	control switch;selector switch	KK;XK
SB	按钮	push-button	AN
SQ	位置开关;限位开关	position switch;limit switch	WK,xk
STS	车间变电所	shop transformer substation	CBS
T	变压器	transformer	B
TA	电流互感器	current transformer(CT)	LH(CT)
TAN	零序电流互感器	neutral-current transformer	LLH
TV	电压互感器	voltage(potential)transformer(PT)	YH(PT)
W	导线;母线	wire;busbar	M,X
WAS	事故音响信号小母线	accident sound signal small-busbar	SYM
WB	母线	busbar	M
WC	控制回路小母线	control small-busbar	KM
WF	闪光信号小母线	flash-light signal small-busbar	SM
WFS	预告信号小母线	forecast signal small-busbar	YBM
WL	灯光信号小母线	lighting signal small-busbar	DM
WO	合闸电源小母线	switch-on source small-busbar	HM
WS	信号电源小母线	signal source small-busbar	XM
WV	电压小母线	voltage small-busbar	YM
X	端子板	terminal block	
XB	连接片	connector	LP
YO	合闸线圈	closing operation coil	HQ
YR	跳闸线圈	opening operation coil	TQ

附表 2 物理量下角标的文字符号

文字符号	中文含义	英文含义	旧符号
a	年	annual	n
a	有功	active	a;yg
al	允许	allowable	yx
av	平均	average	pj
c	计算	calculate	js
cab	电缆	cable	L
d	需要、基准、差动	demand;datum;differential	x;j;cd
dsp	不平衡	disequilibrium	bp
E	地、接地	earth;earthing	d;jd
e	设备	equipment	SB
e	有效	efficient	yx
ec	经济	economic	j;ji
eq	等效	equivalent	dx
es	电动稳定	electrodynamic stable	dw
FE	熔体	fuse-element	RT
Fe	铁	Iron	Fe
i	电流	Current	i
ima	假想	imaginary	jx
k	短路	short-circuit	d
L	电感、负荷	inductance;load	L
l	线、长延时	line;long-delay	x;c
M	电动机	motor	D
m	最大、幅值	maximum	m
max	最大	maximum	zd
N	额定	rated	e
np	非周期	non-periodic;aperiodic	f-zq
oc	断路、开路	open circuit	dl
oh	架空线路	over-head line	K
OL	过负荷	over-load	gh
op	动作	operating	dz
OR	过流脱扣器	over-current release	TQ
P	有功功率、周期性、保护	active power periodic;protect	P zq;j
pk	尖峰	peak	jf
q	无功功率	reactive power	wg
qb	速断	puick break	sd
r	无功	reactive	wg
re	返回、复归	return;reset	f,fh
rel	可靠	reliability	k
S	系统	system	XT
s	短延时	short-delay	d
saf	安全	safety	aq
sh	冲击	shock;impulse	cj;ch
st	启动	start	q
step	跨步	step	kp
t	时间	time	t
tou	接触	touch	jc
TR	热脱扣器	thermal release	R,RT
u	电压	voltage	u
w	工作;接线	work;wiring	gz;JX
WL	导线;线路	wire;line	XL
θ	温度	temperature	θ
φ	相	phase	xg;p
0	零、无;空	zero;nothing;empty	0
0	瞬时	instantaneous	0
0	中性线	neutral wire	0
30	半小时	30min[maximum]	30

参考文献

[1] 孙琴梅主编. 工厂供配电技术. 北京：化学工业出版社，2006.
[2] 徐滤非主编. 供配电系统. 北京：机械工业出版社，2007.
[3] 汪文，许慧中主编. 供配电技术. 北京：机械工业出版社，2007.
[4] 卢文鹏，吴佩雄主编. 发电厂变电所电气设备. 北京：中国电力出版社，2005.
[5] 陈英涛主编. 继电保护与综合自动化系统. 北京：化学工业出版社，2006.
[6] 刘介才主编. 工厂供电. 第4版. 北京：机械工业出版社，2007.
[7] 林向淮，安志强主编. 电工识图入门. 北京：机械工业出版社，2007.
[8] 李光沛，徐玉琦主编. 纺织企业供电. 北京：纺织工业出版社，1990.
[9] 梁曦东，陈昌鱼，周远翔编. 高电压工程. 北京：清华大学出版社，2006.
[10] 王丽英主编. 工厂供配电技术. 北京：中国劳动和社会保障出版社，2007.
[11] 田有文主编. 企业供配电. 北京：中国电力出版社，2008.
[12] 王宇主编. 工厂供配电技术. 北京：中国电力出版社，2006.
[13] 汪永华主编. 工厂供电. 北京：机械工业出版社，2007.
[14] 邹有明主编. 现代供电技术. 北京：中国电力出版社，2008.
[15] 北京市工伤及职业危害预防中心组织编写. 电工（高压运行维护）. 北京：化学工业出版社．2006.